国家出版基金项目
NATIONAL PUBLICATION FOUNDATION

"十四五"国家重点出版物出版规划项目
生物工程理论与应用前沿丛书

糖胺聚糖与寡聚糖的生物制造

康 振 堵国成 王 阳 著

中国轻工业出版社

图书在版编目(CIP)数据

糖胺聚糖与寡聚糖的生物制造 / 康振，堵国成，王阳著. ——
北京：中国轻工业出版社，2023.6
ISBN 978-7-5184-3895-2

Ⅰ.①糖… Ⅱ.①康… ②堵… ③王… Ⅲ.①聚糖—生物
材料—制造—研究 Ⅳ.①Q539

中国版本图书馆 CIP 数据核字(2022)第 034694 号

责任编辑：贺 娜
策划编辑：江 娟 责任终审：许春英 封面设计：锋尚设计
版式设计：砚祥志远 责任校对：吴大朋 责任监印：张 可

出版发行：中国轻工业出版社(北京东长安街 6 号，邮编：100740)
印 刷：三河市万龙印装有限公司
经 销：各地新华书店
版 次：2023 年 6 月第 1 版第 1 次印刷
开 本：787×1092 1/16 印张：12.25
字 数：270 千字
书 号：ISBN 978-7-5184-3895-2 定价：98.00 元
邮购电话：010-65241695
发行电话：010-85119835 传真：85113293
网 址：http://www.chlip.com.cn
Email：club@ chlip.com.cn
如发现图书残缺请与我社邮购联系调换
211276K1X101ZBW

前言

糖胺聚糖（透明质酸、肝素、硫酸软骨素等）作为一类酸性多糖广泛应用于医药、化妆品、材料与食品领域。随着其基础研究的深入，糖胺聚糖的生物学功能初步阐明，其生物学功能与其分子质量和磺酸化水平（透明质酸除外）密切相关。利用传统动物组织提取工艺生产糖胺聚糖存在产量低、动物供体生长周期长、抗生素滥用、跨物种致病以及伦理道德等问题，难以满足未来市场对糖胺聚糖质量的需求。实现糖胺聚糖分子质量以及磺酸化水平调控并建立新型的绿色生产工艺对提升我国乃至世界功能糖制造水平和推动生物医药与大健康产业至关重要。

近年来，生物技术蓬勃发展，尤其是合成生物学、酶工程与代谢工程技术的发展，使得人类可以基于理性设计目标化合物合成代谢途径，构建优化微生物细胞工厂，借助发酵工程技术和酶催化技术最终实现高附加值目标化合物的绿色生物制造。我国是功能糖制造大国，但还不是制造强国。虽然我们在功能糖微生物制造领域取得了一定的进展，但是整体上我国在功能糖领域的基础与应用研究与欧美发达国家相比仍有较大差距。过去 10 余年里，作者围绕透明质酸、硫酸软骨素、肝素的微生物合成、分子质量和磺酸化调控开展了一系列的研究，并取得了一点初步成果。在本书中，作者系统地对透明质酸、硫酸软骨素、肝素糖胺聚糖的最新研究进展与研究成果进行了梳理和总结。本书编写分工：康振编写了第一章（绪论）、第二章（可控分子质量透明质酸的生物制造）和第五章（肝素前体及肝素的生物制造）；堵国成编写了第四章（软骨素与硫酸软骨素的生物制造）；王阳编写了第三章（磺酸化供体 PAPS 高效廉价生物制造）。此外，研究室在读研究生黄浩、金学荣、胥睿睿、胡立涛、张维娇、张永淋、郗欣彤、胡珊、张琳等也参与了部分章节的撰写。

近年来作者在糖胺聚糖领域取得的一些进展和成绩离不开本领域前辈、专家的支持和鼓励。本书编写的目的在于期望与同行一起推动我国功能糖尤其是糖胺聚糖生物制造与应用领域的进一步发展。

由于作者研究水平和知识积累有限，书中难免存在不足之处，敬请国内外同行学者批评指正。

康 振

江南大学生物工程学院，2023 年 1 月

目 录

第一章 绪 论

第一节 糖胺聚糖的种类与分布

一、糖胺聚糖的种类

糖胺聚糖（Glycosaminoglycans，GAGs），俗称黏多糖或酸性多糖，是蛋白聚糖（Proteoglycan）大分子中所含有的聚糖部分的统称。糖胺聚糖作为无分支直链酸性多糖，根据单糖组分、糖苷键类型以及磺酸化位点，其分为以下类别。

1. 透明质酸（Hyaluronic Acid，HA）

透明质酸是由 N-乙酰氨基葡萄糖（GlcNAc）和 D-葡萄糖醛酸双糖（GlcA）通过 β-1,4 糖苷键和 β-1,3 糖苷键连接形成的无支链多糖。透明质酸是唯一不需要磺酸化的糖胺聚糖（图1-1）。

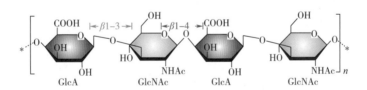

图 1-1 透明质酸结构式

2. 硫酸软骨素（Chondroitin Sulfate，CS）

硫酸软骨素是由 N-乙酰氨基半乳糖（GalNAc）与 GlcA 二糖单元构成，通过 β-1,4 糖苷键和 β-1,3 糖苷键连接形成的无支链多糖（图1-2）。根据磺酸化位置的差异，硫酸软骨素分为以下几类：硫酸软骨素 A（CSA）中 GalNAc 残基的 4 位羟基发生磺酸化；硫酸软骨素 C（CSC）中 GalNAc 残基的 6 位羟基发生磺酸化；硫酸软骨素 D（CSD）中 GalNAc 残基的 6 位羟基和 GlcA 的 2 位羟基发生磺酸化；硫酸软骨素 E（CSE）中 GalNAc 残基的 4 位羟基和 6 位羟基发生磺酸化（图1-2）。硫酸软骨素是由数百个 GalNAc 与 GlcA 二糖残基聚合而成，分子质量在 10k~70ku。不同来源的硫酸软骨素发生的 GalNAc 或 GlcA 残基的磺酸化修饰比例（磺酸化度）存在较大差异。

3. 肝素（Heparin，HP）与硫酸乙酰肝素（Heparansulfate，HS）

HP 和 HS 是由 GlcNAc 和 GlcA（或艾杜糖醛酸，IdoA）通过 α-1,4 糖苷键和 β-1,4

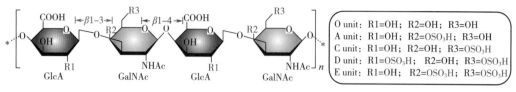

图 1-2 硫酸软骨素结构式

糖苷键连接形成的无支链的磺酸化多糖。肝素糖链的合成过程复杂，肝素前体中的部分 GlcA 被异构化为 IdoA，同时 IdoA 的 2 位羟基发生磺酸化，而部分 GlcNAc 在发生脱乙酰基后，暴露出的 2 位氨基以及 3 位或/和 6 位羟基发生磺酸化修饰（图 1-3）。与 HP 相比，HS 中 GlcNAc 残基脱乙酰化和 GlcA 残基磺酸化的比例要低很多。

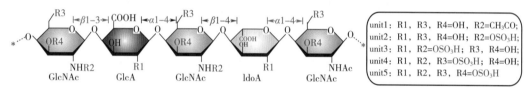

图 1-3 肝素和硫酸乙酰肝素结构式

4. 硫酸皮肤素（Dermatan Sulfate，DS）

DS 是由 GalNAc 与 IdoA 二糖单元通过 β-1,4 糖苷键和 β-1,3 糖苷键连接形成的无支链多糖。其中部分 IdoA 残基的 2 位羟基发生磺酸化修饰，部分 GalNAc 残基的 4 位或/和 6 位羟基发生单位置或者双位置的磺酸化修饰。与硫酸软骨素一样，DS 中单糖残基也存在磺酸化度的差异（图 1-4）。

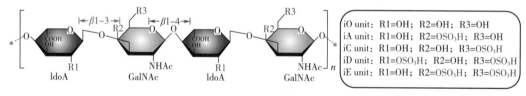

图 1-4 硫酸皮肤素结构式

5. 硫酸角质素（Keratan Sulfate，KS）

KS 是由半乳糖（Gal）与 GlcNAc 二糖单元通过 β-1,4 糖苷键和 β-1,3 糖苷键连接形成的无支链多糖。其中部分 Gal 残基的 6 位羟基发生磺酸化修饰或/和部分 GlcNAc 残基的 6 位羟基会发生磺酸化修饰（图 1-5）。

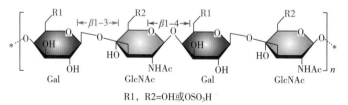

R1，R2=OH或OSO₃H

图 1-5 硫酸角质素结构式

二、糖胺聚糖的来源与分布

1. 动物来源的糖胺聚糖

糖胺聚糖广泛存在于高等动物体内，主要以蛋白聚糖的方式与弹性蛋白、胶原蛋白相连，赋予细胞间基质特殊的结构。不同种类的糖胺聚糖有一定的分布规律。透明质酸广泛存在于各种结缔组织、上皮组织（如皮肤上皮组织）和神经系统中。硫酸软骨素主要存在于关节软骨组织中。肝素主要存在于人体与动物的肺、血管壁、肠黏膜等组织中。硫酸皮肤素主要存在于胶原纤维丰富的真皮层还有大动脉、心脏瓣膜、肺和肝脏中。硫酸角质素在角膜中的含量最为丰富，此外中心和周围神经系统中也含有一定量的硫酸角质素。

2. 微生物来源的糖胺聚糖或其前体物

细菌荚膜多糖的种类非常复杂。其中有几类化学结构与动物来源的糖胺聚糖化学结构高度类似或者完全一致，这为通过微生物发酵合成糖胺聚糖奠定了必要的基础条件。比如，大肠杆菌（*Escherichia coli*）serotype K5 荚膜多糖的主要成分为肝素前体；*E. coli* serotype K4 的荚膜多糖高度类似于软骨素，不同之处是 K4 荚膜多糖会有果糖化修饰；类马链球菌（*Streptococcus equisimilis*）等物种的荚膜多糖主要成分为透明质酸。这些荚膜多糖的天然合成途径构成了微生物或细胞工程发酵生产糖胺聚糖（前体）等相关技术的重要前提（图 1-6）。

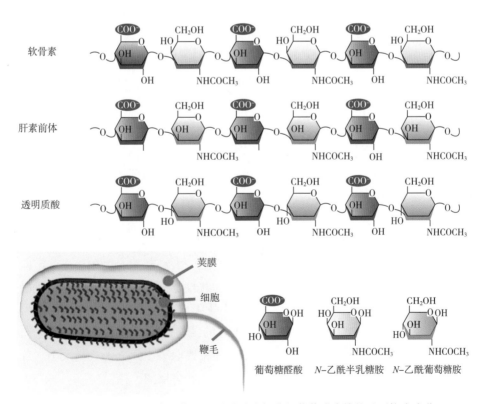

图 1-6　软骨素、肝素前体和透明质酸为部分细菌荚膜多糖的重要构成成分

第二节 糖胺聚糖生物学功能与应用

一、糖胺聚糖的天然生物学功能

糖胺聚糖具有丰富多样的生物学功能。由于己糖醛酸和磺酸基团的存在，糖胺聚糖都以带负电的糖链形式存在，都具有结合 Na^+、K^+ 以及吸收水分子的功能。糖胺聚糖吸水后形成水凝胶，能够承受机械压力，并有一定的选择透过性，从而起到保护细胞的功能，是胞外基质的重要组成成分。除此之外，糖胺聚糖具有非常复杂丰富的其他生物学功能。

1. 透明质酸

透明质酸可以和透明质酸受体结合，影响细胞与细胞的黏附、细胞迁移、增殖和分化等细胞行为，同时也会参与组织创伤修复过程；此外，透明质酸具有很强的吸水和锁水的能力，起到润滑组织的作用。

2. 硫酸软骨素

硫酸软骨素能为软骨提供抵抗机械压缩的能力，另外硫酸软骨素参与神经系统的信号传递过程，尤其是会参与调解中枢神经的活跃度。研究表明，硫酸软骨素在细胞增殖、迁移、黏附、凋亡、侵袭、胞质分离、器官形成、神经元可塑性及肿瘤形成、肿瘤迁移、增强机体免疫力等过程中具有重要的生物学功能。

3. 肝素

肝素参与抗血凝固、炎症应答、抗病毒或细菌感染、胚胎发育、细胞分化、伤口愈合、肿瘤转移和血管生成等多种生理过程。肝素通常储存在肥大细胞的分泌颗粒中，仅在组织损伤部位释放到脉管系统中，是已知的带负电密度最高的生物分子。硫酸皮肤素最早被称为硫酸软骨素 B。

鉴于糖胺聚糖所具有的人体天然成分的属性和重要的生理功能，可以通过外源输入糖胺聚糖（如注射、食用、外敷等）以达到不同的应用目的。目前应用比较多的糖胺聚糖主要是透明质酸、硫酸软骨素和肝素。

二、透明质酸的应用

透明质酸在空间结构上呈现独特的刚性螺旋柱形，大量羟基的存在和连续定向排列形成了强烈的亲水性和疏水区。同时，在水溶液中，线性分子链上等距离的葡萄醛酸羧基所带的负电荷相互排斥，使透明质酸分子间相互作用形成疏松的网状结构并充斥大量的空间，可结合于自身质量 1000 倍的水分。这种特有的结构赋予了透明质酸分子强大的保水功能、黏弹性和流变学性质。透明质酸的应用功能主要取决于其分子质量大小。分子质量越大，透明质酸的吸水能力就会越强，对应的黏弹性就会增加。

1. 透明质酸分子质量与活性的关系

天然状态下透明质酸的分子质量分布非常广泛，而且不同分子质量大小的透明质酸的理化性质和生物学功能都有很大的差异。故人们往往根据分子质量的大小将其进行分类：超高分子质量透明质酸（大于 5000ku，大于 12500 个双糖单元）、高分子质量透明质酸（2000k～5000ku，5000～12500 个双糖单元）、中等分子质量透明质酸（100k～2000ku，250～5000 个双糖单元）、低分子质量透明质酸（10k～100ku，25～250 个双糖单元）、透明质酸寡聚糖（低于 10ku，低于 25 个双糖单元）。

透明质酸的功能和其分子质量直接关联，超高分子质量透明质酸对细胞移动、增殖、分化及吞噬功能有抑制作用并可作为一种固体填充物；高分子质量透明质酸具有良好保湿性和抑制炎症等功能，可用于眼科手术中作为黏弹剂和关节腔内注射治疗等用途；中等分子质量透明质酸具有良好的保湿、润滑作用，被广泛用于化妆品领域；低分子质量透明质酸和透明质酸寡聚糖具有抗肿瘤、促进伤口愈合、促进骨和血管生成、免疫调节等作用，具有良好的医学应用前景。最近，研究结果表明低分子质量透明质酸在炎症与肿瘤细胞生长和迁移中发挥重要调控作用，透明质酸寡聚糖具有显著的促进毛细血管生成与促伤口愈合的功能。

2. 透明质酸产品分类与应用领域

根据用途和技术要求，透明质酸分为化妆品级、食品级和医药级。

（1）化妆品　透明质酸具有极其强大的保水性能，与其他保湿剂相比，透明质酸的吸水能力可以根据环境的湿度而相应的调节，这种独特的性能可以使皮肤在不同的环境中，根据自身的需求而相应的调节。透明质酸分子质量也决定其在化妆品中的功效。高分子质量透明质酸在皮肤表面形成一层膜，能够防止外界因子对细胞造成伤害，并且长久保持细胞湿润。同时，在皮肤表面形成皮肤屏障、减少紫外线的透射，保护皮肤免受紫外线的灼伤并促进表皮细胞的增殖分化和清除自由基。低分子质量透明质酸可以渗入真皮，并被机体很好的吸收，从而起到消皱、增加皮肤弹性以及延缓皮肤衰老等作用。近年来高档化妆品中开始使用低分子质量透明质酸，以实现深层保湿的效果。此外，由于透明质酸寡聚糖具有能够促进表皮细胞增殖、消除氧自由基的作用，因此也被应用于修复损伤皮肤的化妆品中。

（2）功能食品　透明质酸在人体内随年龄的增加其含量呈递减趋势，此时有必要补充外源性透明质酸。一些动物组织如猪皮、鸡冠等肉质食物能够提供部分透明质酸。但是猪皮下组织脂肪、固醇含量较高，不易长期食用，而鸡冠数量很少，难于满足日益增长的透明质酸市场需求。早在 20 世纪末，日本就推出了一款口服透明质酸的保健食品。目前美国、英国、加拿大等许多国家也都批准透明质酸作为一种保健品的原材料而使得到广泛的认可。2008 年，我国国家卫生部按照《新资源食品管理方法》的规定，批准马链球菌发酵生产的透明质酸作为一种新资源食品可用于保健食品。2021 年，我国卫健委批准了透明质酸钠为新食品原料，可应用于普通食品添加。

据报道，口服透明质酸，具有修复胃黏膜损伤、改善心血系统、促进血管生成、提高免疫力、改善软骨病症状、缓解关节炎等疾病带来的疼痛等功效。目前，已经有超过 20 种含透明质酸相关的保健品成功上市。研究发现口服的高分子质量透明质酸需要经过消化分解后才能被机体吸收，而分子质量低于 1ku 的透明质酸寡聚糖能够直接地被机体吸收。通过专一的水解酶将高分子质量透明质酸降解为寡聚糖，从而以寡聚糖的形式同维生素、胶原蛋白等物质制备成片剂、胶囊、口服液等形式服用，可起到补充体内的透明质酸的策略，并开发成新的保健食品。目前透明质酸寡聚糖已经在国内外的保健食品领域被广泛应用和推广。

（3）医药　目前透明质酸在医药领域的应用主要有三大部分：医疗美容、骨科治疗和眼科治疗。医疗美容部分指的是通过药物、手术、医疗器械等医学技术对人的容貌或人体部位形态进行修复与再塑的美容方式。透明质酸具有良好的生物组织相容性但在体内会被透明质酸酶和氧化自由基等降解，因此作为塑型剂需要反复注射填充。透明质酸交联即以小分子交联剂把透明质酸分子连接成网状结构，从而延缓降解速率，延长重复注射周期从而达到良好的填充塑性效果，成为目前主流的软组织填充材料被广泛应用于整形外科领域。

骨科治疗主要指的是骨关节炎治疗，骨关节炎是一种退行性病变，系由于增龄、肥胖、劳损、创伤等诸多因素造成关节软骨退化损伤、关节边缘和软骨下骨反应性增生。透明质酸在人体关节滑液和软骨组织中有着广泛的分布。透明质酸对软骨和软组织有充分润滑、维持关节稳定性的功能。在关节腔内注射透明质酸一方面可以提高滑液透明质酸含量，使滑液流变学状态和正常的生理功能得到有效地恢复，抑制软骨进一步发生退行性变；另一方面还能刺激滑膜 B 细胞加速透明质酸的合成能力与分泌能力，其屏障作用可消除致炎和致痛物质，在一定程度上有效缓解患者的疼痛。

透明质酸在医学上除了应用于骨科和组织工程学外，其假塑性、黏弹性和涂布性等性能使它具有弹性衬垫、组织内分离弹性缓冲、弹性固定等功能，因此被广泛应用于眼科方面的护理和治疗，如晶体植入、角膜移植等眼科手术和滴眼液的生产。眼科手术中一般选用高分子质量透明质酸作为黏弹剂。利用其高黏弹性和低流动性的特点作为凝胶撑起前房，为手术提供清晰的视野并减少对角膜的破坏。同时，透明质酸凝胶能压迫出血点，发挥分子阻隔作用，从而抑制细胞的移动、增生、分化和吞噬，减少术后炎症的发生。此外透明质酸是目前眼用制剂中最好最安全的媒介，它既可以在眼部发挥自身补水保湿的功效，缓解眼部干涩，又可以增加药物的生物利用度，减轻药物对眼部的刺激，促进眼部创伤的愈合，迅速缓解不适症状，因此被广泛添加于各种眼药水中。随着医药科技的发展，透明质酸在医药方面的应用将会越来越广泛（图 1-7）。

三、硫酸软骨素的应用

硫酸软骨素在功能食品、临床医疗及保健医药领域具有重要的应用价值。硫酸软骨素结构中含有的羟基、羧基、硫酸基等极性基团亲水性较好，在水溶液中成黏稠状，对软骨

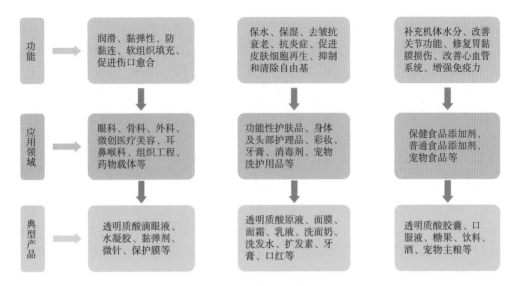

功能	润滑、黏弹性、防黏连、软组织填充、促进伤口愈合	保水、保湿、去皱抗衰老、抗炎症、促进皮肤细胞再生、抑制和清除自由基	补充机体水分、改善关节功能、修复胃黏膜损伤、改善心血管系统、增强免疫力
应用领域	眼科、骨科、外科、微创医疗美容、耳鼻喉科、组织工程、药物载体等	功能性护肤品、身体及头部护理品、彩妆、牙膏、消毒剂、宠物洗护用品等	保健食品添加剂、普通食品添加剂、宠物食品等
典型产品	透明质酸滴眼液、水凝胶、黏弹剂、微针、保护膜等	透明质酸原液、面膜、面霜、乳液、洗面奶、洗发水、护发素、牙膏、口红等	透明质酸胶囊、口服液、糖果、饮料、酒、宠物主粮等

图 1-7　透明质酸的生物学功能与应用

组织具有润滑、保护、再生等作用，用于治疗骨质疏松、骨关节炎等。此外，硫酸软骨素还可以刺激软骨细胞合成Ⅱ型胶原蛋白。目前，硫酸软骨素已与氨基葡萄糖、低分子质量透明质酸以及胶原蛋白配合使用，广泛应用于关节疾病的治疗。研究表明长期服用硫酸软骨素可以显著降低血浆胆固醇，防止动脉粥样硬化。硫酸软骨素作为保健食品长期应用于冠心病、心绞痛、心肌梗死、冠状动脉粥样硬化、心肌缺血等疾病的预防（图 1-8）。

医疗　　　　　　　　保健

图 1-8　硫酸软骨素的生物学功能与应用

由于硫酸软骨素带有大量的负电荷，其可与细胞因子、生长因子、脂蛋白等特异性结合，促进主要神经元的轴突外生长，同时硫酸软骨素能抑制酪氨酸诱导的神经细胞死亡，在临床上用于治疗慢性神经炎与神经痛、神经性偏头痛等。此外，硫酸软骨素对链霉素引起的听觉障碍、慢性肝炎、慢性肾炎以及角膜炎等有辅助治疗作用。

四、肝素的应用

肝素具有优良的抗凝血活性，防止血栓的形成以及抗病毒作用。硫酸乙酰肝素在细胞表面与多种受体蛋白结合，参与调节发育过程、血管生成、血液凝固等生理过程。肝素通过核心戊糖与抗凝血酶 ATⅢ结合，使酶的活性中心发生构象改变，加速灭活凝血因子 Xa，并抑制凝血酶及其他一些凝血级联蛋白酶，最终起到抗凝血作用。其中，ATⅢ的肝素结合区域为一个特定的结构，对于 HP 抗凝血活性至关重要。临床上主要用于血栓栓塞性疾病、心肌梗死、心力衰竭、心血管手术、心脏导管检查、体外循环、血液透析等。

肝素参与炎症应答中的白血球跨越血管壁的过程，对诸多人类疾病（哮喘、败血症、溃疡性结肠炎等）有抗炎作用。肝素可以抑制驱使肿瘤扩大的生长因子以及凝血酶活性从而阻断肿瘤细胞周围纤维蛋白的形成，从而可以提高肿瘤治愈率。此外，肝素还可与病毒的衣壳蛋白结合，从而使细胞免受病毒侵染，包括人类免疫缺陷病毒（HIV）、人乳头瘤病毒（HPV）和单纯性疱疹病毒（HSV）。此外，2019 年，新型冠状病毒（COVID-19）席卷全球并迅速蔓延，临床研究发现，肝素可以有效预防肺血栓的形成，从而减弱 COVID-19 感染引起的症状。肝素具有的多靶向作用使得其能够抑制病毒对细胞的感染。

由于高分子质量肝素容易引起过敏反应以及血小板减少症状，低分子质量肝素［例如商品化的磺达肝素钠（Fondaparinux Sodium）］由于其更长的半衰期、更好的皮下生物利用率以及更低的副作用，已广泛应用于深静脉血栓栓塞。随着药理学及临床医学的进展以及肝素分子质量与磺酸化调控水平的提高，肝素在医药、功能食品以及化妆品中的应用必将不断扩大。

第三节　糖胺聚糖的生产现状

一、透明质酸的生产现状

1934 年美国哥伦比亚大学的 Karl Meyer 教授等首次从牛眼玻璃体中分离获得了透明质酸（HA）。随后，科研人员相继在动物的上皮组织、结缔组织和神经组织中发现。后来研究发现部分链球菌的荚膜层主要组成成分之一也是透明质酸。

1. 动物组织提取透明质酸

在利用马链球菌兽疫亚种大规模发酵生产透明质酸之前，透明质酸生产主要是从一些富含透明质酸的动物组织（如鸡冠、牛眼玻璃体等）中提取为主。动物组织提取法逐渐被发酵法替代的原因是：一方面受原料品质和数量限制，另一方面动物组织中透明质酸含量有限且组织中含有较多的其他杂质如蛋白质、核酸等，需要复杂的提取工艺手段。目前动物组织提取透明质酸常用的工艺流程包含：首先用丙酮或乙醇将组织进行脱脂、脱水处理，然后用蒸馏水浸泡、过滤，接下来以氯化钠水溶液和氯仿溶液处理除去部分蛋白质杂质，之后加入胰蛋白酶保温后得到混合液，最后用乙醇醇沉、季铵盐络合等方法进行处理进一步提高透明质酸的纯度（图 1-9）。

动物组织含量低，提取工艺复杂烦琐，且回收率低，因此提取成本极为高昂。此外，动物疫源交叉感染风险的事件频发导致面临越来越高的卫生安全关注，限制了动物源透明质酸在生物医药和临床的应用。不过，超高分子质量透明质酸由于目前微生物合成技术仍

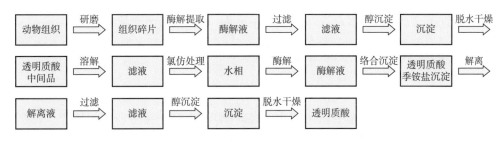

图 1-9　动物组织透明质酸提取工艺流程图

然欠缺，而部分动物组织存在超高分子质量透明质酸，因此仍是市面上超高分子质量透明质酸获取的唯一来源。

2. 链球菌发酵生产透明质酸

微生物发酵法生产透明质酸的研究出现在 20 世纪 80 年代，主要集中在日本，随后英美等国家也开展了相关的应用研究。随着发酵工程技术对菌种、代谢过程、培养基和发酵参数等条件进行了深入优化，透明质酸的发酵产率和生产强度有了大幅度提高，工业化生产水平达到了 6.6g/L。透明质酸的获取已经由传统的动物组织提取法转变为微生物发酵法，而应用最广的微生物宿主是弱致病性的溶血性 C 族链球菌属。采用微生物发酵法生产透明质酸具有极大的市场吸引力：生产工艺流程简单、不受原料限制、易于分离、产品质量稳定和纯度高、成本低以及环境友好型等。然而致病性基因的存在和缺少 DNA 操作工具等因素限制了链球菌宿主的应用和改造。

3. 重组微生物细胞工厂发酵生产透明质酸

随着合成生物学与代谢工程的发展，在阐明透明质酸合成途径基础上，在遗传背景清晰的微生物宿主中构建异源的透明质酸生产菌株给微生物发酵法生产透明质酸提供了新的思路和更具吸引力的选择。在过去近十年中，国内外不同团队采用代谢工程策略已经在大肠杆菌（*E. coli*）、乳酸乳球菌（*Lactoccus lactis*）、农杆菌（*Agrobacterium* sp. ）、枯草芽孢杆菌（*Bacillus subtilis*）、毕赤酵母（*Pichia pastoris*）和谷氨酸棒杆菌（*Corynebacterium glutamicum*）等菌株中成功构建了透明质酸合成途径。

由于透明质酸的超强吸水与黏稠性，在发酵过程中会抑制细胞代谢和生长，从而抑制透明质酸的合成效率，成为当前透明质酸微生物发酵水平难以获得显著提升的一个主要瓶颈。另外，透明质酸的生物活性与其糖链的长度相关。近年研究表明，与高分子质量透明质酸不同，低分子质量透明质酸具有新的如愈合创口、抗氧化、调节炎症和免疫、参与肿瘤细胞耐药性和转移的相关调节等生物学功能。因此，开发基于食品级宿主的低分子质量透明质酸生产技术已成为未来发展的趋势。最近，本书作者在解析首个 Ⅱ 型水蛭透明质酸水解酶编码基因基础上，建立了体外酶法水解制备特定低分子质量透明质酸的技术。同时，通过系统分析重组谷氨酸棒杆菌透明质酸发酵过程，发现透明质酸在菌体表面形成了荚膜层，荚膜层将菌体包裹起来形成了"胶囊团"，胶囊团的出现抑制了菌体代谢与生长，导致透明质酸合成的终止。为此，本书作者建立新型的发酵技术，实现了不同低分子质量透明质酸的发酵生产，透明质酸发酵水平提高至 74.1g/L（分子质量为 53ku）。

二、硫酸软骨素的生产现状

1. 动物组织提取

目前，市面上所售硫酸软骨素主要从动物软骨组织如猪、牛等动物的气管、喉骨及鲨鱼的软骨中提取，提取过程包括碱浸提、酸调 pH（中和）、酶解、醇沉等多个步骤（图 1-10）。首先，将收集的软骨碎片在高温下煮 4~6h，按一定比例加入氢氧化钠或氢氧化钾溶液浸泡若干时长（使蛋白聚糖释放到溶液中），然后向浸提液中加入适量盐酸调节 pH，过滤收集滤液，加入一定比例的胰蛋白酶处理，得到的酶解液再次过滤收集滤液，加入 3 倍乙醇放置若干小时，离心收集沉淀，通过喷雾干燥即得到硫酸软骨素产品。

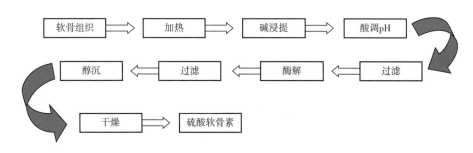

图 1-10　硫酸软骨素的提取工艺流程图

这些来自陆生或海洋不同物种组织的硫酸软骨素存在结构异质化、产品不均一等问题，同时，原料不易获取也是一个实际存在的问题。近年来疯牛病、禽流感及猪瘟等动物疾病的流行，使得动物来源的硫酸软骨素质量控制困难，存在潜在的致病因子污染。另外，剧烈的化学法提取纯化过程会进一步改变硫酸软骨素结构特征和特性，并可能导致提取物的纯度等级的变化。虽然经过多年的发展，硫酸软骨素的提取技术较为成熟，但是这种传统生产方式会一直存在上述弊端。

2. 化学法制备

动物源硫酸软骨素的磺酸化水平随物种、提取组织、收获动物的时间不同而不同。此外，动物源硫酸软骨素中含有大量的其他糖胺聚糖，如硫酸角质素，造成硫酸软骨素的分离纯化困难，这不仅降低硫酸软骨素的药效，更可能因混有其他糖胺聚糖而引起免疫反应。因此，生产结构单一、结构明确的硫酸软骨素尤为重要。近年来，化学法合成硫酸软骨素获得快速发展。基于化学从头合成方式可以合成特定分子的硫酸软骨素，而且可以针对特定位点进行修饰。化学法不仅实现了特定构型硫酸软骨素的合成，也为进一步针对硫酸软骨素的药用及功能研究提供了基础。然而，化学合成法也存在难以回避的问题，比如化学反应步骤烦琐耗时、前体原料价格昂贵、难以合成分子质量较高的硫酸软骨素。目前，采用化学从头合成的硫酸软骨素最高为 24 个糖单元的寡聚糖，因此该方法难以实现规模化生产。

3. 酶法催化制备

随着生物技术的发展，为切实解决硫酸软骨素生产困难的问题，近期，江南大学康振教授课题组利用基因工程、合成生物学及代谢工程手段对谷氨酸棒杆菌（*C. glutamicum*）、枯草芽孢杆菌（*B. subtilis*）等安全菌株进行改造，实现了软骨素的微生物合成。在实现软骨素发酵生产基础上，研究人员对软骨素 4-*O*-硫酸转移酶（C4ST）和 6-*O*-硫酸转移酶（C6ST）的活性表达进行了深入研究，并建立了特定的磺酸化修饰系统，首次实现了特定硫酸软骨素 A 和硫酸软骨素 C 的酶法催化合成。在此基础上，研究人员也成功在大肠杆菌和枯草芽孢杆菌中表达了硫酸软骨素裂解酶 ABC Ⅰ，为鉴定硫酸软骨素的结构以及制备低分子质量硫酸软骨素奠定了基础。

4. 微生物发酵生产

由于动物组织提取法获取的硫酸软骨素产物存在固有的缺陷，研究人员发展了更为安全可靠的化学法及酶法合成硫酸软骨素。这些新发展的方法有效地解决了硫酸软骨素产品的缺陷，但是随之也带来了新的问题，比如化学法合成步骤长，得率低；酶法需制备大量的酶，费时费力成本高，对于实现真正工业化生产还有一定的距离。因此，利用微生物细胞直接发酵廉价底物如葡萄糖、甲醇等生产硫酸软骨素的方法也被开发了出来。美国 Badri 等在大肠杆菌中对 C4ST 进行改造及积累 PAPS 的胞内合成，在 3L 发酵罐水平直接发酵生产可以获得大约 $27\mu g/g$ 细胞干重的硫酸软骨素。同一时间，国内江南大学康振教授课题组在酵母细胞中构建了硫酸软骨素的合成途径，通过优化表达 C4ST 以及强化磺酸基供体 PAPS 的胞内合成，在 3L 发酵罐水平可以获得 $2.1g/L$ 硫酸软骨素，这是目前报道的发酵法生产硫酸软骨素的最高水平。

三、肝素的生产现状

1. 动物组织提取

天然来源的肝素主要来自猪、牛等哺乳动物，但由于牛源肝素的活性要低于猪源肝素、20 世纪 90 年代的疯牛病爆发等，猪小肠黏膜仍然是天然肝素的主要提取来源。虽然其他哺乳动物如羊、骆驼等也被尝试用于提取天然肝素，但从活性和健康角度上考虑，猪源肝素仍是首选。

现阶段猪小肠黏膜提取肝素的工艺已较为成熟，整个猪肠都可以被用于肝素的提取生产（图 1-11）：盐溶液浸泡小肠并刮取黏膜后，添加亚硫酸氢钠保存黏膜；利用蛋白酶解或化学处理将肝素从蛋白聚糖中消化，确保肝素被完全释放后通过离子交换树脂固定和富集；添加合适比例的有机溶剂降低溶液极性，促使肝素沉淀进一步去除核酸和非肝素聚糖以获得纯净产物；最后利用氧化剂去除或减少肝素产物的颜色，在确定最终获得的产物具有合格特性包括分子组成、杂质分布、微生物安全和颜色后，进行肝素产物的最后干燥处理。

动物源肝素的结构和磺酸化程度容易受到环境因素、动物品种的影响而产生变异性，

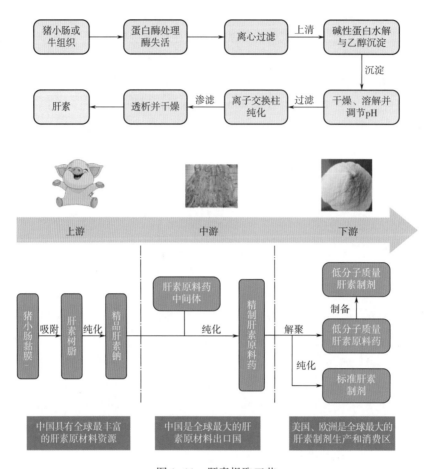

图 1-11　肝素提取工艺

难以保持不同批次产物的统一性。仅依靠动物来源的提取肝素也无法满足快速增长的需求量，而 2007—2008 年出现的肝素污染事件也促使研究者加快了对肝素化学合成工艺和化学酶法合成工艺的研究。

2. 化学合成

化学合成主要利用易于获得的单糖作为结构单元，添加保护基团组装糖链骨架，通过选择性磺酸化基团修饰获得符合立体化学结构的肝素产物。采用化学合成的肝素五糖 Arixtra 早已获得了药用批准和商业化成功。由于合成工艺步骤较多且价格昂贵，在临床使用中仍有极大限制。需要注意的是，使用化学法合成的肝素长度很难超过五糖结构，并在抗凝血活性上更具有特异性，不具备天然肝素所具有的其他功能。

与透明质酸、硫酸软骨素等糖胺聚糖已经实现全微生物合成相比，肝素的合成仍然无法摆脱化学处理步骤。除了微生物细胞外，哺乳动物细胞如中国仓鼠卵巢（CHO）细胞也曾被尝试作为生物酶法合成肝素的宿主，虽然通过转染外源基因实现了各种修饰酶的成功表达，但所获得肝素的活性要低于动物源肝素。肝素合成的关键步骤在于修饰途径中的 N-脱乙酰化，而双功能酶 NDST（N-脱乙酰/N-磺基转移酶）在微生物细胞内无法实现两种活性的高效表达，目前仍多采用化学处理完成 N-脱乙酰化、N-磺酸化。不可否认的是化学酶法也具有明显的优势：能够控制磺酸化模式和程度，实现肝素或肝素衍生产物的合成、文库构建以及特定活性功能的研究。

3. 酶化学催化合成

合成肝素根据分子质量的大小可被分为超低分子质量肝素（Ultra Low Molecular Weight Heparin，ULMW）、低分子质量肝素（Low Molecular Weight Heparin，LMWH）和标准肝素。不同分子质量的肝素药物在具体临床病症的治疗上存在较大差异。在欧洲药典中，LMWH 被规定为重均分子质量不大于 8000u，其中分子质量低于 8000u 的肝素所占的质量分数不少于 60% 的肝素。相比，ULMW 是指分子质量范围在 1500～3000u 之间的肝素，相当于 5～10 个糖单位。

为了实现不同分子质量肝素的高效合成并赋予特定的生物活性功能，化学酶法或生物合成法也被尝试应用到肝素合成中。肝素的合成步骤主要包括多糖骨架聚合制备以及酶促修饰，利用细菌糖基转移酶延伸聚合 GlcA-GlcNAc 二糖单元为糖链骨架，或直接利用来自大肠杆菌 K5 的荚膜多糖作为前体物质，再依次经过 N-脱乙酰化、N-磺酸化、差向异构化、O-磺酸化获得有特定磺酸化模式和功能的肝素产物。

参考文献

［1］Kang Z, et al. Bio-based strategies for producing glycosaminoglycans and their oligosaccharides ［J］. Trends Biotechnol, 2018, 36：806-818.

［2］Caterson B, Melrose J. Keratan sulfate, a complex glycosaminoglycan with unique functional capability ［J］. Glycobiology, 2018, 28：182-206.

［3］Whitfield C, Wear S. S, Sande C. Assembly of Bacterial Capsular Polysaccharides and Exopolysaccharides. Annu. Rev. Microbiol, 2020, 74：521-543.

［4］Tian X, et al. High-molecular-mass hyaluronan mediates the cancer resistance of the naked mole rat ［J］. Nature, 2013, 499：346-349.

［5］Wang X, Gu X, Wang H, et al. Enhanced delivery of doxorubicin to the liver through self-assembled nanoparticles formed via conjugation of glycyrrhetinic acid to the hydroxyl group of hyaluronic acid. Carbohydr ［J］. Polym, 2018, 195：170-179.

［6］Kogan G, Soltés L, Stern R, et al. Hyaluronic acid：a natural biopolymer with a broad range of biomedical and industrial applications ［J］. Biotechnology letters, 2007, 29：17-25.

［7］Hascall V C. The journey of hyaluronan research in the ［J］. The Journal of biological chemistry, 2019, 294：1690-1696.

［8］Thachil J. The versatile heparin in COVID-19 ［J］. Journal of thrombosis and haemostasis：JTH, 2020, 18：1020-1022.

［9］Hippensteel J A, LaRiviere W B, et al. Heparin as a therapy for COVID-19：current evidence and future possibilities ［J］. American journal of physiology. Lung cellular and molecular physiology, 2020,

319: L211-L217.

［10］ Wang Y, et al. Eliminating the capsule-like layer to promote glucose uptake for hyaluronan production by engineered Corynebacterium glutamicum ［J］. Nat. Commun, 2020, 11: 3120.

［11］ Ramadan S, et al. Chemical Synthesis and Anti-Inflammatory Activity of Bikunin Associated Chondroitin Sulfate 24-mer ［J］. ACS Cent. Sci. 2020, 6: 913-920.

［12］ Badri A, et al. Complete biosynthesis of a sulfated chondroitin in Escherichia coli ［J］. Nat. Commun, 2021, 12: 1389.

［13］ Jin X, et al. Biosynthesis of non-animal chondroitin sulfate from methanol using genetically engineered Pichia pastoris ［J］. Green Chem, 2021, 23: 4365-4374.

第二章　可控分子质量透明质酸的生物制造

透明质酸（HA）是一种由 N-乙酰葡萄糖胺（GlcNAc）和葡萄糖醛酸（GlcA）双糖单位通过 β-1,3 和 β-1,4 糖苷键重复交替串联而成的直链酸性黏多糖。生物体内 HA 分子质量分布广泛，最高能够达到上千万 u，最低仅为几百 u，且不同分子质量大小的 HA 在理化性质和生物学功能上具有较大差异。根据分子质量的大小，HA 可分为五大类（见第一章）。如何实现 HA 分子质量的全覆盖生物合成？尤其是超高分子质量 HA 与 HA 寡聚糖的生物合成研究已经成为一个热点。

第一节　透明质酸的生物合成与降解

一、透明质酸的合成

1. 透明质酸的底物合成

经过多年的研究，HA 的合成途径已获得解析。如图 2-1 所示，葡萄糖-6-磷酸在磷酸葡萄糖变位酶（Pgm）、葡萄糖-6-磷酸尿酰胺转移酶（GalU）、UDP-葡萄糖脱氢酶（UgdA）的作用下合成 UDP-GlcA，在磷酸葡萄糖异构酶（Pgi）、谷氨酰胺-果糖-6-磷酸氨基转移酶（GlmS）、磷酸葡萄糖变位酶（GlmM）、UDP-N-乙酰葡萄糖胺焦磷酸化酶/葡萄糖-1-磷酸乙酰转移酶双功能酶（GlmU）的作用下合成 UDP-GlcNAc，最后 UDP-GlcNAc 和 UDP-GlcA 在透明质酸合酶的作用下聚合生成 HA。

在 HA 合成过程中，糖酵解途径、胞外多糖合成途径、细胞壁合成途径都会竞争性消耗前体物质 UDP-GlcNAc 和 UDP-GlcA。细胞内前体物质浓度过低则导致透明质酸合酶的聚合能力不能充分发挥，从而影响 HA 合成。HA 由 GlcNAc 和 GlcA 组成的二糖单位聚合而成，两者的含量比例为 1∶1，若 UDP-GlcNAc 和 UDP-GlcA 代谢不平衡也会影响 HA 的合成。因此，为实现 HA 的高效合成，一方面提高 UDP-GlcNAc 和 UDP-GlcA 两个前体物质的浓度，另一方面，调控两者的比例对 HA 的分子质量调控也起到了重要作用。

提高细胞内前体物质浓度常用的有效策略包括以下几点。

（1）过表达途径基因和削弱代谢支流　Cheng 等在谷氨酸棒杆菌中通过途径基因过表达，发现过表达 UDP-葡萄糖脱氢酶，强化 UDP-Glc 到 UDP-GlcA 的反应步骤可以显著提高 HA 的合成，HA 产量由 1g/L 提高到 2g/L，该结果表明 UDP-葡萄糖脱氢酶催化的从 UDP-Glc 到 UDP-GlcA 的反应步骤是 HA 合成过程中的主要限速步骤之一。Jin、Sheng、Woo 等在枯草芽孢杆菌、乳酸乳球菌和大肠杆菌中也得到类似结论。

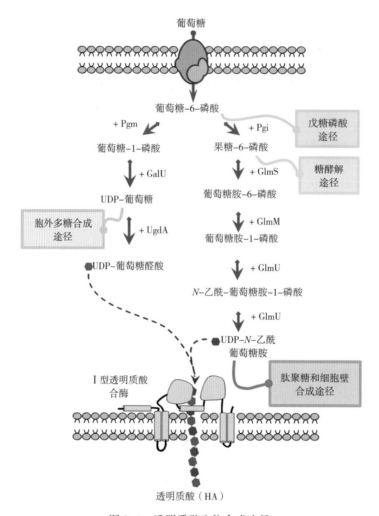

图 2-1　透明质酸生物合成途径

Pgm—葡萄糖-6-磷酸在磷酸葡萄糖变位酶　Pgi—磷酸葡萄糖异构酶

GalU—葡萄糖-6-磷酸尿酰胺转移酶　UgdA—UDP-葡萄糖脱氢酶

GlmS—谷氨酰胺-果糖-6-磷酸氨基转移酶　GlmM—磷酸葡萄糖变位酶

GlmU—UDP-N-乙酰葡萄糖胺焦磷酸化酶/葡萄糖-1-磷酸乙酰转移酶双功能酶

（2）削弱竞争性途径对底物的消耗　菌株代谢过程中一些代谢支流竞争利用中间代谢物，如细胞壁的合成涉及 UDP-GlcNAc，胞外多糖竞争利用 UDP-GlcA 等底物，乳酸的合成会消耗果糖-6-磷酸等。这些代谢支流有些是菌体自身所必需的，阻断其合成会影响菌体的生长代谢甚至可能导致死亡，有些通过阻断能够提高前体物质在细胞中的浓度。Jin 等对糖酵解途径的第一个关键限速酶磷酸果糖激酶编码基因 *pfkA* 上 ATG 的起始密码子进行替换，适当地下调磷酸果糖激酶的翻译效率可以降低糖酵解途径的碳代谢流并提高 HA 的产量。Cheng 等敲除乳酸脱氢酶编码基因 *ldh*，HA 在 5L 发酵罐的产量从 8.7g/L 提高到 21.3g/L。

2. 透明质酸合酶与透明质酸糖链聚合

透明质酸合酶广泛存在于自然界的生物中，是一类通过催化底物 UDP-GlcA 和 UDP-

GlcNAc 特异性合成 HA 的糖基转移酶。原核生物中透明质酸合酶集中分布在 A 型链球菌（*S. pyogenes*）和多杀巴斯德菌（*Pasteurella multocida*），这两类微生物通过合成 HA 作为其荚膜层的主要成分来抵御外界的不良环境。1995 年，DeAngelis 等从 A 型链球菌中成功地克隆并表达了第一个透明质酸合酶，从此揭开了对透明质酸合酶研究的序幕。随即人们又从停乳链球菌似马亚种（*S. equisimilis*）、乳房链球菌（*S. uberis*）和脊椎动物等多个物种中鉴定出了多种透明质酸合酶的序列并对它们的功能展开了系统的研究。哺乳类动物的基因组中含有三种不同的透明质酸合酶（HAS1、HAS2、HAS3），三种透明质酸合酶的表达时间、组织器官分布和功效相差甚远。根据透明质酸合酶结构与功能差异，人们将透明质酸合酶分为Ⅰ型和Ⅱ型两类，如图 2-2 所示，其中Ⅰ型透明质酸合酶是同时具有聚合和转运功能的一类跨膜蛋白，而Ⅱ型透明质酸合酶属于糖基转移酶家族，具有糖链聚合能力，不具备转运的能力，需依靠其他转运蛋白协助转运。

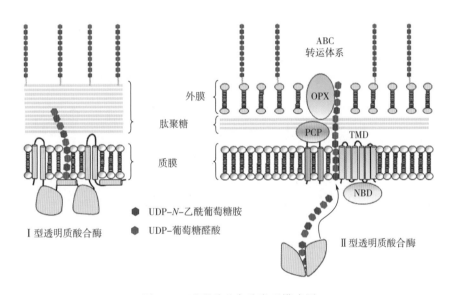

图 2-2　透明质酸合酶类型模式图

OPX—外膜多糖转运蛋白　PCP—多糖共聚酶　TMD—细胞膜转运蛋白跨膜结构域　NBD—核苷酸结合结构域

（1）Ⅰ型透明质酸合酶　根据以往报道，除多杀巴斯德菌外，其他所有来源的透明质酸合酶包括脊椎动物和细菌全部为Ⅰ型透明质酸合酶。Ⅰ型透明质酸合酶是一种跨膜蛋白，由 400~700 个氨基酸构成，具有 UDP-GlcA 底物和 UDP-GlcNAc 的底物结合位点；能够将底物聚合形成交替分布的、立体异构特异的 β-1,3 糖苷键和 β-1,4 糖苷键；并在合成 HA 的同时将其转运至细胞膜外。同时，研究表明Ⅰ型透明质酸合酶活性需依靠细胞膜，在脱离细胞膜的环境下便失去 HA 合成的能力，并且还受细胞膜中膜脂环境影响。Westbrook 等在枯草芽孢菌中构建透明质酸合成途径，利用基因工程手段强化心磷脂的合成，并通过抑制 FtsZ 蛋白改变心磷脂分布，HA 产量提升了 2.04 倍。

（2）Ⅱ型透明质酸合酶　多杀巴斯德菌来源的透明质酸合酶 PmHasA 属于Ⅱ型透明质酸合酶，也是自然界存在已知唯一的Ⅱ型透明质酸合酶。Ⅱ型透明质酸合酶与Ⅰ型透明质酸合酶相比，无论是基因序列、蛋白结构还是催化原理方面都截然不同，PmHasA 由 972 个氨基酸组成，是一种具有多功能贴膜蛋白，703~972 位氨基酸区域是该蛋白的贴膜区，该蛋白 117~703 位氨基酸区域具有底物的结合位点，并能够将底物从非还原端依次组装成 HA。该蛋白具备 HA 合成能力但却不具备转运能力，合成的 HA 需在 ABC 转运体系的协助下将 HA 转运出细胞。体外酶法合成 HA 中 PmHasA 应用比较广泛，重组表达的 PmHasA 在不依靠细胞膜的环境中依然具备 HA 合成的能力，为其提供充足的供体与受体便能够发挥出聚合的能力。

二、透明质酸的降解

透明质酸酶（Hyaluronidase，HAase）是一类主要降解 HA 的酶的总称。HAase 广泛存在于真核生物和原核生物中，是一种重要的生理活性物质并在动物机体内参与许多重要的生物学过程，例如细胞分裂、细胞间的连接、生殖细胞的活动、DNA 的转染、胚胎发育、受伤组织的修复以及正常细胞和肿瘤细胞增生等。根据来源、催化机制和底物与产物特异性，透明质酸酶可以分为三类（图 2-3）：透明质酸 3-糖基水解酶（EC 3.2.1.36）、透明质酸 4-糖基水解酶（EC 3.2.1.35）及透明质酸裂解酶（EC 4.2.2.1）。

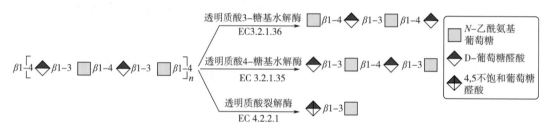

图 2-3　透明质酸酶的分类

1. 透明质酸水解酶

透明质酸水解酶按照切割糖苷键的不同可以分为两类。其中透明质酸 4-糖基水解酶属于糖苷水解酶 56 家族（GH56），特异性水解 β-1,4 糖苷键，而透明质酸 3-糖基水解酶属于糖苷水解酶 79 家族（GH79），特异性水解 β-1,3 糖苷键，二者的产物都不含有不饱和双键。水解 β-1,4 糖苷键的透明质酸酶主要来源于哺乳动物，如唯一商品化的牛睾丸透明质酸水解酶（Bovine Testicular Hyaluronidase，BTH），以及蜜蜂、蛇、蝎子等毒液中，水解的终产物为四糖和六糖。除了具有水解活性，哺乳动物类透明质酸酶还有转糖苷活性，导致它们的水解产物分子质量分布范围比较广。此外，透明质酸 4-糖基水解酶对软骨素及硫酸软骨素也具有水解活性。相比较，水解 β-1,3 糖苷键的透明质酸酶主要存在于水蛭中，它们不具有转糖苷活性，水解产物分子质量分布范围窄，终产物为二糖、四糖与六糖。相较于其他透明质酸酶，水蛭透明质酸水解酶的底物专一性最好。

2. 透明质酸裂解酶

透明质酸裂解酶主要来源各种微生物，包括梭菌、微球菌、链球菌和霉菌等。它们

通过 β 消除反应切割透明质酸中的 β-1,4 糖苷键，在产物的非还原端形成不饱和双键，终产物为不饱和二糖软骨素二糖 [2-acetamido-2-deoxy-3-O-(β-D-gluco-4-enepyranosy-luronic acid)-D-glucose]。大多数情况下，透明质酸裂解酶通过随机内切方式结合透明质酸糖链，然后通过连续性外切模式产生二糖。不同的是，链霉菌（*Streptomyces* sp.）透明质酸酶则通过随机内切模式降解透明质酸，产生不同长度的不饱和产物。除了降解透明质酸外，细菌透明质酸裂解酶还可以作用于软骨素及硫酸软骨素等其他糖胺聚糖。

三、透明质酸酶的重组表达

为了更好地研究透明质酸酶，研究人员尝试在不同的表达宿主中异源表达不同来源的透明质酸酶编码基因。人来源的透明质酸酶在 HEK-293 细胞、昆虫细胞、大肠杆菌、毕赤酵母中成功实现活性表达，而蜜蜂和蝎子来源的透明质酸酶在毕赤酵母中成功表达。此外，来源于链球菌属不同种的透明质酸裂解酶也在大肠杆菌中实现可溶活性表达。但是，目前所获得的活性透明质酸酶的表达量和酶活性都较低，不具备应用价值。

1. 水蛭透明质酸酶基因序列鉴定

本书作者基于生物信息学分析和 RACE-PCR 技术，从水蛭总 RNA 中成功克隆了首个水蛭透明质酸水解酶（LHyal）编码基因序列，完善了透明质酸酶家族的基因序列。在获得水蛭透明质酸水解酶编码基因基础上，研究人员采用基因工程技术实现了其在微生物中的高效分泌表达。通过对其酶学性质、水解产物和水解机制进行系统性探索和分析，揭示了水蛭透明质酸水解酶水解作用机制。

2. 水蛭透明质酸酶在毕赤酵母的重组表达

（1）透明质酸酶活性确认　毕赤酵母 GS115 由于其独特的优势（如高密度生长、无内毒素和分泌表达）被广泛用作真核表达系统。因此，研究人员以毕赤酵母 GS115 为宿主分析了水蛭透明质酸水解酶的异源表达。通过在水蛭透明质酸水解酶 N 端融合酿酒酵母（*Saccharomyces cerevisiae*）来源的 α-factor 信号肽实现了其分泌表达。摇瓶发酵液经透明质酸平板分析，结果如图 2-4（1）显示，平板上透明质酸被发酵液上清液水解后形成明显的透明圈，这一结果明确地证明了所克隆的基因序列编码蛋白是水蛭透明质酸水解酶。酶活性测定数据表明水蛭透明质酸水解酶分泌表达量为 11954U/mL [如图 2-4（2）]。

为了方便后期蛋白纯化，His-tags（组氨酸标签，一般为 6 个连续的 His）被广泛应用于表达重组蛋白的分离纯化。研究人员设计了 4 种不同长度的 His-tags 融合在 LHyal 的 N 端，拟确定其是否会对蛋白的表达水平产生影响。研究结果表明 LHyal 的 N 端融合不同长度的 His 导致了胞外 HAase 表达水平的显著差异 [图 2-4（2）]。特别是融合 6 个 His-tag 的重组菌株（H6LHyal），HAase 的表达水平显著提高到了 63180U/mL，胞外酶活性提高近 6 倍。为了进一步考察 HAase 的表达水平，重组的 LHyal 和 H6LHyal 菌株在 3L 发酵罐进行高密度补料发酵，LHyal 的 HAase 表达水平达到 8.50×10^4 U/mL [图 2-4（3）]，与摇瓶产量相比提高了约 7.1 倍。然而，H6LHyal 的 HAase 表达水平高达 8.42×10^5 U/mL（约

420mg/L 的重组蛋白）［图 2-4（4）］，与 LHyal 相比提高了近 9 倍的表达水平。同时，通过 SDS-PAGE 蛋白电泳分析 LHyal 和 H6LHyal 的补料发酵过程中的蛋白差异，与 LHyal 相比［图 2-4（5）］，H6LHyal 重组菌株产生的目标条带随着发酵时间的延长而显著增加［图 2-4（6）］。以上研究结果表明通过改造蛋白 N 端（融合 6 个 His-tag）能够显著影响 LHyal 的表达水平。

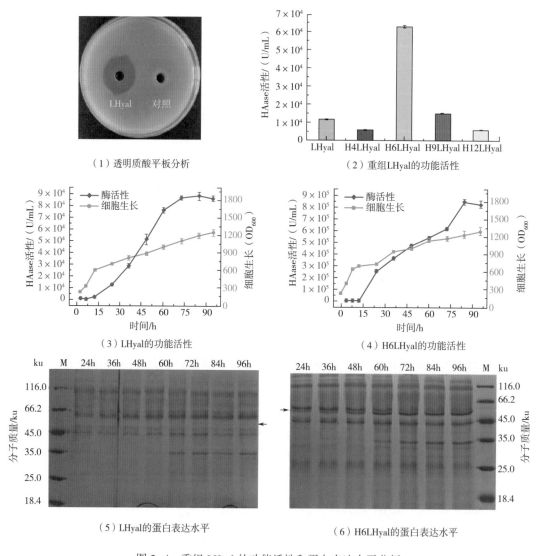

图 2-4　重组 LHyal 的功能活性和蛋白表达水平分析

（2）透明质酸酶分泌信号肽的筛选　为进一步提高 LHyal 的胞外分泌量，选用 4 种不同信号肽（HKR1、YTP1、SCS3 和 nsB）对 α-factor 信号肽进行替换，研究不同信号肽对透明质酶分泌表达的影响。由图 2-5 可知，含 4 种不同信号肽重组菌株 GS115-HKR1-LHyal、GS115-YTP1-LHyal、GS115-SCS3-LHyal、GS115-nsB-LHyal 与对照菌株 GS115-LHyal 的菌体浓度相差不大，说明不同信号肽对菌体生长基本不会产生影响。重组不同信号肽菌株均可分泌表达 LHyal，其中重组菌株 GS115-nsB-LHyal 胞外 HAase 活性最高，与对照菌株 GS115-LHyal 相比，提高了 26.0%，达到 $7.96×10^4$ U/mL。

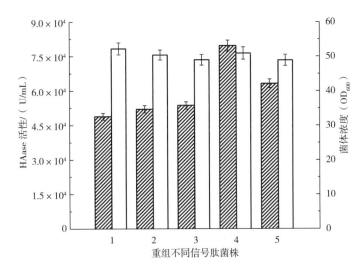

图 2-5　不同信号肽对重组菌株的菌体浓度与产 HAase 活性的影响

1—对照菌株 GS115-LHyal　2—重组菌株 GS115-HKR1-LHyal　3—重组菌株 GS115-YTP1-LHyal

4—重组菌株 GS115-SCS3-LHyal　5—重组菌株 GS115-nsB-LHyal

在最佳信号肽 nsB 基础上，进一步在基因 LHyal 的 N 端融合了 6 种不同的双亲短肽（Amphipathic Peptides，APs），其中重组菌株 GS115-nsB-AP2-LHyal 摇瓶培养酶活性最高，达到 $9.69×10^4$ U/mL ［图 2-6（1）］。经 SDS-PAGE 蛋白电泳分析 ［图 2-6（2）］，融合短肽 AP2 菌株发酵上清液中目的蛋白含量相比重组菌株 GS115-nsB-LHyal 发酵产目的蛋白含量明显提高，说明融合短肽 AP2 能促进 LHyal 的分泌表达。

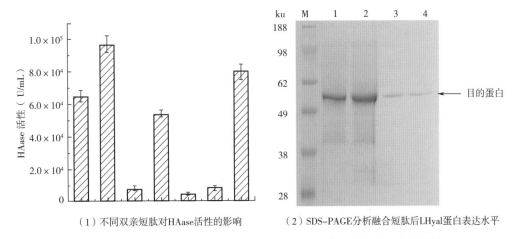

（1）不同双亲短肽对HAase活性的影响　　　（2）SDS-PAGE分析融合短肽后LHyal蛋白表达水平

图 2-6　不同短肽对重组菌株产 HAase 活性的影响和蛋白表达水平分析

在 3L 发酵罐中进行放大培养，基于对细胞活力与醇氧化酶 AOX 活性的分析，确定了诱导阶段采用阶段控温策略，如图 2-7 所示，即在诱导阶段 1~60h，温度控制为 25℃；60~96h，温度控制为 22℃。采用阶段控温策略后，LHyal 最高酶活性为 1.68×10^6 U/mL。

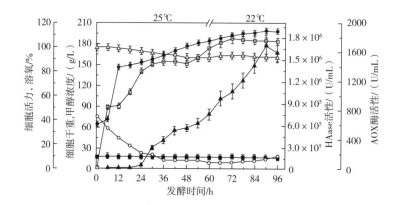

图 2-7　两阶段控制温度诱导策略的分批发酵培养对 LHyal 表达影响

LHyal 活性（▲）；细胞干重（●）；甲醇浓度（■）；溶氧（○）；细胞活力（△）；AOX 酶活性（□）

（3）水蛭透明质酸酶 LHyal 组成型表达　尽管实现了重组 LHyal 的高水平表达，但发酵过程中需要利用甲醇诱导蛋白表达，而甲醇属于易燃易爆品，且具有毒性。因此，使用组成型启动子表达 LHyal，避免添加甲醇，将更有希望应用于透明质酸酶的工业化生产及应用中。首先，将常用的组成型启动子［P_{GAP}，$P_{GAP(m)}$ 和 P_{TEF1}］和信号肽（α-factor，nsB 和 sp23）组合并考察 LHyal 的分泌表达。分别将 9 种表达盒整合到毕赤酵母 GS115 基因组中，选择具有相同拷贝数的重组菌株，并在摇瓶中进行比较研究。如图 2-8 所示，不同重组菌株 LHyal 的表达水平有明显差异。其中，重组菌株 GAP(m)-sp23 产生最高的 LHyal 活性（1.38×10^5 U/mL）是菌株 TEF1-α 的 3.25 倍。

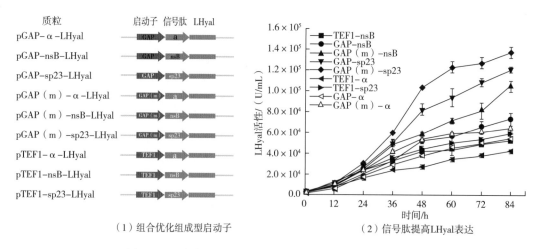

（1）组合优化组成型启动子　　　　（2）信号肽提高 LHyal 表达

图 2-8　组合优化组成型启动子与信号肽提高 LHyal 表达

在大多数情况下，蛋白质的 N 末端氨基酸序列在蛋白质表达中起关键作用，并且许多天然的工程氨基酸标签已被引入目的蛋白的 N 末端，用于促进蛋白质表达。因此，6 个不同的氨基酸标签（带正电荷的赖氨酸和精氨酸，带负电荷的谷氨酸和天冬氨酸，中性极性的谷氨酰胺和天冬酰胺）分别被融合到 LHyal 的 N 末端，研究它们对 LHyal 表达的影响。尽管各重组菌的生物量相似，但 LHyal 的表达情况却有明显差异。其中，添加谷氨酰胺、天冬氨酸和天冬酰胺标签 LHyal 可以显著提高活性，分别达到 2.06×10^5 U/mL、1.58×10^5 U/mL 和 1.53×10^5 U/mL。相反，与碱性的赖氨酸或精氨酸标签融合，会对 LHyal 表达产生不利影响，活性分别降至 9.34×10^3 U/mL、5.26×10^3 U/mL［图 2-9］。

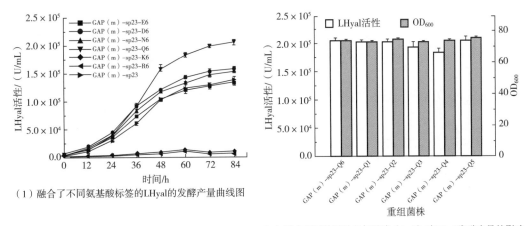

（1）融合了不同氨基酸标签的LHyal的发酵产量曲线图

（2）融合不同数目的谷氨酰胺（1-6）对LHyal发酵产量的影响

图 2-9　N 端融合氨基酸标签提高 LHyal 表达

除了优化基因的表达框之外，一些毕赤酵母内源的转录因子被鉴定，并应用于提高异源蛋白的表达。因此，为了进一步提高 LHyal 的表达，选择 3 种转录因子 Aft1、Gal4-like、Yap1 进行过表达。如图 2-10（1）所示，相较于亲本菌株，过表达 Aft1 时，LHyal 的酶活性提高了 47.1%。

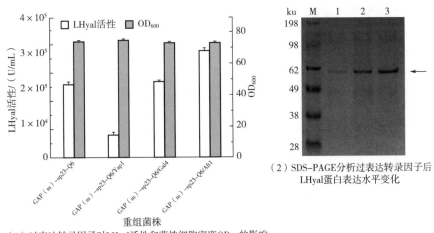

（1）过表达转录因子对LHyal活性和菌株细胞密度OD$_{600}$的影响

（2）SDS-PAGE分析过表达转录因子后
LHyal蛋白表达水平变化

图 2-10　过表达转录因子提高 LHyal 表达

为了研究连续传代对 LHyal 表达的影响，将重组菌株 GAP（m）-sp23-Q6/Aft1 在 YPD 培养基中连续培养 20 代。用菌落 PCR 检测酵母基因组中的 LHyal 基因，观察到对应大小的基因片段。另外，第 20 代培养上清液的 LHyal 活性与原始菌株的 LHyal 活性没有差异。这些结果证明外源基因的组成性表达在巴斯德毕赤酵母中具有良好的遗传和表达稳定性。最后，在 3L 发酵罐利用甘油补料进行高密度发酵，如图 2-11（1）所示，发酵 108h 时，胞外 LHyal 活性最高，达到 $2.12×10^6 U/mL$，比摇瓶中酶活性提高了 7 倍。

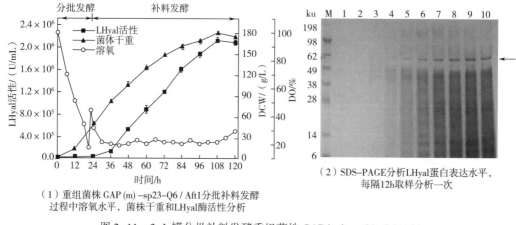

（1）重组菌株 GAP（m）-sp23-Q6/Aft1 分批补料发酵
过程中溶氧水平，菌株干重和 LHyal 酶活性分析

（2）SDS-PAGE 分析 LHyal 蛋白表达水平，
每隔 12h 取样分析一次

图 2-11　3-L 罐分批补料发酵重组菌株 GAP（m）-sp23-Q6/Aft1

第二节　不同分子质量透明质酸的生物制造

一、中高分子质量透明质酸的发酵生产

微生物发酵法是指利用微生物在特定的条件下，能够将底物通过自身的代谢活动转化为目的产物。微生物发酵法与组织提取法和化学酶法相比，其不受原材料限制且产品均一性好、提取工艺简单、价格低廉，已逐步取代组织提取法，成为目前获取 HA 的主要来源。20 世纪 80 年代，日本资生堂首次报道通过发酵培养链球菌，实现工业化生产为目的的发酵生产 HA 研究。随后英美等国相继报道了微生物法生产 HA，改变了 HA 通过组织提取法获取的单一来源局面，极大地推动了 HA 的研究和应用。

1. 发酵菌种的选育

（1）链球菌选育　目前 HA 的生产菌株主要为链球菌属（*Streptococcus*）的 A 种菌和 C 种菌。其中 A 种链球菌主要是酿脓链球菌（*Streptococcus pyogenes*），C 种链球菌主要有马链球菌兽疫亚种（*S. equi* subsp. *zooepidimicus*），其中 A 种链球菌对人体有致病性，一般不作为生产菌株，C 种链球菌为牲畜致病菌，因此可以用于 HA 发酵生产。目前研究最多的是马链球菌兽疫亚种，并且已经将其应用于工业生产中，并取代了组织提取法成为 HA 的主要生产来源。马链球菌兽疫亚种发酵生产获得的 HA 主要为高分子质量 HA（分子质量大于 100Mu）。目前对于马链球菌兽疫亚种的 HA 发酵生产研究主要集中于以下几个部分：菌种的筛选与育种、发酵培养基的优化及发酵工艺的优化。

菌种是微生物发酵的核心与关键，菌种是决定发酵产品工业价值的关键，只有具备良好的菌种基础，发酵工艺的改进才能体现出其价值，因此许多工作围绕着马链球菌兽疫亚种的菌种筛选与育种展开。目前主要采用诱变育种，通过使用物理诱变剂如紫外线、X 射线等，化学诱变剂如烷化剂、碱基类似物和吡啶类似物等，对菌种进行随机突变，并对其进行复筛以获取正突变株。目前，科研人员通过大量的随机突变，已获得一定数量对产量有提高作用的突变株。

（2）生产透明质酸的基因重组菌的构建　马链球菌兽疫亚种遗传操作困难，难以对其进行基因操作改造，研究主要集中在通过随机突变的方式，筛选高产菌株，但该方法具有随机性、不确定性、突变频率低等特点，获取正向突变的概率比较低。而且马链球菌兽疫亚种是致病微生物，存在内毒素等致病因子，导致其在医药等领域的发展受到严重制约。近些年合成生物学不断得到发展，HA 的合成机制也不断得到解析，利用遗传背景清晰、生物安全性高的微生物合成 HA，已经成为微生物发酵法合成 HA 的发展趋势。HA 的合成途径已经在大肠杆菌、枯草芽孢杆菌、谷氨酸棒杆菌等较为安全的菌株中成功构建和表征。

2. 透明质酸发酵工艺优化

发酵培养基是微生物生长的必需条件，它提供微生物细胞生长代谢所需的营养物质。链球菌是一种寄生于动物体宿主的微生物，其代谢途径不完全，部分自身生长的营养物质需要外源添加。除此之外，发酵还需要满足产物的经济合成、发酵后副产物少和满足生产工艺等要求，因此培养基的优化对链球菌合成 HA 的合成也同样至关重要。目前人们相继对培养基中的碳源、氮源和微量元素等进行了系统的分析，并结合响应面法对培养基进行优化。

在获得优良的菌种和适应的发酵培养基后，要使菌种的潜力充分发挥出来，必须优化其发酵过程，从而获得较高的产物浓度、较高的底物转化率和生产强度。发酵温度、pH、溶氧、搅拌转速等发酵工艺对 HA 的合成都有较大影响。已有研究表明马链球菌兽疫亚种的最适 pH 和温度分别为 pH 7.0 和 37℃，而且 HA 发酵是一个高黏度发酵过程，氧气的传递对 HA 的发酵起着至关重要的作用，并得到广泛的研究。相较于厌氧发酵，充足的氧气提供对 HA 的产量和分子质量水平都有一定程度的促进作用。目前通过上述研究策略，HA 的发酵水平已经达到了 10~14g/L，并且已经实现工业化生产。

二、超高分子质量透明质酸的生物合成

HA 按照分子质量的大小，分为超高分子质量 HA、高分子质量 HA、中分子质量 HA 和低分子质量 HA 及 HA 寡聚糖，在这当中有一类特殊并不常见的 HA 即超高分子质量 HA。超高分子质量 HA（>6Mu）在裸鼹鼠中被报道发现，并认为超高分子质量 HA 的存在是裸鼹鼠具备免疫癌症、长寿等能力的关键因素之一，从而引起人们的广泛关注。同时研究表示裸鼹鼠通过大量分泌超高分子质量 HA 来降低 H-Ras V12 与 SV40 LT 组合触发的恶性肿瘤转化过程，从而提出了抗癌的具体分子机制。除此之外研究还发现，超高分子质量 HA 具备优异的细胞保护性能。

1. 动物源超高分子质量透明质酸

（1）不同物种来源的超高分子质量透明质酸　HA 在动物组织中广泛存在，HA 的分子质量也因组织的来源不同而存在差异。根据目前研究报道，鸡冠中的 HA 分子质量分布在 1200ku 左右，牛玻璃体中的 HA 在 770k ~ 1700ku，人的脐带中的 HA 分布在 3400ku 左右，而裸鼹鼠体内存在着的 HA 分子质量大于 6000ku。

（2）生产存在的问题　HA 具有极其强大的应用价值，尤其是超高分子质量的 HA 更受到人们的广泛关注。部分动物组织虽然含有超高分子质量的 HA，但是组织中 HA 含量低，且受原材料限制难以实现大规模提取，而且提取工艺复杂导致成本高昂。微生物发酵法则生产规模不受限制，发酵液中的 HA 易于提取纯化等优点逐渐替代了传统的组织提取法。微生物发酵得到的 HA 的分子质量主要分布在 1000k ~ 2000ku，因此如何通过微生物法合成超高分子质量的 HA 成为当下研究的热点。

2. 重组微生物合成超高分子质量透明质酸

Ⅰ型透明质酸合酶是一类同时具有 HA 合成能力和运输 HA 至胞外功能的膜蛋白，而Ⅱ型透明质酸合酶是一类只具有 HA 糖链聚合能力，而需要依赖其他蛋白转运体系将合成的 HA 分泌至胞外。食品级表达宿主谷氨酸棒杆菌中不存在 HA 转运体系相关蛋白，因此本书作者在谷氨酸棒杆菌中异源表达Ⅱ型透明质酸合酶 PmHasA，让长链 HA 积累在细胞内部，从而避免发酵过程中的剪切力对分子质量的破坏，为超高分子质量 HA 的合成提供了一种新的思路。

（1）透明质酸合酶表达及其密码子优化　利用 DNA 重组技术将合成基因片段 *pmhasA-0* 连接至表达载体质粒 *pXMJ19* 上，转化至谷氨酸棒杆菌株分析 HA 合成，结果表明 HA 合成量太低，无法定量检测。这可能是由于透明质酸合酶在谷氨酸棒杆菌表达水平太低所致（图 2-12）。考虑到谷氨酸棒杆菌有较强的密码子偏好性，根据密码子优化网站（http：//www.jcat.de/）对透明质酸合酶基因 *pmhasA* 进行了密码子优化。结果与预期一致，在表达密码子优化的 *pmhasA*，HA 积累至 0.14g/L。

（2）胞内透明质酸提取方法优化　多杀巴斯德菌来源的透明质酸合酶为Ⅱ型合酶，依赖宿主自身的 ABC 转运体系实现 HA 的分泌。由于谷氨酸棒杆菌缺乏该转运体系，所以 HA 无法正常分泌，而是积累在细胞内部。为了提取胞内的 HA 且对其分子质量不造成较大的影响，需要开发一种相对温和的细菌破壁方法。本书作者探究了传统的 HA 提取方法——高温高压破壁法、高压匀浆法与碱裂解法所提取的 HA 分子质量上的差异。结果如图 2-

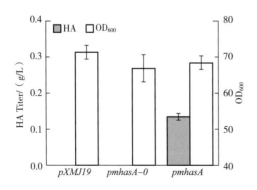

图 2-12　透明质酸合酶表达及其密码子优化

13（1）所示，采用高温高压破壁法和高压匀浆法所提取的 HA 分子质量分别为 0.21Mu 和 0.72Mu；而采用优化的碱裂解法提取的 HA 分子质量达到 1.51Mu。

谷氨酸棒杆菌表面有一层肽聚糖，因此在裂解液 PⅠ（25mmol/L Tris-HCl，10mmol/L EDTA，20mg/mL lyzsome，pH 8.0）中加入溶菌酶可以裂解菌体表层肽聚糖以便裂解菌体；PⅡ（0.2mol/L NaOH，1% SDS）溶液为强碱性，在裂解过程中菌体内的蛋白质、破碎的细胞壁和强碱条件下变性的 DNA 会相互缠绕形成大型复合物，同时溶液中的十二烷基硫酸钠（Sodium Dodecylsulfate，SDS）能与蛋白结合，平均两个氨基酸结合一个 SDS 分子，大量的 SDS 覆盖在蛋白表面；加入 PⅢ（3mol/L KoAC，pH 6.0）溶液后，SDS 遇到钾离子后变成了十二烷基硫酸钾（Potassium Dodecylsulfate，PDS），而 PDS 是不溶于水的，因此蛋白与基因组的复合物会发生沉淀，将该溶液离心后上清液便是提取的 HA 溶液。经过多次醇沉、复溶操作后，就可以得到浓缩后纯度较高的 HA 溶液 [图 2-13（2）]。结果表明，采用高温高压和高压匀浆条件下会破坏 HA 原有的链长，造成 HA 分子质量的降低，而采用温和的碱裂解提取法破壁处理菌体，更有利于获得高分子质量的 HA。

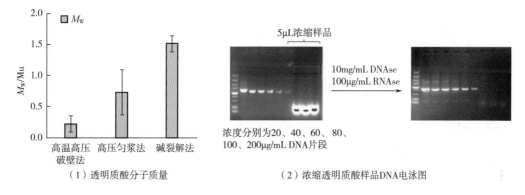

图 2-13　比较分析不同方法提取胞内透明质酸对分子质量 M_W 的影响

（3）RBS 序列筛选和透明质酸合酶 pmHasA 截短分析　核糖体结合位点（Ribosome Binding Site，RBS）序列对基因的表达具有重要调控作用。除了利用谷氨酸棒杆菌常用的 RBS 核心序列 AAGGAGG，作者选择比较了其余五种不同强度的 RBS 序列，分别为 AAGGGCC、AAGGCTC、AAGGAAC、AAGGATC、AAGGTTG，分析不同 RBS 序列对透明质酸合酶的表达与 HA 合成影响。结果如图 2-14（1）所示，表达五种不同强度 RBS 序列的重组菌合成 HA 分子质量均低于 1.51Mu，低于表达序列 AAGGAGG 的重组菌 pmHasA 合成 HA 分子质量。因此，在谷氨酸棒杆菌中合成 HA，RBS 序列优选 AAGGAGG。

透明质酸合酶 pmHasA 不同氨基酸区域对于 HA 的合成有不同的影响。作者对透明质酸合酶基因 *pmhasA* 从 N 端和 C 端进行不同长度的截短分析，构建了不同突变体 pmHasAΔ2-45、pmHasAΔ2-71、pmHasAΔ2-95、pmHasAΔ2-117 和 pmHasAΔ704-972。结果如图 2-14（2）所示，pmHasAΔ2-45、pmHasAΔ2-71、pmHasAΔ2-95、pmHasAΔ2-117 和 pmHasAΔ704-972 合成的 HA 产量分别为 0.13g/L、0.11g/L、0.12g/L、0.02g/L 和

0.11g/L，分子质量分别为 1.42Mu、1.36Mu、1.26Mu、0.80Mu 和 1.41Mu。结果表明透明质酸合酶截短造成 HA 产量和分子质量发生了不同程度的下降。截短 2-117 位氨基酸透明质酸合酶导致透明质酸产量相比 pmHasA 下降 81%，分子质量下降 48% ［图 2-14（2）］。光学相差显微镜分析结果证明：pmHasAΔ2-117 对应菌体难以发现 HA 的积累 ［图 2-14（3）］，而表达 pmHasAΔ704-972 的菌体中有 HA 明显积累。结果表明氨基酸 95-117 位点对合成 HA 的分子质量和产量有重要影响 ［图 2-14（4）］。

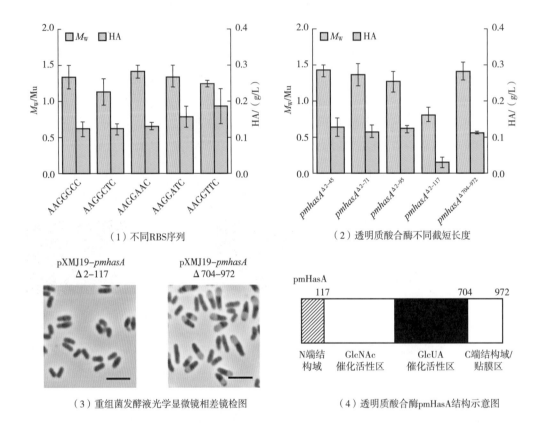

（1）不同RBS序列　　　　　　　　　　（2）透明质酸合酶不同截短长度

（3）重组菌发酵液光学显微镜相差镜检图　　　（4）透明质酸合酶pmHasA结构示意图

图 2-14　RBS 序列筛选和比较分析透明质酸合酶不同截短长度对透明质酸分子质量的影响

（4）透明质酸合酶 pmHasA 底物结合口袋氨基酸对透明质酸分子质量的影响　蛋白质底物结合口袋氨基酸显著影响酶的催化功能。根据 Zhang lab 团队模拟的透明质酸合酶 pmHasA 蛋白结构，与报道的软骨素合酶 KfoC 晶体结构 （PDB ID：2Z86 和 2Z87），研究人员模拟分析了透明质酸合酶 pmHasA 的两个底物 UDP-GlcNAc ［图 2-15（2）］ 与底物 UDP-GlcA 的结合口袋 ［2-15（4）］。

考虑底物结合口袋附近氨基酸侧链对底物结合影响，研究人员将两个底物结合口袋氨基酸均突变成对侧链不带有其他官能团、对蛋白结构影响较小的丙氨酸，构建了针对 UDP-GlcNAc 底物结合口袋突变体 pmHasA R169A、pmHasA R276A、pmHasA W320A、pmHasA H394A、pmHasA N402A、pmHasA R406A 和 pmHasA G409A，以及针对 UDP-GlcA 底物结合口袋的突变体 pmHasA P447A、pmHasA Y449A、pmHasA G506A、pmHasA H589A、 pmHasA R591A、pmHasA V612A、pmHasA D613A 和 pmHasA R636A。结果如图 2-15（1）和图 2-15（3）所示，HA 的分子质量均出现了不同程度的下降，表明透明质酸合酶结合 UDP-GlcA 底物合成 HA 时，可能依赖 UDP-GlcA 底物结合口袋的氨基酸电荷。进一步比较透明质酸合酶 pmHasA 和软骨素合酶 KfoC 的氨基酸序列，研究人员发现透明质酸合酶 UDP-GlcNAc 转移酶活性性中心和底物结合位点（247DCD249，196DGS198）与 UDP-GlcA 转移酶活性中心和结合位点（477DGS479，527DSD529）十分保守。因此，改造两个底物结合区域氨基酸可能不利于 HA 链长的提高。

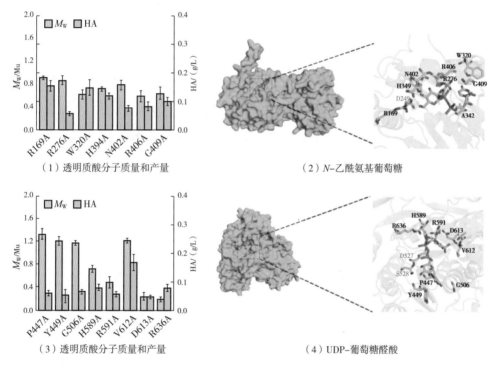

图 2-15　透明质酸合酶 pmHasA 底物结合口袋氨基酸对透明质酸分子质量的影响

（5）透明质酸合酶 pmHasA 定点突变改造　为探究透明质酸合酶 pmHasA N 端关键位点对 HA 分子质量的重要影响，研究人员对透明质酸合酶 PmHasA 的第 40 位苏氨酸、第 59 位缬氨酸和第 104 位的苏氨酸进行了突变。结果如图 2-16（1）所示，在表达 pmHasA T40L、pmHasA V59M、pmHasA T104A 和 pmHasA V59M T104A 突变体后，HA 产量分别为 0.11g/L、0.13g/L、0.13g/L 和 0.12g/L，分子质量分别约为 1.34Mu、1.6Mu、1.82Mu 和 1.35Mu。结果表明与其他突变体相比，T104A 提高了 HA 的分子质量（21%）。

为了探究 T104 位点对于合成透明质酸分子质量的影响，研究人员对第 104 位氨基酸进行了饱和突变。结果如图 2-16（2）所示，HA 积累量与分子质量均发生了不同程度的下降。根据透明质酸合酶 pmHasA 和软骨素合酶 KfoC 的氨基酸序列比对，研究人员在透明质酸合酶突变体 pmHasA T104A 的基础上，将带有正电荷的 K106 和 K107 突变为不带有电荷的丙氨酸，将带有负电荷的 E109 和 E112 突变为带有正电荷的精氨酸，将 N453 突变为带有正电荷的赖氨酸，结果如图 2-16（1）所示。重组菌 T104A K106A K107A 合成 HA 分子质量达到 2.02Mu，HA 产量为 0.16g/L，结果表明远离两个糖基转移酶活性中心的透明质酸合酶 pmHasA N 端 95~117 位点对 HA 的分子质量具有重要影响。鉴于糖基转移酶柔性 loop 区域对底物结合与催化的影响[37]，研究人员对透明质酸合酶 pmHasA 及其突变体 pmHasA T104A K106/K107A 进行了动力学模拟分析，结果如图 2-16（3）和（4）所示，T104A K106/K107A 的引入导致整体 loop 柔性的增加。

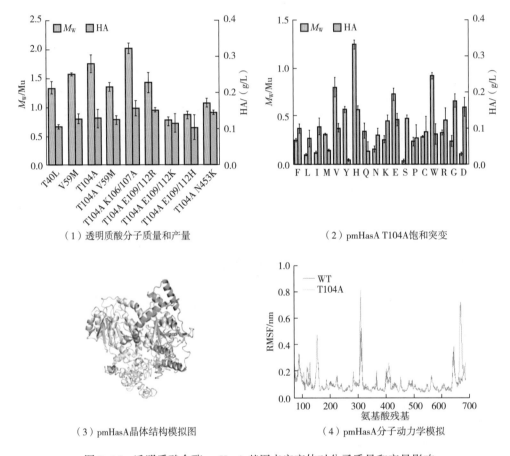

（1）透明质酸分子质量和产量

（2）pmHasA T104A 饱和突变

（3）pmHasA 晶体结构模拟图

（4）pmHasA 分子动力学模拟

图 2-16 透明质酸合酶 pmHasA 基因点突变体对分子质量和产量影响

（6）透明质酸合成途径基因过表达对透明质酸分子质量和产量的影响 除了透明质酸合酶 pmHasA 本身对 HA 分子质量的调控外，两个前体 UDP-GlcA 和 UDP-GlcNAc 的供给也影响 HA 的合成与分子质量。研究人员在表达透明质酸合酶突变体 pmHasA T104A K106A K107A 的基础上，单独强化不同来源的 *galU* 与 *ugdA*，重组菌合成的 HA 产量和分子质量都出现了不同程度的提高。结果如图 2-17（1）和（3）所示，单独过表达马链球菌兽疫亚种来源的 *segalu*2 基因时，分子质量达到 2.6Mu，较重组菌 T104A K106A K107A 提高了 26%，产量达到 0.26g/L；单独过表达谷氨酸棒杆菌来源的 *ugdA* 基因时，HA 分子质量最高达到 3.3Mu，较重组菌 T104A K106A K107A 提高了 63%，产量达到 0.54g/L。光学显微镜镜检结果如图 2-17（3）所示，强化 *cgugdA* 基因的细胞积累 HA 的含量增加。结果表明 UDP-GlcA 的合成是影响最终 HA 合成的关键前体。

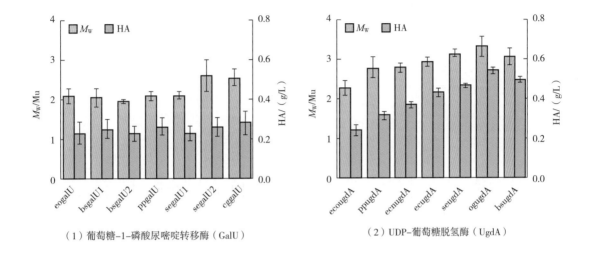

（1）葡萄糖-1-磷酸尿嘧啶转移酶（GalU）　　　　（2）UDP-葡萄糖脱氢酶（UgdA）

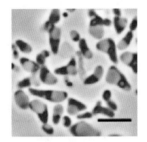

pXMJ19-pmhasA
T104A K106A K107A
pEC-XK99E-cgugdA

（3）重组菌T104A K106A K107A-cgugdA发酵液镜检图

图 2-17　比较不同来源的途径基因对透明质酸分子质量和产量

（7）重组谷氨酸棒杆菌培养条件优化　获得最佳重组菌株后，我们对其培养条件进行优化，首先是诱导剂添加浓度。在实验中设计了五种不同浓度的 IPTG 对重组菌株进行诱导，来确定重组菌株 VT-cgugdA 的最适 IPTG 诱导浓度，结果如图 2-18（1）所示。在重组谷氨酸棒杆菌 VT-cgugdA 摇瓶水平合成透明质酸过程中，当诱导剂 IPTG 浓度在 0.25mmol/L 时，合成的 HA 分子质量随着 IPTG 浓度的减少而增加。其中，当 IPTG 浓度为 0.25mmol/L 时，HA 分子质量最高为 3.4Mu；当 IPTG 浓度为 0.5mmol/L 时，HA 产量最高为 0.94g/L。

在前期的研究中，重组菌培养温度为 28℃。有研究报道温度会显著影响重组菌合成 HA 的分子质量，设计 7 种不同温度（16℃、18℃、20℃、25℃、30℃、37℃和40℃）摇瓶培养重组菌株 VT-cgugdA，来确定合成高分子质量 HA 的最佳培养温度。结果如图 2-18 中（2）和（3）所示，培养温度在 20~40℃时，合成 HA 分子质量随温度的上升而下降；

培养温度在16~20℃时，合成HA分子质量随温度的下降而降低。因此实验结果表明重组菌VT-cgugdA合成高分子质量HA的最优培养温度为20℃，此时透明质酸分子质量为4.8Mu，产量达到0.52g/L。

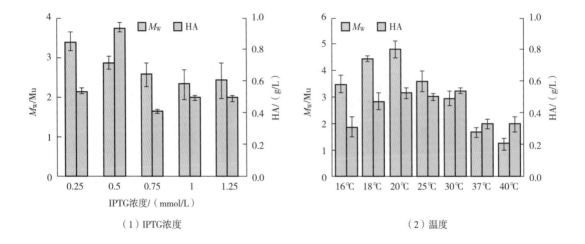

（1）IPTG浓度 　　　　　　　　　　　　　　　　　（2）温度

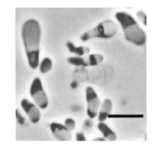

重组谷氨基酸棒杆菌/pXMJ19-pmhasA
T104A K106A K107A，20℃培养72h

（3）重组菌20℃发酵液镜检图

图2-18　重组菌摇瓶培养条件优化

三、低分子质量透明质酸的酶催化生产

1. 低分子质量透明质酸的生产方法

（1）物理化学降解法　目前制备低分子质量HA的方法主要集中在物理法和化学法。物理法主要包括加热、机械剪切、紫外线照射、超声波、^{60}Co照射、γ-射线辐射等。物理降解法处理过程简单且产品易于回收，但是存在诸多问题，例如加热法易使HA变色，紫外和超声效率较低，低分子质量HA产物M_W范围分布较大（大于3000u），且产品稳定性较差。化学降解法有水解法和氧化降解法，水解法包括酸水解（HCl）和碱水解（NaOH），氧化降解常用的氧化剂为次氯酸钠（NaClO）和过氧化氢（H_2O_2）。但化学降解法引入了化学试剂污染，反应条件复杂，不仅会对HA的性质产生影响，以及给产品的纯化带来困难，还会产生大量的工业废水污染环境。此外，也有报道采用从头化学合成的

方法制备 HA 寡聚糖，但由于化学合成存在底物昂贵、步骤烦琐以及合成效率低等诸多问题，难以实现 HA 寡聚糖的制备应用。

（2）酶降解法　相比物理化学降解和化学合成方法，酶法降解具有专一高效、条件温和、易控制的特点。通过异源重组表达微生物来源的 HA 裂解酶，可用于体外酶法裂解高分子质量 HA 制备低分子质量 HA。例如 Mikio 等克隆青霉菌（*Penicillium* spp.）来源的 HAase 并在大肠杆菌重组表达，在体外实现了酶法制备低分子质量的 HA。细菌裂解酶降解过程中大多采取连续的外切裂解模式降解 HA 链，从还原端向非还原端逐一释放出不饱和的双糖单位直至一条链完全降解，这种催化机制也导致了 HA 裂解产物的 M_W 分布范围广，难以有效获得 M_W 比较集中的 HA 寡聚糖产物，特别是 HA 产物非还原端结构发生了变化。利用商品化的牛睾丸透明质酸酶（BTH）在体外进行 HA 降解，终产物的分布范围广（4~52 个双糖单位），并且 BTH 存在转糖苷活性，同样难以获得 M_W 比较单一的产物。

2. 水蛭透明质酸酶酶解制备低分子质量透明质酸与寡聚糖

本书作者以马链球菌兽疫亚种合成的高分子质量透明质酸（平均分子质量 $1.21×10^6$ u）为底物，在水蛭透明质酸水解酶 LHyal 的作用下，通过控制加酶量和反应时间，在水溶液中水解生产透明质酸寡聚糖，得到 M_W（4000~30000u）的低分子质量 HA。

（1）透明质酸的水解曲线　将 1L 纯水倒入 3L 发酵罐中，加入 40g 高分子质量透明质酸（HA）配制底物反应溶液，分别加入不同量的 LHyal（$1.00×10^3$、$1.25×10^4$、$2.00×10^4$、$4.00×10^4$U/mL），在水解温度 45 ℃、转速 500r/min 条件下反应。如图 2-19 所示，从分子质量变化曲线图中可以发现，初始反应速率极大，分子质量迅速降低，且酶活性越高分子质量降低速率越快。在 2h，分子质量分别降低至 36000u、16000u、8500u、5000u。反应 24h 后，分子质量分别降低至 20000u、10000u、4000u、3000u。可见，单位体积的酶

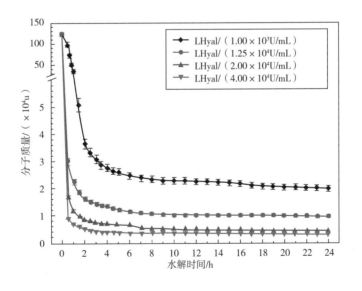

图 2-19　不同酶活性条件下分子质量变化趋势

量越高，糖链断裂得越快且断裂得越彻底。因此，通过控制 LHyal 量和水解时间可以制备任意聚合度的透明质酸。

透明质酸的功能与它的分子质量密切相关。在大多数情况下，使用传统方法制备的透明质酸寡聚糖分子质量分布不集中。相比较，基于重组 LHyal 水解获得的低分子质量透明质酸分子质量分布较为集中。为此，根据影响透明质酸水解的条件，研究人员对透明质酸浓度和水解时间进一步开展了探究。在酶活性为 $1.5×10^4$ U/mL、水解温度为 45℃、转速为 500r/min 的条件下反应，结果如表 2-1 所示，不同浓度的透明质酸的分子质量随着时间的延长逐渐降低，相同时间点底物浓度越高产生的透明质酸的分子质量越高，分子质量分布值越大。这些结果表明，低浓度的透明质酸和相对长的水解时间，有助于制备分子质量分布集中的透明质酸寡聚糖。

表 2-1　　　　　　　　　不同浓度高分子透明质酸的水解特征　　　　　　　　M_W : u

浓度/ (g/L)	0.5h		1h		1.5h		2h		2.5h		3h	
	M_W	P	M_W	P	M_W	P	M_W	P	M_W	P	M_W	P
20	1000	1.8	7000	1.6	5600	1.4	4900	1.3	4400	1.2	4000	1
40	2000	2.4	1300	2.0	1000	1.8	8400	1.7	7400	1.6	6700	1
60	3200	2.7	1800	2.2	1620	2.1	1410	2	1217	1.9	1000	1

（2）透明质酸偶数寡聚糖的制备　根据以上结果，研究人员对特定分子质量的透明质酸寡聚糖的制备进行了研究。通过控制水蛭透明质酸酶 LHyal 的添加量和水解时间，可以制备分子质量大小为 30000u、10000u、4000u 的透明质酸寡聚糖，有趣的是，所有产物在相对低的酶活性和较长的时间下，均呈现出分布集中的特征。如表 2-2 所示，制备 10000u 的透明质酸寡聚糖，在酶活性 $1.25×10^4$ U/mL 的条件下 15h 时水解反应将停止；在酶活性 $2.00×10^4$ U/mL 条件下，1.3h 反应将停止。可以发现，在不同的酶活性 $1.25×10^4$、$2.00×10^4$ U/mL 条件下，产生 10000u 分子质量的透明质酸寡聚糖在相同时间点都产生一个峰，而酶活性 $1.25×10^4$ U/mL 条件下，分子质量分布图更集中一些。同时发现，分子质量 4000u 的透明质酸寡聚糖的分子质量分布值仅为 1.16，表明分子质量的分布极窄。对比文献中报道，使用牛睾丸型透明质酸酶（BTH）水解制备透明质酸寡聚糖，分子质量分布广。因此，使用水蛭透明质酸酶 LHyal 水解制备透明质酸寡聚糖具有更强的优势。

表 2-2　　　　　　不同浓度的透明质酸酶水解产生寡聚糖的分子质量分布特征

分子质量/u	LHyal/ (U/mL)	水解时间/h	分子质量分布值
30000	$1×10^4$	3	1.69
	$1.25×10^4$	0.5	2.07
10000	$1.25×10^4$	15	1.68
	$2×10^4$	1.3	1.86

续表

分子质量/u	LHyal/（U/mL）	水解时间/h	分子质量分布值
4000	$2×10^4$	24	1.16
	$4×10^4$	4.5	1.19

在水蛭透明质酸酶 LHyal 活性 $1.6×10^4$U/mL 的条件下水解 HA（10g/L），取反应不同时间（0~40h）的中间产物，使用 HPLC 分析，如图 2-20（1）所示，反应进行 0.5h 后，一系列偶数的寡聚糖分子生成，HA_4 和 HA_6 等小分子寡聚糖可以被 HPLC 检出，随着酶解反应进行，大分子寡聚糖逐步被水解，产物中 HA_4 和 HA_6 含量积累，达到平衡［图 2-20（2）（3）（4）］。因此，通过控制水解时间，可以酶解制备特定偶数的透明质酸寡聚糖。

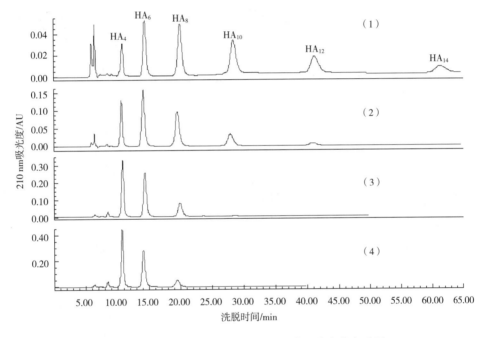

图 2-20　LHyal 水解 HA 不同时间的寡聚糖产物色谱图

在此基础上，本书作者从酶活性和反应时间的维度对聚合度 10 以内的五种偶数寡聚糖制备条件进行了系统分析。寡聚糖的转化率（Conversion Rate）是指从 HA 大分子转化为寡聚糖的质量浓度百分比，计算方法为水解液中某一种寡聚糖的质量浓度与初始大分子 HA 质量浓度的比值。我们已经知道一些高效的 HA 水解酶或裂解酶，能够将大分子 HA 彻底降解为几种聚合度小于 10 的透明质酸寡聚糖（o-HAs）。实际研究应用中，聚合度 10 以内的寡聚糖有很大的应用潜力，在促进肿瘤细胞凋亡、抑制肿瘤细胞多药耐药性、促进伤口愈合和血管生成、医药载体等研究领域有很大需求。

在影响 HA 寡聚糖得率的诸多因素中选取了更常被用做调节参数的酶活性（c，单位 U/mL）和孵育时间（t，单位 h）作为自变量。以酶活性、孵育时间为自变量，寡聚糖转化率（CVR，单位%）为因变量，动态检测了酶活性范围 3000～50000U/mL，孵育时间 4～24h 内大分子 HA 的降解过程，并计算寡聚糖转化率（图 2-21）。分析各个聚合度寡聚糖的转化率，可以得到每种寡聚糖的优化制备条件，进一步的分离纯化则可以得到单一的纯净寡聚糖。同样重要的是，通过分析二维（酶活性和孵育时间两个维度）区间内的寡聚糖转化率的变化，也可以揭示 LHyal 的水解特征。另外，本书作者第一次定量分析了 LHyal 最小产物 HA_2^{NA}（作为 HA 基本组成单位的最小聚合度寡聚糖）的积累情况。以酶活性和孵育时间为横坐标，以寡聚糖的转化率为纵坐标建立三维关系。通过展现两个因素对转化率的协同影响，不但能够优化五种偶数寡聚糖的制备条件，同时也全面反映了 LHyal 水解酶的催化特点。图 2-21 为 LHyal 产生寡聚糖的转化率分析。

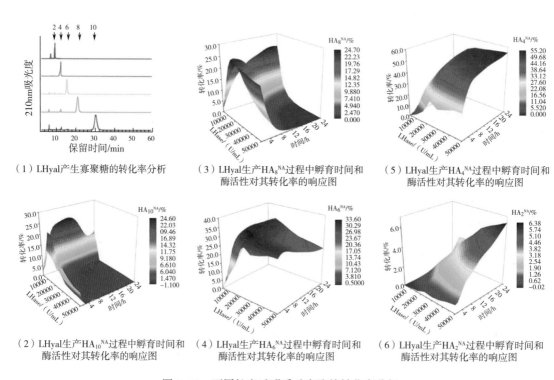

（1）LHyal 产生寡聚糖的转化率分析

（3）LHyal 生产 HA_8^{NA} 过程中孵育时间和酶活性对其转化率的响应图

（5）LHyal 生产 HA_4^{NA} 过程中孵育时间和酶活性对其转化率的响应图

（2）LHyal 生产 HA_{10}^{NA} 过程中孵育时间和酶活性对其转化率的响应图

（4）LHyal 生产 HA_6^{NA} 过程中孵育时间和酶活性对其转化率的响应图

（6）LHyal 生产 HA_2^{NA} 过程中孵育时间和酶活性对其转化率的响应图

图 2-21　不同长度透明质酸寡聚糖转化率分析

图 2-21（2）为 LHyal 生产 HA_{10}^{NA} 过程中孵育时间和酶活性对其转化率的响应图。在区间（酶活性：3000～50000U/mL，孵育时间：1～24h）内检测的 64 个不同条件，HA_{10}^{NA} 转化率的主要特点总结如下：检测范围内的最高转化率可以达到 24.8%，该值在点（3000U/mL，12h）达到；最低转化率为 0%，有 28 个样品中 HA_{10}^{NA} 的检测结果为 0，总体呈现酶活性越高、孵育时间越长，HA_{10}^{NA} 越不容易积累的特点；在酶活性低于 10000U/mL 的条件下，HA_{10}^{NA} 的转化率呈现先增加达到一定峰值后随时间减少的趋势，峰值随着酶活性的提高而提前；酶活性高于 10000U/mL 的条件下，在第一次取样时，也即 1h 时，寡聚糖 HA_{10}^{NA} 的转化率就达到最高，随着时间的推移转化率逐渐降低。

HA_{10}^{NA} 总体呈现出大分子 HA 降解的中间产物的特点，酶活性过高和反应时间过长均可使其继续被降解为更小的寡聚糖；对于制备而言，低于 10000U/mL 的酶活性更有利于其积累，高于 10000U/mL 时，HA_{10}^{NA} 在 1h 以内即被迅速降解，不容易控制降解进程。以下几个区域转化率超过 20%：（3000U/mL，8~16h）、（6000U/mL，4h）和（10000U/mL，2h），即图中红色至深红色区域。

图 2-21（3）为 LHyal 生产 HA_8^{NA} 过程中孵育时间和酶活性对其转化率的响应图。在区间（酶活性：3000~50000U/mL，孵育时间：1~24h）内检测的 64 个样品，HA_8^{NA} 转化率的主要特点总结如下：检测范围内的最高转化率可以达到 24.7%，该值在点（3000U/mL，20h）达到；在酶活性最高和反应时间最长的条件下转化率最低约为 0%，与 HA_{10}^{NA} 类似，总体呈现酶活性越高、孵育时间越长，HA_8^{NA} 越不容易积累的特点；在酶活性低于 20000U/mL 的条件下，HA_8^{NA} 的转化率呈现先增加达到一定峰值后随时间减少的趋势，峰值随着酶活性的提高而提前；酶活性高于 20000U/mL 的条件下，在第一次取样时，也即 1h 时，HA_8^{NA} 的转化率就达到最高，随着时间的推移转化率逐渐降低。

HA_8^{NA} 与 HA_{10}^{NA} 同样呈现中间产物的特点：先迅速积累，而后继续被降解直至积累量为 0，酶活性越高积累越快，被降解也越快；但是在降解过程中 HA_{10}^{NA} 比 HA_8^{NA} 更优先被继续降解，这可能是由于 HA_{10}^{NA} 聚合度更高。对于制备而言如下几个区域转化率超过 20%：（3000U/mL，12~24h）、（6000U/mL，4~16h）、（10000U/mL，2~8h）、（15000U/mL，2~4h）、（20000U/mL，1~2h）、（30000U/mL，1~2h）、（40000U/mL，1h）和（50000U/mL，1h），即红色至深红色区域。

图 2-21（4）为 LHyal 生产 HA_6^{NA} 过程中孵育时间和酶活性对其转化率的响应图。在区间（酶活性：3000~50000U/mL，孵育时间：1~24h）内检测的 64 个样品，HA_6^{NA} 转化率的主要特点总结如下：检测范围内的最高转化率可以达到 33.6%，该值在点（6000U/mL，24h）达到；实际上在酶活性 6000~15000U/mL 的反应末段，在酶活性 20000~30000U/mL 的反应中段以及在酶活性 400000~50000U/mL 的反应初始段，HA_6^{NA} 的转化率均超过 30%。其中，在检测范围的最高酶活性，最长孵育时间（50000U/mL，24h）的条件下转化率为 21.4%，推测提高酶活性和反应时间 HA_6^{NA} 可能会有继续降解的可能。本研究也表明 LHyal 的终产物并不是聚合度为 6 的寡聚糖，而是更小的寡聚糖。对制备 HA_6^{NA} 而言，以下几个区域的转化率超过了 30%：（6000U/mL，16~24h）、（10000U/mL，8~24h）、（15000U/mL，8~20h）、（20000U/mL，4~12h）、（30000U/mL，4~8h）、（40000U/mL，2~4h）和（50000U/mL，2~4h），即图中红色至深红色区域。

图 2-14（5）为 LHyal 生产 HA_4^{NA} 过程中孵育时间和酶活性对其转化率的响应图。在区间（酶活性：3000~50000U/mL，孵育时间：1~24h）内检测的 64 个样品，HA_4^{NA} 转化率的主要特点总结如下：检测范围内的最高转化率可以达到 55.2%，该值在点（50000U/mL，24h）达到；酶活性和孵育时间与 HA_4^{NA} 转化率均呈正相关，在初始阶段呈线性提高，而后增加速度变缓，但一直呈增加趋势。HA_4^{NA} 转化率的最大值相比较其他聚合度 10 以内的寡聚糖是最高的（超过 1/2），并且降解程度越高其转化率也就越大，这伴随着 HA_{10}^{NA}、HA_8^{NA} 甚至 HA_6^{NA} 积累量的降低。对 HA_4^{NA} 的制备而言，以下几个区域转化

率超过了 50%：（20000U/mL，20～24h）、（30000U/mL，16～24h）、（40000U/mL，16～24h）和（50000U/mL，12～24h），即图中红色至深红色区域。

图 2-21（6）为 LHyal 生产 HA_2^{NA} 过程中孵育时间和酶活性对其转化率的响应图。在区间（酶活性：3000～50000U/mL，孵育时间：1～24h）内检测的 64 个样品，HA_2^{NA} 转化率的主要特点总结如下：检测范围内的最高转化率可以达到 6.4%，该值在点（50000U/mL，24h）达到；整体而言，HA_2^{NA} 的转化率与酶活性和孵育时间均呈正相关，并且在增长过程中没有明显拐点，这是与 HA_4^{NA} 转化率变化趋势明显的不同。推测提高酶活性和孵育时间将使 HA_2^{NA} 的积累量继续增加。相比其他聚合度 10 以内的寡聚糖，HA_2^{NA} 的转化率最大值是最低的，但是随着其他寡聚糖积累量的降低，HA_2^{NA} 转化率一直呈增加趋势。以上结果表明，作为 HA 最小组成单位、聚合度最小的 HA_2^{NA} 是水解酶 LHyal 的终产物。对于制备 HA_2^{NA} 而言，以下几个区域转化率超过了 5%：（30000U/mL，24h）、（40000U/mL，24h）和（50000U/mL，20～24h）。

3. 透明质酸奇数寡聚糖的制备

透明质酸奇数寡聚糖是一种非天然的寡聚糖，其结构与天然的偶数寡聚糖不同，这也暗示其与偶数寡聚糖有不同的性质和应用，奇数寡聚糖也被证明比聚合度相近的偶数寡聚糖更有效地抑制一些 HA 相关的水解酶和合酶的酶活性。然而由于没有天然的降解酶能同时降解 HA 的两种糖苷键（β-1,3 糖苷键和 β-1,4 糖苷键），HA 奇数寡聚糖的制备和研究进展较少，有化学法和酶法结合制备奇数寡聚糖的策略，但流程烦琐、处理量小。本书作者利用商业化的牛睾丸型透明质酸酶（BTH）和高效表达的 LHyal 这两种分别切割 β-1,4 糖苷键和 β-1,3 糖苷键的水解酶，实现了 HA 奇数寡聚糖的制备，研究了不同水解策略对奇数寡聚糖得率的影响，以及奇数寡聚糖的产生过程。实现了包含 11 种寡聚糖（HA_2^{NA}、HA_3^{NN}、HA_3^{AA}、HA_4^{NA}、HA_5^{NN}、HA_5^{AA}、HA_6^{NA}、HA_7^{NN}、HA_7^{AA}、HA_8^{NA}、HA_{10}^{NA}）的寡聚糖库的构建。

（1）水解产生奇数寡聚糖的原理 自然界中 HA 水解酶主要分为两类：牛睾丸型透明质酸酶和水蛭透明质酸酶，分别内切 β-1,4 和 β-1,3 糖苷键（图 2-22），产生有不同还原末端的饱和的偶数寡聚糖。BTH 是最常见的牛睾丸型透明质酸酶，该酶同时具有水解活性和转糖苷活性，水解终产物为以乙酰氨基葡萄糖为还原末端的透明质酸二糖（极少）、四糖和六糖，目前主要从牛睾丸中提取得到；水蛭透明质酸酶（LHyal）作为断裂 HA β-1,3 糖苷键的降解酶，水解终产物为以葡萄糖醛酸为还原末端的透明质酸二糖（少量）、四糖和六糖，具有水解活性而无转糖苷的活性，所以产物聚合度分布更为集中。

（2）双酶水解制备奇数寡聚糖 根据两种 HA 水解酶（LHyal 和 BTH）的降解特点，推测两种酶共同催化可以得到 HA 奇数寡聚糖，设计双酶降解的实验方案进行验证。同时为探究两种酶（LHyal 和 BTH）的催化顺序对奇数寡聚糖制备的影响，根据这两种酶的作用特点，将两种 HA 水解酶以 L-B、B-L、LB 三种作用顺序水解 2mg/mL 的大分子 HA 溶液：先用 LHyal 水解至平均分子质量 4000u（聚合度平均为 20），将酶灭活后用 BTH 继续

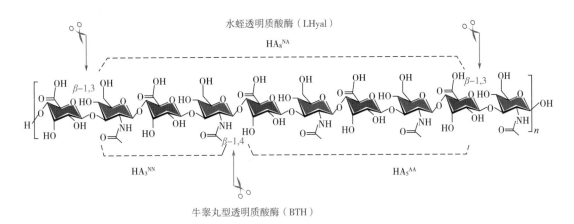

图 2-22　LHyal 和 BTH 水解透明质酸不同模式

水解至彻底（产物经 LCMS 检测不再发生变化），LCMS 检测水解液的寡聚糖成分。另外两种水解顺序分别是先用 BTH 后用 LHyal 以及同时加入 BTH 和 LHyal 进行水解。

结果显示，三种水解方式都能得到一系列奇数糖和偶数糖，但是不同水解方式产物中寡聚糖的占比不同。图 2-23 为 L-B、B-L 和 LB 三种降解方式得到的水解液的 LCMS 总离子流色谱图，表 2-3 为在阴离子模式下实验检测到的奇数寡聚糖的质荷比和相应的理论值。通过将检测到的质荷比与理论值进行对比，水解液中奇数及偶数寡聚糖的种类是一致的：奇数寡聚糖包括聚合度为 3 和 5 的 4 种寡聚糖（HA_3^{AA}、HA_3^{NN}、HA_5^{AA} 和 HA_5^{NN}），偶数寡聚糖有二糖、四糖和六糖。值得注意的是，水解所得的每个聚合度的 HA 奇数寡聚糖有两种：还原端和非还原端为乙酰氨基葡萄糖的 N 型饱和奇数寡聚糖（HA_{2n+1}^{NN}），以及还原端和非还原端为葡萄糖醛酸的 A 型饱和奇数寡聚糖（HA_{2n+1}^{AA}）。这由两种酶的水解特点以及 HA 分子的天然结构而决定。

表 2-3　　　　　　　　　　奇数寡聚糖的理论质荷比和实验检测的质荷比

透明质酸寡聚糖	理论 M_W	$[M-H]^-$		$[M-2H]^{2-}$	
		实验值 m/z	理论值 m/z	实验值 m/z	理论值 m/z
HA_3^{AA}	573.2	572.15	572.12		
HA_3^{NN}	600.2	599.20	599.20		
HA_5^{AA}	952.3	951.27	951.25	475.13	475.11
HA_5^{NN}	979.3	978.31	978.25	488.66	488.63
HA_7^{AA}	1331.4	1331.38	1330.38	664.69	664.67
HA_7^{NN}	1358.4	1357.42	1357.42	678.21	678.21

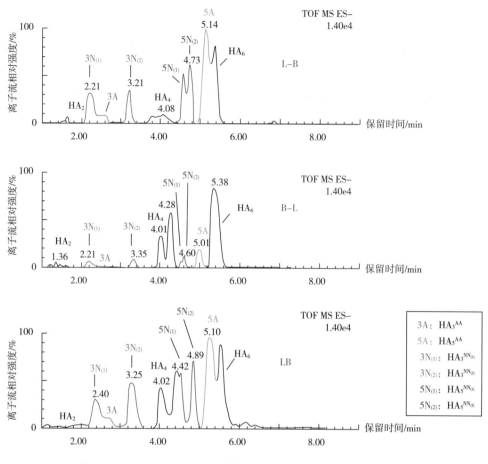

图2-23　L-B、B-L和LB三种降解方式水解液的总离子流色谱图

对于降解顺序造成的产物差异可以通过LCMS谱图分析。如图2-23所示，虽然三种水解顺序得到的寡聚糖种类一致，但对于奇数寡聚糖的制备来说，L-B的水解顺序更为有利。这可能是由于LHyal和BTH的水解能力都是能够将大分子主要水解到四糖、六糖，而BTH除了降解能力还具有糖基转移酶活性，可以使寡聚糖之间的聚合度差异趋向于均匀。两种酶同时加入的方法（LB）操作最简单，而且也能得到相对较多的奇数寡聚糖。同时也发现，还原端为GlcNAc的奇数寡聚糖，在高效反相C18色谱柱中均出现了两个色谱峰，而还原端为GlcA的奇数寡聚糖均只有一个峰。有文献报道该现象是由于N-乙酰氨基葡萄糖本身的变旋现象导致的，游离的N-乙酰氨基葡萄糖在水溶液中，可以通过C18层析柱分离两种异构体。

（3）奇数HA寡聚糖产生过程分析　国外研究人员Kakizaki等以BTH降解得到的寡聚糖（HA_4^{AN}、HA_6^{AN}、HA_8^{AN}和HA_{10}^{AN}）为底物，进一步使用BTH进行降解；通过HPLC检测发现HA_4^{AN}不能继续被降解，HA_6^{AN}有痕量的降解产物二糖和四糖，HA_8^{AN}和HA_{10}^{AN}均能被大幅度甚至彻底降解，转化为更小的寡聚糖。为了探究奇数寡聚糖在产生的过程，以 LHyal 水解产生的单一寡聚糖作为底物，加入 BTH 继续水解，使用 LCMS 分析水解的过程。分别准备浓度为 2mg/mL 的寡聚糖 HA_4^{NA}、HA_6^{NA}、HA_8^{NA} 和 HA_{10}^{NA} 作为底物，加入质量浓度为 2mg/mL 的 BTH 试剂在 38℃ 进行孵育反应。在反应时间为 0h、0.5h、2h、12h 和 24h 时取样，处理后使用 LCMS 检测样品，离子色谱图（图 2-24）展示了不同时间水解液中的寡聚糖。

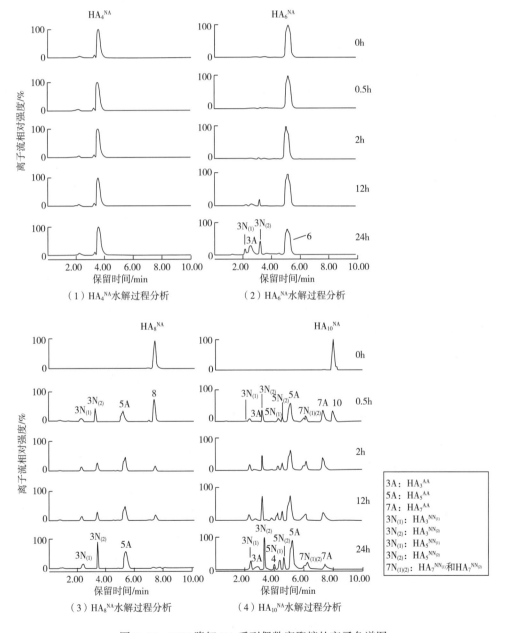

图 2-24　BTH 降解 NA 系列偶数寡聚糖的离子色谱图

如图 2-24（1）所示，经过 24h 的反应，HA_4^{NA} 溶液中没有出现其他寡聚糖，推测

HA_4^{NA}没有被 BTH 继续水解，这可能是由 BTH 对底物糖链长度的要求决定的。图 2-24（2）显示，HA_6^{NA}在 2h 之前没有被 BTH 水解，在 12h 后被 BTH 降解产生还原端不同的两种三糖 HA_3^{AA} 和 HA_3^{NN}，在 24h 时没有降解彻底，底物六糖的峰仍有明显的剩余，相比聚合度更大的寡聚糖，六糖的降解效率偏低。

如图 2-24（3）所示，HA_8^{NA}在 0.5h 时即开始被降解，部分水解为 HA_5^{AA} 和 HA_3^{NN}；在反应时间到达 24h 时底物 HA_8^{NA} 基本检测不到，几乎全部转化为奇数寡聚糖 HA_5^{AA} 和 HA_3^{NN}。如图 2-24（4）所示，HA_{10}^{NA}在 0.5h 时，产物中检测到部分底物 HA_{10}^{NA}，以及降解的产物一系列奇数寡聚糖 HA_3^{NN}、HA_3^{AA}、HA_5^{NN}、HA_5^{AA}、HA_7^{NN} 和 HA_7^{AA}；在反应 2h 的样品中已经检测不到底物 HA_{10}^{NA}，十糖转化为其他寡聚糖；在反应进行到 24h 时，除了上述产物，还检测到 HA 四糖，推测是由降解过程中产生的七糖（HA_7^{NN} 和 HA_7^{AA}）继续被降解产生。

结合 Kakizaki 等的研究发现，聚合度为 4 的两种饱和透明质酸寡聚糖，HA_4^{AN} 和 HA_4^{NA} 均不能继续被 BTH 降解。通过 HA_6^{NA} 的降解，发现 HA_3^{NN} 和 HA_3^{AA} 可以通过 HA_6^{NA} 被 BTH 催化得到，但该过程相比聚合度更大的寡聚糖的降解更为困难，且底物 HA_6^{AN} 不容易被彻底降解，这可能是由于 BTH 对底物的糖链长度要求所致。通过 HA_8^{NA} 的降解过程，推测 HA_3^{NN} 和 HA_5^{AA} 可以通过 HA_8^{NA} 被 BTH 催化得到，并且该过程较为彻底。通过 HA_{10}^{NA} 的降解过程发现，HA_{10}^{NA} 被 BTH 降解可以产生种类更多的一系列寡聚糖，包括 HA_3^{NN}、HA_3^{AA}、HA_5^{NN}、HA_5^{AA}、HA_7^{NN} 和 HA_7^{AA}，同时有偶数寡聚糖的产生。整体的水解情况呈现聚合度越大的寡聚糖链越容易被降解，产物也更为复杂的特点。该过程分析不仅揭示了奇数寡聚糖是如何在两种酶共同作用下产生的，也为奇数寡聚糖的制备提供了新思路。由于过小的寡聚糖片段（如 HA_6^{NA}）很难继续被降解，所以推测，HA_8^{NA} 可用于制备聚合度小于 5 的奇数寡聚糖，而 HA_{10}^{NA} 可用于高效制备聚合度 ≤7 的奇数寡聚糖。

（4）双酶水解产生不同奇数寡聚糖的过程模型　通过对 BTH 降解偶数寡聚糖的产物的检测，可以分析奇数寡聚糖的产生机制。使用链长相比高分子质量 HA 更小的寡聚糖作为底物，降解过程得以简化，使分析奇数寡聚糖产生过程、推测奇数寡聚糖产生机制成为可能。如图 2-25 所示，24h 内 HA_4^{NA} 不会被 BTH 降解，即 HA_4^{NA} 产生后将一直存在于水解体系中，不会继续断裂产生奇数寡聚糖；HA_6^{NA} 可以被部分降解产生两种不同的三糖，这个过程效率偏低，这也解释了使用 LHyal 和 BTH 共同作用于高分子质量 HA，终产物中六糖仍然占很大比重；HA_8^{NA} 可以被全部降解为五糖和三糖，最终水解液中没有八糖，这与 LHyal 和 BTH 共同作用于高分子质量 HA 终产物中没有八糖的结果相一致；HA_{10}^{NA} 在 2h 即可以被全部降解，产物为 HA_3^{NN}、HA_3^{AA}、HA_5^{NN}、HA_5^{AA}、HA_7^{NN} 和 HA_7^{AA} 以及七糖继续降解产生的四糖，这解释了两种酶共同作用于 HA 产生四糖的现象，七糖在 24h 的催化时间内仍存在于水解液中，而 LHyal 和 BTH 共同作用于高分子质量 HA 时在终产物中则没有检测到七糖，推测足够长的降解时间可以使 HA_7^{AA} 全部降解产生四糖和三糖。

对于奇数寡聚糖的制备而言，HA_3^{NN} 可以由 BTH 断裂 HA_6^{NA} 位于中间的 β-1,4 糖苷键

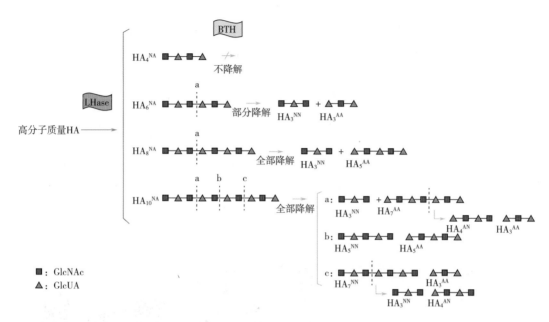

图 2-25　BTH 对 HA_{2n}^{NA}（$n=2$，3，4，5）的作用模式

产生，也可以由 BTH 断裂 HA_8^{NA} 靠近非还原端的 β-1,4 糖苷键产生，HA_{10}^{NA} 靠近非还原端的 β-1,4 糖苷键被断裂后可以得到 HA_3^{NN}，中间产物 HA_7^{NN} 可以继续降解产生 HA_3^{NN}。HA_3^{AA} 可以由 BTH 断裂 HA_6^{NA} 位于中间的 β-1,4 糖苷键产生，也可以由 HA_{10}^{NA} 还原端的 β-1,4 糖苷键断裂产生，此外中间产物 HA_7^{AA} 可以继续降解产生 HA_3^{AA}。HA_5^{AA} 可以由 BTH 断裂 HA_8^{NA} 靠近非还原端 β-1,4 糖苷键产生，也可以由 HA_{10}^{NA} 中间位置的糖苷键断裂产生。HA_7^{NN} 和 HA_7^{AA} 分别由 BTH 断裂 HA_{10}^{NA} 靠近非还原端和远离非还原端的糖苷键得到。

四、低分子质量透明质酸的一步发酵生产

1. 重组枯草芽孢杆菌发酵生产低分子质量透明质酸

HA 的微生物发酵法以生产成本低廉、不受原料限制和环境友好型的优势取代了传统的动物组织提取法。近些年来代谢工程改造微生物异源合成 HA 成为研究热度，特别是作为食品级安全宿主的枯草芽孢杆菌是一个理想的细胞工厂，并且已经被用于 HA 的生产制备。尽管已经实现了 HA 产量在重组枯草芽孢杆菌中的明显积累，但是 HA 的黏稠性增加导致发酵液中的溶氧（Dissolved Oxygen，DO）急剧减少，从而制约了细胞正常代谢和 HA 产量进一步提高。根据先前的研究结果表明，在摇瓶发酵生产 HA 的过程中由于 HA 的黏稠性增大和极低的 DO 水平，导致大分子的 HA 积累量难以提高（约 2.0×10^6 u，3.0 g/L）。因此在发酵过程中维持较高的 DO 水平和物质传输以提高 HA 的产量仍然是当前一个重要挑战。将微生物发酵生产 HA 和 HAase 相偶联，通过精准调控 HAase 的表达水平，可实现一菌发酵直接生产获取特定分子质量 HA 寡聚糖和 HAase 两种产物，具有一定的研究意义和工业化潜力。

（1）水蛭透明质酸在枯草芽孢杆菌中的活性表达　根据 N 端融合 His-tag 对水蛭 LHyal 基因在毕赤酵母中的表达水平具有显著影响的这一思路，本书作者采用蛋白 N 端改造策略成功实现了 LHyal 基因在枯草芽孢杆菌 168 中的活性分泌表达。同时，对 LHyal 的核糖体结合位点进行改造，借助 RBS 优化策略和高通量筛选技术实现了在翻译水平上对 LHyal 表达水平的精准调控；在此基础上结合代谢工程和合成生物学手段在枯草芽孢杆菌中构建的高效 HA 合成途径，实现了蔗糖一步发酵获得特定分子质量 HA 寡聚糖的高效合成。

在水蛭 HAase 的 N 端添加 6 个 His 和信号肽引导的分泌表达下，培养基中 LHyal 的酶活性最高达到 1.72×10^4 U/mL，成功实现了 LHyal 在枯草芽孢杆菌 168 中的功能活性分泌表达（图 2-26），为一步菌直接合成特定分子质量的 HA 寡聚糖和 LHyal 奠定了基础。

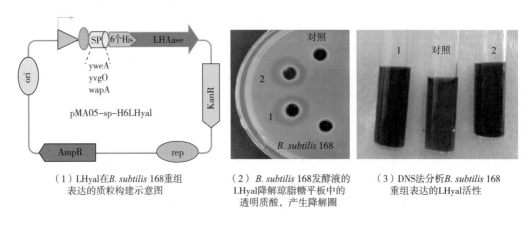

（1）LHyal 在 *B. subtilis* 168 重组表达的质粒构建示意图　　（2）*B. subtilis* 168 发酵液的 LHyal 降解琼脂糖平板中的透明质酸，产生降解圈　　（3）DNS 法分析 *B. subtilis* 168 重组表达的 LHyal 活性

图 2-26　蛋白 N 端改造实现 LHyal 在枯草芽孢杆菌中的功能活性分泌表达

为了枯草芽孢杆菌中 LHyal 表达的稳定性和便于后面研究工作的开展，采用片段同源重组方法将 H6LHyal 基因表达盒整合于 HA 生产菌株枯草芽孢杆菌 E168T 基因组上（图 2-27）。胞外分泌的 H6LHyal 的最高表达水平达到 1.58×10^5 U/mL，与在重组质粒 pMA05 上的表达水平 1.72×10^4 U/mL 相比，在基因组上整合表达产量提高了 8 倍。研究结果表明，在枯草芽孢杆菌系统中增加基因的拷贝数并不会提高水蛭 HAase 蛋白的表达量。相反，在基因组上整合表达增加了外源重组基因的稳定性，并且减轻了重组菌株的代谢负担，这可能是促使水蛭 HAase 在重组菌株枯草芽孢杆菌 E168TH 中产量显著提高的原因。

有研究表明 RBS 强度对于蛋白的表达水平影响范围可以达到 100000 倍，已有相关的报道采用构建 RBS 文库用于优化目标基因的表达水平。因此在研究工作中，采用 RBS 优化策略构建 H6LHyal 基因的 RBS 突变文库，再结合高通量培养和筛选技术，通过平板透明圈的直径大小来筛选不同表达水平的水蛭 HAase 的突变株。结果如图 2-28（1）所示，通过 HA 平板分析显示获得了水解透明圈大小差异显著的突变株（库容约 10^4 个）。因此可以在翻译水平上对 H6LHyal 的表达水平进行明显的差异调控，这便于下一步选取特定表达水平的 LHyal 突变株用于生产特定分子质量的 HA 寡聚糖。为了进一步确定 H6LHyal 表达

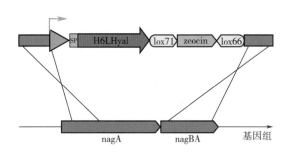

（1）H6LHyal表达框组整合入 *B. subtilis* 168基因组的示意图

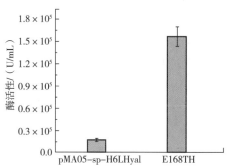

（2）*B. subtilis* E168TH摇瓶发酵生产的LHyal活性分析（右）；
对照以质粒过表达生产的LHyal活性分析（左）

图2-27　H6LHyal 同源重组整合枯草芽孢杆菌基因组表达

量的具体差异，选取出发菌株枯草芽孢杆菌 E168TH（WT）和 5 株 LHyal 活性具有明显差异的突变株（R1~R5）经摇瓶培养，结果如图 2-28（2）示，LHyal 的蛋白分泌水平实现了近 70 倍的显著表达水平差异：$1.58×10^5$ U/mL，$7.93×10^4$ U/mL，$1.91×10^4$ U/mL，$7.21×10^3$ U/mL，$3.83×10^3$ U/mL，$2.14×10^3$ U/mL。这一研究结果表明在翻译水平上通过优化 RBS 的强度能够实现对水蛭 LHyal 的精准差异化调控。

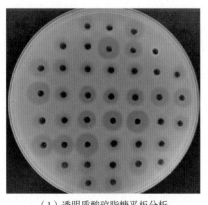

（1）透明质酸琼脂糖平板分析
H6LHyal的RBS突变文库

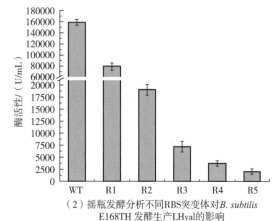

（2）摇瓶发酵分析不同RBS突变体对*B. subtilis*
E168TH 发酵生产LHyal的影响

图2-28　RBS 突变文库优化 H6LHyal 基因表达水平

（2）重组枯草芽孢杆菌的摇瓶发酵　为表征不同表达水平的 LHyal 对 HA 产量和分子质量的影响，选取上述 6 个重组菌株进行摇瓶培养发酵，并分析测定各重组菌株的 HA 产量和分子质量大小。结果如图 2-29（1）所示，随着 LHyal 活性的增大，HA 的产量也呈现增加的趋势。特别是 WT 菌株的 HAase 表达水平最高（$1.58×10^5$ U/mL），促使 HA 的产量从 3.16g/L 显著提高到 4.35g/L，而分子质量从 $1.69×10^6$ u 显著地降低到 $2.20×10^3$ u [图2-29（2）]。由于摇瓶发酵过程中，发酵液黏稠度已被降低至能维持较好的 DO 水平，但随着发酵稳定后期的碳源耗尽，HA 的积累量并没有出现大幅度的提高。同时，对上述产物的分子质量分析测定表明，随着重组菌株 WT、R1、R2、R3、R4 和 R5 的 LHyal 表达水平的降低，HA 产物的分子质量呈现逐步增加的趋势 [图 2-29（2），分子质量分别为 2.20×10^3u，2.66×10^3u，3.06×10^3u，3.68×10^3u，4.90×10^3u 和 5.37×10^3u]。同时，对上述 6 个菌株的 HA 产物的多分散系数值 I_p 测定分别为 1.09、1.15、1.14、1.17、1.21 和 1.18，说明这些小分子质量 HA 的产物分子质量分布范围比较集中。由于在摇瓶发酵后期碳源的耗尽和 HA 合成的减少，导致这些重组菌株的 HA 产物的分子质量普遍偏小（<10000u），以及分子质量分布范围较窄（多分散系数<1.25）。以上研究结果表明，与以前报道合成 HA 分子质量的调控策略相比较，通过调控 LHyal 的表达水平以实现特定分子质量 HA 的微生物合成更加具有可行性和稳定性。

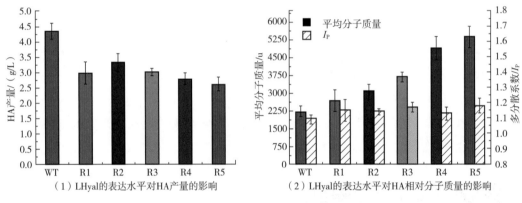

图 2-29　LHyal 的表达水平对 HA 产量和相对分子质量的影响

（3）重组枯草芽孢杆菌的分批补料发酵　基于上述摇瓶培养发酵生产 HA 的结果，进一步考察了菌株在 3L 罐分批补料发酵情况。重组菌株 WT、R1 和 R2 进行 3L 罐补料发酵，WT、R1 和 R2 的 LHyal 表达量分别为 1.62×10^6U/mL、8.8×10^5U/mL 和 6.40×10^4U/mL；与未表达 LHyal 的原始菌株相比，R2、R1 和 WT 菌株发酵过程中黏稠度显著降低并维持较高的溶氧水平（<40%），细胞生长速率和细胞密度显著增加；WT、R1 和 R2 菌株 HA 产量分别达到 19.38g/L、9.18g/L 和 7.13g/L，分子质量分别为 6.62×10^3u、1.80×10^4u、4.96×10^4u。这说明通过降低发酵液黏稠度和增加溶氧水平，可以显著提高重组菌株的 HA 合成能力。

根据上述 3L 罐发酵结果的考察和分析，重组菌株 WT、R1、R2 进行补料发酵过程中发酵液黏稠度和溶氧水平存在显著差异，说明不同 LHyal 的表达水平对 HA 的分子质量产生了较大影响。为了明确这一差异，进一步采用 HPSEC-MALLS-RI 系统对上述四个发酵产物的分子质量进行准确测定。结果如图 2-30 所示，四个重组菌株 WT、R1、R2 和原始菌株的产物分子质量分别为 6.62×10^3u、1.80×10^4u、4.96×10^4u 和 1.42×10^6u。原始菌株的上罐发酵产物分子质量与摇瓶产物（1.69×10^6u）相比平均分子质量稍有下降，原因可能归于上罐发酵过程中较高搅拌转速的剪切力导致了分子质量的下降。然而，其他三个重组菌株（WT、R1 和 R2）的上罐产物与摇瓶产物相比（2.66×10^3u、3.06×10^3u 和 3.68×10^3u），HA 的分子质量呈现较大幅度的增加，这一原因可能是在上罐补料发酵过程中 HA

的持续合成和产量增加，有限的 LHyal 未完全水解产物。这一结果也导致了上罐发酵产物的多分散系数增大，LHyal 的表达水平越高，产物的 I_P 值越大[4]。基于透明质酸水解酶挖掘以及构建微生物细胞工厂，本书作者实现了不同分子质量透明质酸的高效合成，为其他糖胺聚糖的生物制造提供了借鉴。

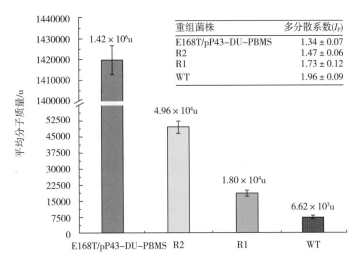

图 2-30　重组菌株补料发酵产物分子质量分布

2. 重组谷氨酸棒杆菌发酵生产低分子质量透明质酸

（1）谷氨酸棒杆菌透明质酸合成路径的构建　谷氨酸棒杆菌遗传背景清晰，培养简单，大量的研究也表明谷氨酸棒杆菌具有较强的 UDP-GlcA 和 UDP-GlcNAc 合成能力，因此考察了谷氨酸棒杆菌作为宿主菌株生产 HA 的能力。HA 是以 UDP-GlcA 和 UDP-GlcNAc 为二糖单位聚合而成的酸性黏多糖，在合成过程中透明质酸合酶起到催化聚合作用。谷氨酸棒杆菌存在 UDP-GlcA 和 UDP-GlcNAc 的合成通路，因此只需引入透明质酸合酶，便可能实现 HA 的合成。自然界透明质酸合酶种类繁多，不同来源的透明质酸合酶基因序列、蛋白结构、催化活性等都存在差异。为筛选出最佳的透明质酸合酶，实现 HA 的高效合成，研究了 SphasA、SehasA、SuhasA 和 PmhasA 4 种不同来源的透明质酸合酶的透明质酸合成能力。结果如图 2-31 所示，不同的透明质酸合酶合成 HA 的能力存在明显差异，其中重组菌株 spHasA 合成 HA 的能力最强，产量达到 1.5g/L，分别是 pmHasA 的 7 倍、seHasA 的 10 倍，而 suHasA 则几乎不合成 HA。一方面，结果表明谷氨酸棒杆菌中存在前体物质 UDP-GlcA 和 UDP-GlcNAc 的合成通路，能够有效合成前体物质；另一方面，结果表明不同来源透明质酸合酶在谷氨酸棒杆菌中合成 HA 能力存在差异，其中 sphasA 具有更优异的 HA 合成能力，因此选择 spHasA 作为后续实验的基本菌株。

（2）透明质酸合成途径基因过表达对透明质酸产量的影响　谷氨酸棒杆菌自身存在 HA 前体物质 UDP-GlcA 和 UDP-GlcNAc 的合成通路，过表达 spHasAHA 产量达到 1.5g/L，但细胞内前体物质的含量是否达到 HA 合成最大需求有待研究。过表达前体物质 UDP-

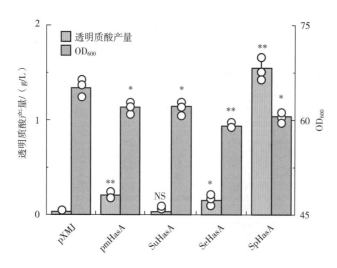

图 2-31　谷氨酸棒杆菌中异源表达不同来源的透明质酸合酶

GlcA 和 UDP-GlcNAc 的途径基因能够有效促进前体的合成，提高细胞内的含量，从而促进 HA 的合成。UDP-GlcA 和 UDP-GlcNAc 在细胞内的合成途径涉及 *galU*、*ugdA*、*glmS*、*glmM* 和 *glmU* 五个基因。为探究各个基因对 HA 合成的影响，选择了 5 种不同来源菌株（*C. glutamicum*，cg；*B. subtilis*，bs；*S. equi* subsp. *zooepidemicus*，se；*P. putida*，pt 和 *E. coli* MG1655，ec）的相关基因进行研究，其中 *ugdA* 除上述 5 种来源外还包含 *E. coli*（O10：K5：H4）ATCC 23506（eco）和 *E. coli* Nissle 1917（ecn）两种来源。

结果如图 2-32 所示，单独表达不同来源的途径基因均可以提高 HA 的产量，尤其是过表达 *ugdA* 增幅最大，表达来自 *C. glutamicum* 的 *ugdA*2，HA 产量提高至 4.5g/L，是出发菌株的 2 倍。表达 *S. equi* subsp. *Zooepidemicus* 来源的 *galU*，*P. putida* 来源的 *glmS* 和 *glmM* 以及 *B. subtilis* 来源的 *glmU*，HA 产量提高至 2g/L，较出发菌株提高了 30%。上述结果表明细胞内前体物质的供应能力没有达到 HA 合酶最大合成速率要求。同时，结果表明 UDP-葡萄糖脱氢酶催化合成 UDP-GlcA 的反应是 HA 合成的一个主要限速步骤。

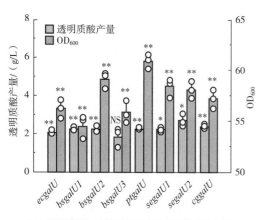

（1）不同来源 *galU* 基因的过表达对透明质酸产量和细胞密度 OD$_{600}$ 的影响

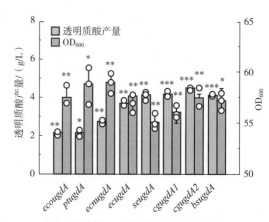

（2）不同来源 *ugdA* 基因的过表达对透明质酸产量和细胞密度 OD$_{600}$ 的影响

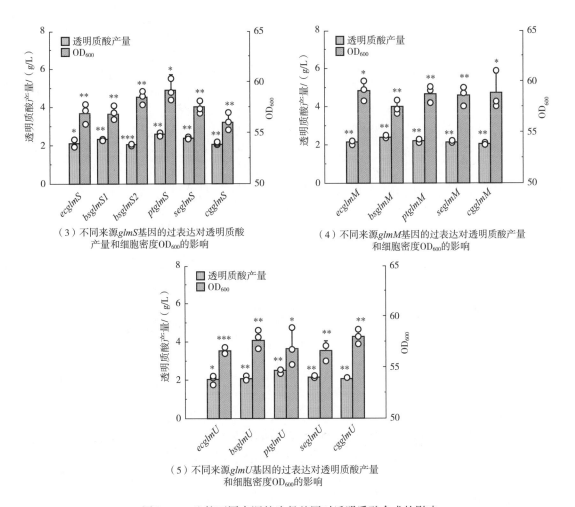

（3）不同来源*glmS*基因的过表达对透明质酸
产量和细胞密度OD$_{600}$的影响

（4）不同来源*glmM*基因的过表达对透明质酸产量
和细胞密度OD$_{600}$的影响

（5）不同来源*glmU*基因的过表达对透明质酸产量
和细胞密度OD$_{600}$的影响

图2-32　比较不同来源的途径基因对透明质酸合成的影响

（3）组合优化透明质酸合成途径基因对透明质酸产量的影响　在过表达 *cgugdA2* 的基础上，研究人员进一步对 *segalU*、*ptglmS*、*ptglmM* 和 *bsglmU* 进行了串联组合表达，结果如图2-33所示，共表达 *cgugdA2* 与 *segalU* 或 *bsglmU* 时，HA 产量分别下降了 20% 和 13%。共表达 *cgugdA2* 与 *ptglmS* 或 *ptglmM* 时，HA 产量提高了 77% 和 67%（图2-33），结果表明 HA 两个前体物质 UDP-GlcNAc 和 UDP-GlcA 的平衡合成调控是影响 HA 合成的关键因素。

（4）谷氨酸棒杆菌胞外多糖合成研究　谷氨酸棒杆菌为革兰染色阳性菌株，是目前常见的工业菌株，被广泛应用于氨基酸的工业发酵。Puech V 等对谷氨酸棒杆菌的细胞膜结构进行了系统的研究，详细结构如图2-34（1）所示。在细胞膜的磷脂双分子层的外围为厚厚的肽聚糖层，肽聚糖层外依次连着阿拉伯-半乳聚糖层和分枝菌酸层。在分枝菌酸层的外侧分布着一些大分子多糖和磷脂等物质。附着在细胞表面及释放到发酵液中的大分子多糖在胞内合成，依靠 Wzy-转运体系将其分泌到细胞外。通过对 HA 的合成过程分析，发现胞外多糖合成和 HA 合成相互竞争前体物质，而且胞外多糖也为大分子糖类化合物，性质上与 HA 相近，导致 HA 分离纯化难度和成本加大。因此本研究中尝试通过阻断竞争

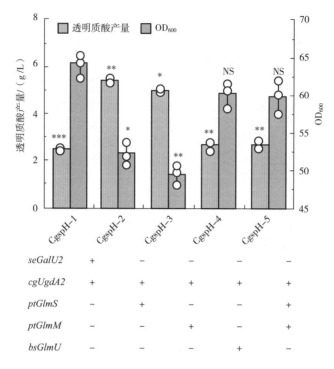

	CgspH-1	CgspH-2	CgspH-3	CgspH-4	CgspH-5
seGalU2	+	-	-	-	-
cgUgdA2	+	+	+	+	+
ptGlmS	-	+	-	-	+
ptGlmM	-	-	+	-	+
bsGlmU	-	-	-	+	-

图 2-33　途径基因组合表达

支路（胞外多糖的合成）提高前体物质合成来促进 HA 的合成。

胞外多糖是目前研究热点之一，然而谷氨酸棒杆菌细胞表面多糖合成过程仍然未知。Taniguchi 等报道过表达 *C. glutamicum* 的 *sigD* 因子可诱导胞外多糖的分泌，发现三种糖基转移酶基因（*cg0420*、*cg0532*、*cg1181*）的表达水平得到明显提高，为此猜测这些糖基转移酶可能参与谷氨酸棒杆菌胞外多糖的合成。Wzx/Wzy 等蛋白是细胞内多糖分泌途径中的重要组成部分，主要负责将胞内合成的多糖转运至细胞外［图 2-34（1）］，通过对 *cg0420* 基因簇区域内相关基因进行蛋白功能预测分析，发现了除基因 *cg0420* 外，*cg0424*、*cg0419*、*cg0438* 也都为糖基转移酶基因［图 2-34（2）］。

（5）胞外多糖基因敲除对菌体生长的影响　细胞内基因数目繁多，不同的基因具有不同的功能，但众多基因中含有一套必需基因，用于满足细胞的基本功能，这些基因一旦失去活性将导致细胞无法生存。为分析谷氨酸棒杆菌中杂多糖合成对 HA 合成的影响，研究人员在谷氨酸棒杆菌中敲除基因 *cg0424* 获得重组菌株 Delcg0424，在 Delcg0424 的基础上进一步敲除基因 *cg0420* 获得重组菌株 Delcg0420、0424。以野生型的谷氨酸棒杆菌为对照菌株在摇瓶中培养，发酵过程中每隔 4h 对菌株的细胞密度和发酵液中葡萄糖含量进行测定，用于研究 *cg0420* 和 *cg0420* 基因敲除后对谷氨酸棒杆菌生长和代谢活动的影响。结果如图 2-35 所示，重组菌株 Delcg0424 和 Delcg0420、0424 的生长曲线与葡萄糖消耗曲线与对照菌株无明显差异，表明基因 *cg0424* 和 *cg0420* 为非必需基因，敲除过后对细胞的代谢活动无任何影响。

（6）糖基转移酶 *Cg0420* 和 *Cg0424* 基因对胞外多糖及透明质酸合成影响　基因

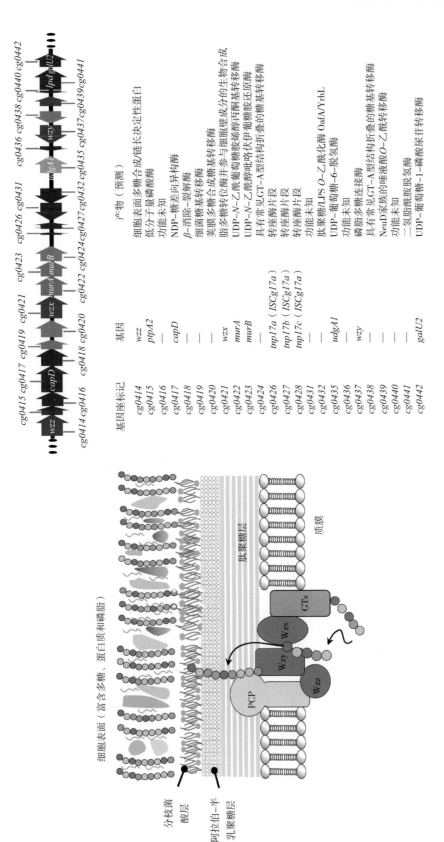

（1）谷氨酸棒杆菌细胞膜结构示意图

（2）谷氨酸棒杆菌细胞膜结构及胞外多糖基因预测

基因座标记	基因	产物（预测）
cg0414	wzz	细胞表面多糖合成/链长决定性蛋白
cg0415	ptpA2	低分子量磷酸酶
cg0416	—	功能未知
cg0417	capD	NDP-糖差向异构酶
cg0418	—	β-消除裂解酶
cg0419	—	细菌糖基转移酶
cg0420	—	荚膜多糖转位酶参与细菌糖合成的生物合成
cg0421	wzx	肽多糖转位酶/细胞壁成分的生物合成
cg0422	murA	UDP-N-乙酰葡萄糖烯醇丙酮基转移酶
cg0423	murB	UDP-N-乙酰葡萄糖胺吡咯伏伊葡糖胺还原酶
cg0424	—	具有常见GT-A型结构折叠结构的糖基转移酶
cg0426	tnp17a（ISCg17a）	转座酶片段
cg0427	tnp17b（ISCg17a）	转座酶片段
cg0428	tnp17c（ISCg17a）	转座酶片段
cg0431	—	功能未知
cg0432	—	肽聚糖/LPS O-乙酰化酶 OafA/YrhL.
cg0435	udgA1	UDP-葡萄糖-6-脱氢酶
cg0436	—	功能未知
cg0437	wzy	磷脂多糖连接酶
cg0438	—	具有常见GT-A型结构折叠结构的糖基转移酶
cg0439	—	NeuD家族的唾液酸O-乙酰转移酶
cg0440	—	功能未知
cg0441	—	二氢脂酰胺脱氢酶
cg0442	galU2	UDP-葡萄糖-1-磷酸尿苷转移酶

图2-34 谷氨酸棒杆菌细胞膜结构及胞外多糖基因预测

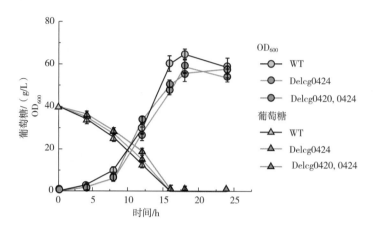

图2-35 谷氨酸棒杆菌 ATCC 13032（WT）、cg0424 敲除菌株，
cg0420 和 cg0424 双敲除菌株生长曲线及葡萄糖代谢图

cg0424 和 cg0420 为谷氨酸棒杆菌中的非必需基因且敲除后对生长代谢无明显影响，但是对谷氨酸棒杆菌胞外多糖的合成影响仍需研究。为此，研究人员将重组菌株 Delcg0424 和 Delcg0420,0424 在 CGXⅡ无机盐培养基中培养并纯化和测定了胞外多糖的含量。结果如图2-36 所示，菌株 Delcg0424 和 Delcg0420,0424 胞外多糖总量较野生型菌株分别下降了25.7%和45.8%，表明有效敲除糖基转移酶基因 cg0424 和 cg0420 能够有效降低谷氨酸棒杆菌胞外多糖的含量。同时，研究发现重组菌株 CgspH-6（sphasA，cgugdA2，ptglmS，Δcg0424）和 CgspH-7（sphasA，cgugdA2，ptglmS，Δcg0424，Δcg0420）的 HA 产量较敲除前分别提高了4.8%和14.9%，达到5.8g/L 和6.4g/L。

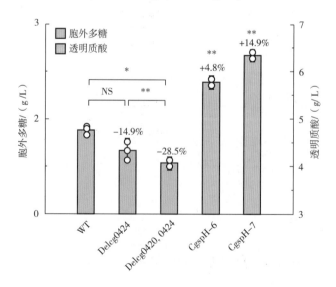

图2-36 杂多糖合成调控对胞外多糖总量及透明质酸合成影响

显著性分析采用双侧检验，*$p<0.05$ **$p<0.01$ NS-不显著（$p\geqslant0.05$）

（7）糖基转移酶 *cg0420* 和 *cg0424* 基因胞外多糖单糖组分研究　通过对胞外环境中胞外多糖总量分析，获知敲除糖基转移酶 *cg0420* 和 *cg0424* 基因后胞外多糖总量得到一定程度下降，但具体是哪种多糖含量下降即 *cg0420* 和 *cg0424* 参与哪种多糖的合成，仍不清楚。研究人员对谷氨酸棒杆菌的胞外多糖进行分离提取，并利用化学的方法将其全部水解从而获取胞外多糖的单糖组成成分。结果如图 2-37 所示，谷氨酸棒杆菌胞外多糖的组成成分极为复杂，通过研究发现谷氨酸棒杆菌胞外多糖的单糖组成成分主要为甘露糖、葡萄糖、阿拉伯糖和半乳糖组成。甘露糖尤为突出，单位 OD_{600} 细胞甘露糖含量达 17.3mg/L，而通过敲除糖基转移酶 *cg0424* 基因，甘露糖的含量得到明显下降，下降了 31.8%，达到单位 OD_{600} 总量为 11.8mg/L。在 *cg0424* 的基础上敲除 *cg0420*，甘露糖和阿拉伯糖得到一定程度的下降，分别下降了 24% 和 47%，单位 OD_{600} 总量为 9.0mg/L 和 0.8mg/L。实验结果表明糖基转移酶 *cg0424* 参与合成的多糖为甘露糖聚合而成的糖类化合物，*cg0424* 参与合成的多糖为甘露糖和阿拉伯糖聚合而成的糖类化合物。

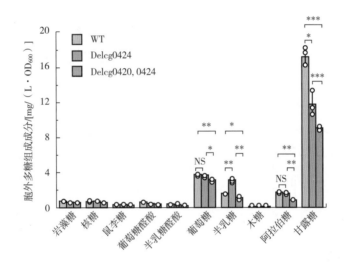

图 2-37　HPLC 分析糖基转移酶 *cg0424* 和 *cg0420* 基因的底物

显著性分析采用双侧检验，＊$p<0.05$　＊＊$p<0.01$　＊＊＊$p<0.001$　NS-不显著（$p \geqslant 0.05$）

（8）5L 发酵罐分批补料发酵优化　重组谷氨酸棒杆菌菌株 CgspH-7 在摇瓶中，HA 产量达到 6.4g/L，为了考察重组菌株用于工业化生产 HA 的潜力，研究人员对菌株种子进行系统的优化，进行 5L 发酵罐分批补料发酵。种子的培养时间即种龄控制，在发酵过程中至关重要，直接影响菌株的生长代谢和 HA 的合成，为弄清重组菌株 CgspH-7 的生长状态，对其进行摇瓶培养，每隔 4h 进行取样，通过细胞密度绘制生长曲线，结果如图 2-38（1）所示，8h 前为稳定期细胞生长缓慢，8h 后进入对数生长期，细胞开始快速繁殖，12h 为对数生长中期，16h 时细胞生长达到稳定期。根据实验结果选取 8h、12h 和 16h 三个处于不同生长阶段的种子，进行 5L 发酵罐分批补料发酵，具体实验过程如下：种子以 10% 的接种量接种至 5L 发酵罐中放大培养，装液量为 2.5L，初始转速为 300r/min，通气量为 3m³/（m³·min）。接种 2.5h 后加入终浓度为 0.75mmol/L 的 IPTG 作为诱导剂诱导蛋白表达。发酵过程中通过 pH 电极和溶氧电极实时监测发酵液中 pH 和溶氧情况，通过氨水来控制发酵液的 pH 在 6.7~7.0。发酵过程中氧气的供应也至关重要，随着细胞的快速繁殖及代谢，氧气的需求不断提升，而且在发酵过程中 HA 持续合成并分泌到发酵液中，发酵液呈现黏稠的状态影响氧气的溶解，因此需要通过转速和通气量的调整来控制溶氧值稳定在 30% 左右。发酵过程中每隔 4h 对发酵液中的葡萄糖含量进行检测，计算出消耗葡萄糖的速率，从而通过流加 70% 葡萄糖维持发酵液中葡萄糖浓度在 10g/L 左右，以提供细胞充足的能量。

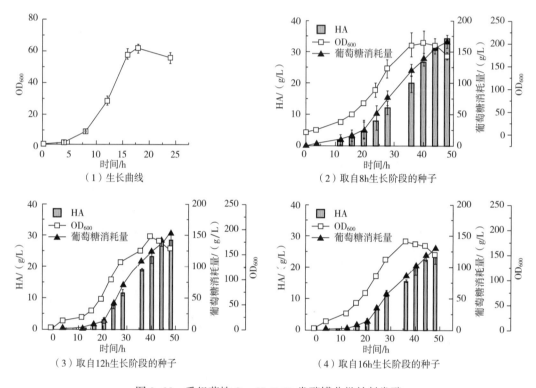

图 2-38 重组菌株 CgspH-7 5L 发酵罐分批补料发酵

当种子取自对数生长前期（8h）时细胞代谢更为旺盛，细胞密度 OD_{600} 和葡萄糖消耗量分别达到 202g/L 和 172g/L，取自 12h 的为 184g/L 和 152g/L 以及取自 16h 的为 152g/L 和 130g/L。发酵结束后种子取自 8h、12h、16h 的 HA 产量分别为 32.8g/L、28.5g/L 和 23.2g/L。种子取自对数生长前期 HA 的产量最高，具体的发酵过程如下：菌株在 16h 前处于稳定期，在这段时间内细胞密度、葡萄糖消耗和 HA 合成都极为缓慢。从 16h 至 44h 生长旺盛，细胞快速繁殖并且在 40h 至 44h 细胞密度达到顶值，OD_{600} 值达到 200 左右时细胞代谢也极为旺盛，葡萄糖被不断消耗，HA 也在高效合成，发酵液中 HA 含量由 1.9g/L 增长至 32.4g/L，平均每小时合成 1.1g/L。44h 至 48h，细胞开始衰老，细胞密度开始下降，并且代谢活动开始减缓，发酵液中 HA 含量由 32.4g/L 提高至 34.2g/L（图 2-38），HA 合成几乎停止，因此选择在发酵 48h 后终止发酵。发酵液呈现出极为黏稠的状态，通过黏度计对发酵液的黏度系数进行检测，黏度值为 334cP。

上述结果表明种子取自对数生长前期，以葡萄糖为碳源，并在发酵过程中通过补充葡萄糖以维持细胞的消耗，氨水维持发酵液 pH 在 6.7~7.0，最终实现了 HA 5L 发酵罐水平达到 34.2g/L，是目前报道的最高水平。种子控制在对数生长前期更有利于 HA 的合成，可能原因是选取在对数生长前期的细胞有着更加旺盛的代谢活力，而种子的活力直接影响着细胞的生长状态从而影响 HA 的合成。

（9）消除透明质酸荚膜层促进低分子质量透明质酸的高效合成　HA 是作为部分细菌荚膜层的主要成分而合成的，并附着在细胞表面以提供保护的作用。为了确定 HA 在谷氨酸棒杆菌细胞表面的分布，以及其是如何释放到培养基中的，通过相差显微镜对重组菌株 CgspH－2（$sphasA$, $cgugdA2$, $ptglmS$）和 CgspH－7（$sphasA$, $cgugdA2$, $ptglmS$, $\triangle Cg0424$, $\triangle Cg0420$）的发酵过程进行实时观察。结果如图 2-39（1）所示，菌株 CgspH－2 和 CgspH－7 在培养过程中倾向于聚集在一起形成链状形态与天然产 HA 兽疫链球菌形态有几分类似，与原本呈现单个或八字排列的形态存在极大差异。为了直观地观察 HA 合成及分泌过程，通过黑色素进行荚膜染色。荚膜染色是利用 HA 具有很强的吸水能力，导致细胞外围呈现疏松的状态不易进行上色，从而将荚膜层衬托显现出来。结果如图 2-39（1）所示，重组菌株发酵 16h 起细胞外围被一层稀薄的东西包裹，随着发酵时间的延长该现象愈发明显，发酵后期则逐渐衰退变薄。实验结果表明：重组菌株 CgspH－2 和 CgspH－7 培养 16h 后逐渐向细胞外分泌 HA，并附着在细胞表明对其进行包裹，形成一个类似胶囊的形状，发酵中期 HA 合成速率增强，胶囊不断变大变厚，发酵后期细胞合成能力减弱荚膜则不断变薄变稀。对照菌株 pXMJ-pEC 只携带空白质粒，呈现单个或八字排列，通过荚膜染色细胞外围无类似结构。图 2-39（2）为根据发酵过程提出模拟的重组菌株 HA 合成及分泌的示意图。首先 HA 合成后附着在细胞表面，形成一层荚膜层。此外，HA 伴随着合成逐渐不断的从外层释放并溶解在培养基中。在营养物质充足的情况下，细胞胶囊的大小继续增长，而在生长晚期营养物质可用性不断下降，HA 的合成不断减弱，附着在细胞表面的 HA 不断地释放到发酵液中，荚膜层逐渐消失。

上述研究结果表明 HA 的合成一方面会附着在细胞表面，并逐渐地释放到发酵液中；另一方面 HA 的合成会影响谷氨酸棒杆菌的细胞形态，由原来的分散的八字形，变成聚集的链状形态，这与天然产 HA 马链球菌兽疫亚种形态极为相似。HA 的保湿吸水能力与分子质量直接相关，分子质量越小含水能力越差。水蛭透明质酸水解酶能够专一水解 HA 分子 β-1,3 糖苷键，将 HA 分子不断剪切为低分子质量 HA。为研究 HA 合成对细胞形态的影响，在 3L 发酵罐中培养兽疫链球菌。结果如图 2-40（1）所示，兽疫链球菌天然状态下为链状形态，且在培养过程中形成胶囊状的荚膜层将细胞进行包裹，这与产 HA 的重组谷氨酸棒杆菌相似，证明了前文关于谷氨酸棒杆菌荚膜层的推断是正确的。在相同培养条件下添加水蛭透明质酸水解酶的兽疫链球菌则表现出了明显的差异，细胞外围包裹的 HA 胶囊层消失不见了，而且不再呈现出高度的聚集，该结果表明细胞外围包裹着的物质为 HA，且 HA 对细胞的包裹在一定程度上影响了细胞的形态。发酵过程中每隔 3h 对细胞密

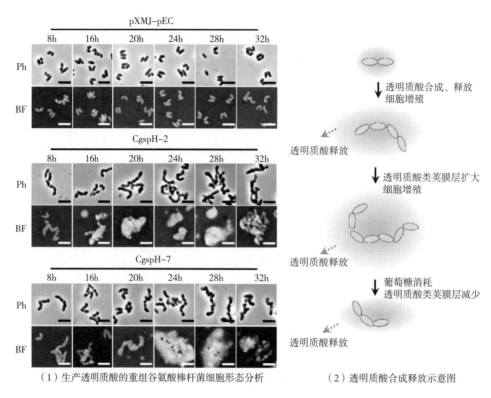

（1）生产透明质酸的重组谷氨酸棒杆菌细胞形态分析　　　　（2）透明质酸合成释放示意图

图2-39　谷氨酸棒杆菌透明质酸荚膜合成过程

Ph—相差显微镜视野　　BF—苯胺黑染色后显微镜明视场

度、葡萄糖残留量和HA含量监测，结果如图2-40（2）和（3）所示，添加水蛭透明质酸水解酶后细胞密度、葡萄糖消耗速率、HA产量都得到了明显的提高，细胞密度OD$_{600}$值提高了接近一倍（由5提高至9.9），葡萄糖消耗量由50g/L提高至85g/L，HA产量也由4.5g/L提高至8.9g/L，提高了接近一倍。实验结果表明在兽疫链球菌发酵过程中，添加水蛭透明质酸水解酶能够提高细胞代谢速率和HA产量。造成该现象的可能原因如图2-40（4）所示，水蛭透明质酸水解酶能够专一水解β-1,3糖苷键，将HA分子链剪断，降低HA的保水能力，从而削弱HA荚膜层对细胞吸收营养物质的抑制作用。

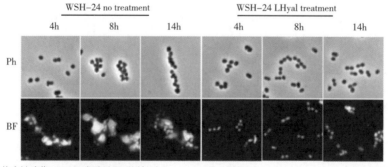

（1）兽疫链球菌WSH-24发酵过程不添加（no treatment）和添加LHyal后（LHyal treatment）细胞形态分析

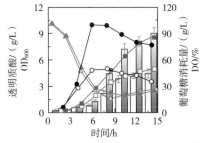

（2）兽疫链球菌WSH-243-L发酵罐分批补料发酵

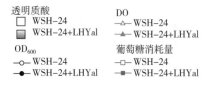

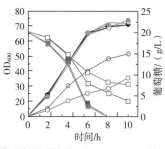

（3）体外添加透明质酸抑制细胞生长（OD$_{600}$）和代谢（葡萄糖消耗量）

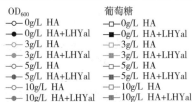

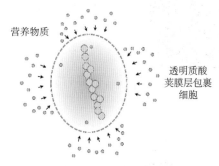

（4）透明质酸类荚膜层抑制细胞对营养物质的吸收　　　　（5）LHyal破坏透明质酸类荚膜层，恢复营养物质的吸收

图 2-40　透明质酸荚膜抑制细胞生长和葡萄糖吸收

HA—透明酸　LHyal—透明质酸水解酶　DO—溶解氧

　　通过降低 HA 分子质量削弱 HA 分子对细胞代谢活动的抑制作用从而促进透明质酸合成的方法在兽疫链球菌中得到很好的验证，该方法是否适合重组谷氨酸棒杆菌还不明确。为此，以野生型谷氨酸棒杆菌为出发菌株，菌株摇瓶培养 8h 至对数生长期，以初始 OD$_{600}$为 10 重新转接至新的摇瓶中，摇瓶实验设计了 8 种不同的条件，分别在摇瓶培养基中添加了 0、3g/L、5g/L 和 10g/L 的 HA，以及相对应地添加 6000U/mL 的水蛭透明质酸水解酶作为对照。在接入菌种前，上述经过不同处理的摇瓶在室温下放置一夜，以待水蛭透明质酸水解酶和 HA 充分反应。菌种接入摇瓶后按照相同的条件培养，每隔 2h 监测菌株的细胞密度和摇瓶内葡萄糖的含量，结果如图 2-41 所示，添加水蛭透明质酸水解酶和添加 0 和 3g/L HA 摇瓶内的细胞无论生长曲线和葡萄糖消耗曲线极其相似，而含有 5g/L 和 10g/L HA 摇瓶内的菌株，生长和葡萄糖消耗都受到了严重的抑制，且 HA 浓度越高，抑制程度越明显。当 HA 浓度为 5g/L 时，细胞密度较对照下降了 25%；HA 浓度为 10g/L 时，细胞密度为对照的一半。结果表明 HA 高于 5g/L 时菌体的代谢活动受到严重的抑制。培养基中含有 3g/L 的 HA 时，细胞的代谢活动没有受到明显抑制，表明当溶液中 HA 浓度

低于一定值时对菌体的代谢活动没有影响。添加水蛭透明质酸水解酶的摇瓶中，代谢活动与对照菌株相似，没有起到抑制效果。实验结果表明水蛭透明质酸水解酶对细胞的代谢活动没有任何影响；HA 对细胞代谢活动的影响随着分子质量大小和浓度改变，分子质量越大、浓度越高抑制作用越明显，降低 HA 分子质量能够削弱这种抑制作用。这与 HA 的分子性质相关，HA 的保水性能与其分子质量呈正相关，分子质量越大保水能力越强。

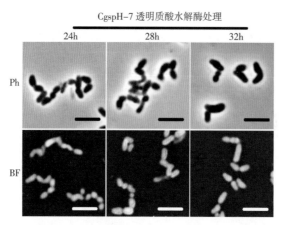

（1）透明质酸水解酶处理具有透明质酸合成能力的重组谷氨酸棒杆Cgsph-7，荚膜层消失

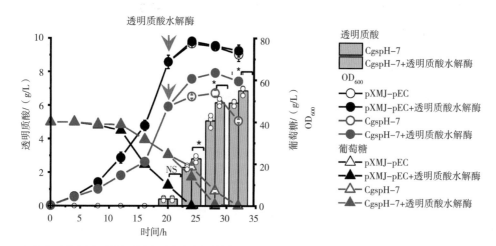

（2）透明质酸水解酶添加对具有透明质酸合成能力的重组谷氨酸棒杆Cgsph-7生长代谢和透明质酸合成影响的分析

图 2-41　破坏透明质酸荚膜促进谷氨酸棒杆菌细胞生长和透明质酸合成

HA 分子能够抑制细胞对营养物质的吸收，该抑制效果能够通过添加透明质酸水解酶降低 HA 分子质量而得到削弱。为此重组菌株 CgspH-7 及对照菌株 pXMJ-pEC（含双空白载体）摇瓶培养，并在 HA 合成初期，添加终浓度 6000U/mL 的水蛭透明质酸水解酶。结果如图 2-41（1）所示，重组菌株 CgspH-7 原有附着在细胞表面的 HA 荚膜层能被透明质酸水解酶水解破坏。空白菌株 pXMJ-pEC 在添加水蛭透明质酸水解酶的前后细胞生长曲线和葡萄糖消耗曲线几乎一致，表明水蛭透明质酸水解酶对细胞的生长代谢没有影响。重组

菌株 CgspH-7 摇瓶培养中添加水蛭透明质酸水解酶，结果如图 2-41 （2） 所示，葡萄糖消耗速率得到增强，细胞密度也得到提高，HA 产量由 6.1g/L 提高至 6.9g/L，提高幅度达到 13%，实验结果表明在谷氨酸棒杆菌生产 HA 发酵过程中，同样可以通过添加水蛭透明质酸水解酶降低 HA 分子质量，从而削弱大分子 HA 对营养物质吸收的抑制，最终实现 HA 产量的提高。

基于上述的实验结果，进一步研究了添加水蛭透明质酸水解酶对重组菌株 CgspH-7 在 5L 发酵罐分批补料发酵的影响。在发酵 3h 时分别加入终浓度 1500U/mL、3000U/mL、6000U/mL 的水蛭透明质酸水解酶，为确保数据的准确和可靠性每个实验设有三个平行实验。结果如图 2-42 所示，图 （1） 为发酵液中加入终浓度 1500U/mL 水蛭透明质酸水解酶的重组菌株 CgspH-7 的发酵情况，从图中可以看出菌株在发酵前 24h 为稳定期，细胞繁殖代谢活动缓慢，24~60h 这段时间细胞快速繁殖，细胞密度 OD_{600} 达到最高值 238，HA 合成速率为 0.89g/h。60~72h 为衰亡期，细胞不断凋亡，HA 合成几乎终止，发酵液的黏度值为 239cP，HA 最终产量为 46.2g/L，而在 72h 时 HA 分子质量为 154ku。图 2-42 （2） 为发酵液中加入终浓度 3000U/mL 水蛭透明质酸水解酶的重组菌株 CgspH-7 的发酵情况，从图中可以看出菌株 24~60h 这段时间细胞快速繁殖，细胞密度 OD_{600} 达到最高值 264，HA 合成速率为 1.12g/h，而在 72h 时分子质量为 90.6ku。发酵终止后最终发酵液的黏度

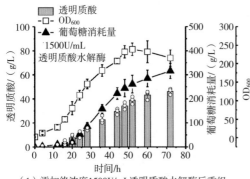

（1）添加终浓度 1500U/mL 透明质酸水解酶后重组菌株 CgspH-7 生长代谢和透明质酸合成情况

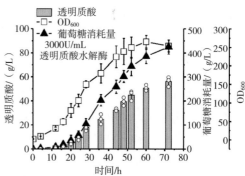

（2）添加终浓度 3000U/mL 透明质酸水解酶后重组菌株 CgspH-7 生长代谢和透明质酸合成情况

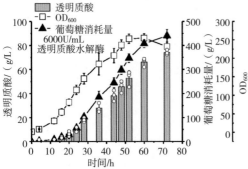

（3）添加终浓度 6000U/mL 透明质酸水解酶后重组菌株 CgspH-7 生长代谢和透明质酸合成情况

菌株	透明质酸水解酶/（U/mL）	时间/h	分子质量/ku
Cgsp H-7	None	48	320 ± 30
	1500	48	155 ± 28
	3000	48	82 ± 15
	6000	48	54 ± 4

（4）添加不同浓度透明质酸水解酶对透明质酸分子量大小的影响

图 2-42 重组菌株 CgspH-7 5L 发酵罐分批补料发酵添加终浓度

值为 79cP，HA 最终产量为 57.5g/L。图 2-42（3）为发酵液中加入终浓度 6000U/mL 水蛭透明质酸水解酶的重组菌株 CgspH-7 的发酵情况，从图中可以看出菌株 24~60h 这段时间细胞快速繁殖，细胞密度 OD_{600} 达到最高值 255，HA 合成速率为 1.56g/h。发酵终止后最终发酵液的黏度值为 5cP，HA 最终产量为 74.1g/L，而分子质量在 72h 为 53ku。结果表明，在 5L 发酵罐水平添加水蛭透明质酸水解酶能够有效增加葡萄糖的消耗量，降低发酵液的黏度，延长重组菌株的发酵周期并且提高 HA 的产量，而且随着单位体积内 HA 水解酶活性的提升，效果越明显。可能原因是添加水蛭透明质酸水解酶降低了 HA 的分子质量而且酶活性越高造成 HA 分子质量越小，从而削弱了 HA 对细胞从外界吸收营养物质的抑制作用。以上实验结果表明，通过控制水蛭透明质酸水解酶活性，能够实现对特定分子质量 HA 的高效合成。

第三节　透明质酸寡聚糖的分离制备

应用不同方法水解 HA 产生的产物一般为多种透明质酸寡聚糖（o-HAs）的混合物，如果要研究单一寡聚糖的作用，必须将不同聚合度的 o-HAs 进行分离，纯化出单一聚合度的寡聚糖。酶法制备的 o-HAs 产物相对均一、结构确定，目前已经建立了多种分离方法。根据分离原理，主要有体积排阻色谱法（SEC）、离子交换色谱法（AEC）、高效液相色谱法（HPLC）及毛细管电泳色谱法（Capillary Electrophoresis，CE）。

一、体积排阻色谱法

相邻聚合度的 o-HAs 之间相对分子质量相差 400 左右，因此可以根据待分离 o-HAs 之间相对分子质量的差异，采用体积排阻色谱法对目标 o-HAs 进行分离。体积排阻色谱法的关键环节是选择合适的填料和灵敏便捷的检测方法。填料根据待分离的 o-HAs 相对分子质量选择，如 Bio-Gel P-6（分离范围 1k~6ku）可以用来分离由水解产生的聚合度 16 以内的寡聚糖。根据不同酶水解产生的底物类型，色谱柱洗脱时的检测方式也不同：由裂解酶制备的寡聚糖因为含有不饱和双键可以通过紫外 232nm 检测，LHyal 和 BTH 水解产生寡聚糖可通过紫外 206~210nm 检测。因在 206~210nm 处，一些缓冲溶液含有如醋酸、柠檬酸会产生强烈的吸收背景，为此可以选用无吸收背景的酸作为缓冲液或者通过测定洗脱液中糖醛酸的含量来检测寡聚糖。体积排阻色谱法适用于聚合度 4~16 的寡聚糖分子分离，对于聚合度大于 18 的寡聚糖，洗脱峰中容易发生交叉污染。由于体积排阻色谱法上样量小，适用于小规模、相对分子质量低的寡聚糖分离。

二、离子交换色谱法

由于 HA 分子带有大量的羧基，在水溶液中带负电荷，聚合度相邻的寡聚糖分子之间相差 2 个电荷，因此可以根据寡聚糖带电荷的差异，采用离子交换法对不同聚合度的寡聚糖进行分离。离子交换剂种类繁多，筛选合适的离子交换剂是关键。对于由 BTH 水解产生的寡聚糖，Akira Tawada 等采用 Dowex 1×2 对寡聚糖分离，再用 Sephadex G-10 脱盐，最终制备得到了聚合度为 2~26 的寡聚糖分子。此外该类寡聚糖也可以通过 Dowex 1×10、Mono-Q、Protein-Pak DEAE 5PW 等离子交换剂进行分离。在离子交换色谱中，同样可以通过样品的紫外吸收或测定洗脱液中糖醛酸的含量进行检测。离子交换色谱法因具有分辨率高、交换容量高、应用灵活和操作简单的特点而被广泛应用。

三、高效液相色谱法

HPLC 法因其高效、高灵敏度和易于收集的特点既可以用于分离 o-HAs，也可以通过色谱峰保留时间和峰面积定性、定量分析生物样品中 o-HAs 成分和含量。根据色谱柱和流动相分为常规极性分离、体积排阻（SEC）、弱阴离子交换和反相离子对色谱法（RPIP），其中常用的 HPLC 法是弱阴离子交换色谱法和 RPIP。检测的方法有脉冲安培检测（PAD）、紫外吸收（UV）和荧光。

弱阴离子交换色谱法是利用胺修饰的固定相在流动相不同 pH 下质子化的程度对寡聚糖进行分离，因此溶剂的成分和 pH 是分离的关键因素。Signe 和 Laura 采用 CarboPac PA100 色谱柱（250mm×4mm），用磷酸钠（pH 6.3）分段线性梯度洗脱，230nm 检测分离出由 BTH 水解产生聚合度 20 的寡聚糖。Kenneth 等采用 CarboPac PA-1 预装柱（25mm×3mm）和 CarboPac PA-1（250mm×4mm），PAD 检测，对聚合度 8 以内的不饱和寡聚糖进行分离。Martin 等通过对色谱条件的优化实现了对聚合度 50 以内的寡聚糖的分析研究。Tawada 等采用 0.8mol/L NaH_2PO_4 溶液对 YMC-NH_2 色谱柱线性洗脱，210nm 检测，实现了对 BTH 水解产生的聚合度 26 以内的寡聚糖的分离检测。

反相离子对色谱法是利用离子对试剂加入含水的流动相中后，被分析的寡聚糖离子在流动相中与离子对试剂的反离子生成不带电的中性离子，从而增加溶质与非极性固定相的作用，使分配系数增加，分离效果增强。Chun 等通过在流动相中加入反离子对试剂（四丁基氢氧化铵），采用乙腈梯度洗脱 C-18 色谱柱，232nm 检测，最终分离由 *Streptomyces hyalurolyticus* 来源的透明质酸酶裂解生成的 HA_4 和 HA_6。Zhao 等通过在流动相（pH 6.5）中加入定量的三丁胺和醋酸铵，采用乙腈线性梯度洗脱 Poroshell 120 EC-C18 色谱柱，在线分析了裂解产生的聚合度 15 以内的不饱和寡聚糖系列。利用改善的 RPIP 方法，Cramer 等用氰乙酰胺修饰氨基葡萄糖末端，于 276nm 处检测分析了 BTH 水解特征，这种标签还可以通过荧光和 PAD 进行检测。

四、毛细管电泳色谱法

毛细管电泳色谱法（CE）是以毛细管作为分离的通道、高压直流电场作为驱动力的一种分类技术。毛细管电泳根据分离模式的不同可以分为单根毛细管、单根填充管、阵列毛细管、芯片式毛细管电泳等多种类型，根据样品性质的不同，可以选择不同类型的毛细管电泳。毛细管电泳色谱法具有分离效率高、灵敏度高、简单、快速等特点，近些年来毛细管电泳在糖类物质的分离中得到了广泛的应用。

本书作者以 0.1mol/L $NH_4H_2PO_4$ 溶液（含 10% 乙腈）作为流动相，使用 YMC-Pack Polyamine II 色谱柱（250mm×4.6mm，5 μm）对 HA 寡聚糖进行等度洗脱，在流速 0.5mL/min、紫外检测 210nm 和柱温 30℃ 的条件下能够对透明质酸四糖（HA_4^{NA}）和六糖（HA_6^{NA}）完全分离检测。在此基础上，研究了该 HPLC 检测条件对聚合度 10 以内的寡聚糖的检测，结果表明该条件能有效检测标准品以及水解液中的混合寡聚糖（图 2-43）。

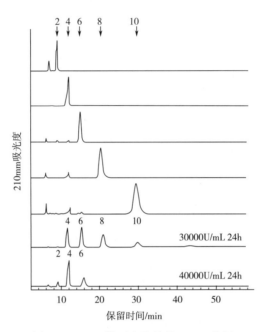

图 2-43　HA_{2n}^{NA} 型寡聚糖的 HPLC 分析

目前，体积排阻色谱、高效液相色谱、毛细管电泳色谱技术主要用于 HA 的分析以及少量制备，而离子交换色谱可用于 HA 寡聚糖的大规模制备纯化。采用前面研究建立的分离 HA_4^{NA} 和 HA_6^{NA} 的方法对偶数寡聚糖 HA_2^{NA}、HA_4^{NA}、HA_6^{NA}、HA_8^{NA} 和 HA_{10}^{NA} 以及奇数寡聚糖 HA_3^{NN}、HA_3^{AA}、HA_5^{NN}、HA_5^{AA}、HA_7^{NN} 和 HA_7^{AA} 进行分离尝试，通过探究洗脱条件实现了上述寡聚糖的分离。

对于 HA_4^{NA} 和 HA_6^{NA} 的分离，本书作者对离子交换剂、分离条件（平衡 pH、解析浓度、动态洗脱体积和流速）进行分析和优化，最终确定使用阴离子交换柱 Q FF（fast flow），平衡 pH 为 8.0，使用浓度为 200mmol/L 的 NaCl 进行洗脱时能够得到良好的分离效果。在此基础上，为需要分离种类更多的寡聚糖，偶数寡聚糖 HA_2^{NA}、HA_4^{NA}、HA_6^{NA}、HA_8^{NA} 和 HA_{10}^{NA} 以及奇数寡聚糖 HA_3^{NN}、HA_3^{AA}、HA_5^{NN}、HA_5^{AA}、HA_7^{NN} 和 HA_7^{AA}，选用了分辨率更高的 QHP 离子交换层析柱。

在使用上述条件进行洗脱时发现 HA 寡聚糖不能够完全分离［图 2-44（1）］，峰之间存在较大的重叠部分，且在线性洗脱时没有被充分洗脱，而是在以高盐浓度洗柱时才被洗脱。推测可能是由于洗脱梯度过大，寡聚糖没有有效分离。将洗脱梯度降至 0~80mmol/L NaCl，寡聚糖 HA_2^{NA}、HA_4^{NA}、HA_6^{NA}、HA_8^{NA} 和 HA_{10}^{NA} 被有效分离［图 2-44（2）］。奇数寡聚糖水解液的制备采用 HA_{10}^{NA}（浓度 2mg/mL）被 BTH 降解的方法，混合水解液包含 HA_3^{NN}、HA_3^{AA}、HA_5^{NN}、HA_5^{AA}、HA_7^{NN} 和 HA_7^{AA} 以及七糖继续降解产生的四糖。使用上述条件分离奇数寡聚糖，如图 2-44（3）所示，寡聚糖能实现分离；从分离色谱中可以发现带羧基越多的寡聚糖与分离材料结合越牢固，在更高浓度的盐浓度下才能被洗脱，也即还原端为葡萄糖醛酸的寡聚糖比相同聚合度的还原端为乙酰氨基葡萄糖的寡聚糖与分离材料结合更紧密，该现象符合离子交换的分离原理。

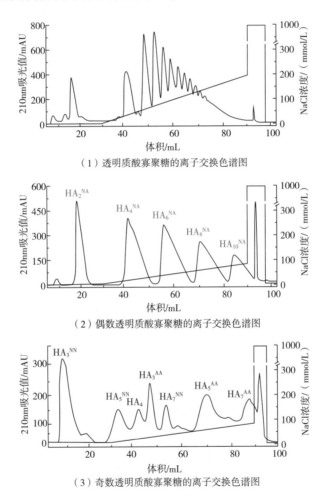

（1）透明质酸寡聚糖的离子交换色谱图

（2）偶数透明质酸寡聚糖的离子交换色谱图

（3）奇数透明质酸寡聚糖的离子交换色谱图

图 2-44　QHP 离子交换层折柱分离透明质酸寡聚糖色谱图

蓝色线为 NaCl 的洗脱浓度；峰线为透明质酸寡聚糖的 210nm 处吸光值

　　分离得到的寡聚糖需要除去分离过程中引入的磷酸盐和氯化钠。本研究中使用分子排阻原理除去寡聚糖中的盐，根据寡聚糖和盐的分子质量选择合适孔径的柱子进行脱盐。寡聚糖分子质量相对更大，流经填料颗粒外而更早流出，而盐分子由于分子质量小途经填料颗粒内部，因而路径更长，随后留出。通过紫外检测器检测寡聚糖，电导率检测器检测盐离子。离子交换色谱分离得到的寡聚糖含有的杂质主要是洗脱时引入的氯化钠及缓冲液中的磷酸盐缓冲液。这些杂质的特征是分子质量明显小于寡聚糖，因此使用分子排阻的方法来纯化分离样品。根据寡聚糖的分子质量选择 Superdex™ 30 Increase 10/300 GL（填充材料：交联琼脂糖和葡聚糖的复合材料；柱床：10×300~310mm；柱体积：24mL）进行分离。

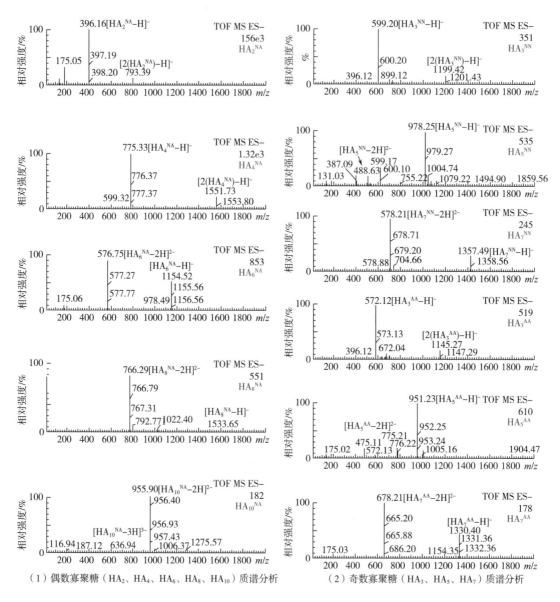

（1）偶数寡聚糖（HA2、HA4、HA6、HA8、HA10）质谱分析　　　（2）奇数寡聚糖（HA3、HA5、HA7）质谱分析

图2-45　LHyal和BTH的降解产物的质谱图

　　在除盐之前，将分离收集得到的样品进行冻干浓缩，以减小样品体积提高纯化效率。进样体积500μL，洗脱流速0.80mL/min，210nm波长处的紫外吸收检测寡聚糖，电导检测器检测盐离子。纯化得到的寡聚糖经冻干得到粉末终产品，最后进行质谱检测和核磁检测鉴定寡聚糖。通过LHyal和BTH的降解及分离纯化，得到聚合度在10以内、包含奇数和偶数的11种寡聚糖。表2-4汇总了制备的11种饱和HA寡聚糖的分子信息，包含寡聚糖的分子式、名称、相对分子质量和结构式。

表 2-4 　　　　　　　　　　　　　　**11 种饱和 HA 寡聚糖的分子信息**

寡聚糖	分子式	名称	相对分子质量	结构式
HA_2^{NA}	$C_{14}H_{23}NO_{12}$	透明质酸二糖	397.1	
HA_4^{NA}	$C_{28}H_{44}N_2O_{23}$	透明质酸四糖	776.2	
HA_6^{NA}	$C_{42}H_{66}N_3O_{34}$	透明质酸六糖	1155.3	
HA_8^{NA}	$C_{56}H_{86}N_4O_{45}$	透明质酸八糖	1534.5	
HA_{10}^{NA}	$C_{70}H_{107}N_5O_{56}$	透明质酸十糖	1913.6	
HA_3^{AA}	$C_{20}H_{31}NO_{18}$	A 型透明质酸三糖	573.2	
HA_5^{AA}	$C_{34}H_{52}N_2O_{29}$	A 型透明质酸五糖	952.3	
HA_7^{AA}	$C_{48}H_{73}N_3O_{40}$	A 型透明质酸七糖	1331.4	
HA_3^{NN}	$C_{22}H_{36}N_2O_{17}$	N 型透明质酸三糖	600.2	
HA_5^{NN}	$C_{36}H_{57}N_3O_{28}$	N 型透明质酸五糖	979.3	
HA_7^{NN}	$C_{50}H_{78}N_4O_{39}$	N 型透明质酸七糖	1358.4	

参考文献

［1］ Weissmann B and Meyer K. The Structure of Hyalobiuronic Acid and of Hyaluronic Acid from Umbilical Cord1, 2 ［J］. Journal of the American Chemical Society, 1954, 76: 1753-1757.

［2］ Kang Z, et al. Bio-Based Strategies for Producing Glycosaminoglycans and Their Oligosaccharides ［J］. Trends Biotechnol, 2018, 36: 806-818.

［3］ Cheng F, Gong Q, Yu H, et al. High-titer biosynthesis of hyaluronic acid by recombinant Corynebacterium glutamicum ［J］. Biotechnol J, 2016, 11: 574-584.

［4］ Jin P, Kang Z, Yuan P, et al. Production of specific-molecular-weight hyaluronan by metabolically engineered Bacillus subtilis 168 ［J］. Metab Eng, 2016, 35: 21-30.

［5］ Sheng J Z, et al. Use of induction promoters to regulate hyaluronan synthase and UDP-glucose-6-dehydrogenase of Streptococcus zooepidemicus expression in Lactococcus lactis: a case study of the regulation mechanism of hyaluronic acid polymer ［J］. J Appl Microbiol, 2009, 107: 136-144.

［6］ Woo J E, Seong H J, Lee S Y, et al. Metabolic Engineering of for the Production of Hyaluronic Acid From Glucose and Galactose ［J］. Front Bioeng Biotechnol, 2019, 7: 351.

［7］ Cheng F, Luozhong S, Guo Z, et al. Enhanced Biosynthesis of Hyaluronic Acid Using Engineered Corynebacterium glutamicum Via Metabolic Pathway Regulation ［J］. Biotechnol J, 2017, 12.

［8］ DeAngelis P L. Enzymological characterization of the Pasteurella multocida hyaluronic acid synthase ［J］. Biochemistry, 1996, 35: 9768-9771.

［9］ DeAngelis P L and Weigel P H. Characterization of the recombinant hyaluronic acid synthase from Streptococcus pyogenes ［J］. Dev Biol Stand, 1995, 85: 225-229.

［10］ Kim Y H, et al. Hyaluronic acid synthase 2 promotes malignant phenotypes of colorectal cancer cells through transforming growth factor beta signaling ［J］. Cancer Sci, 2019, 110: 2226-2236.

［11］ Sussmann M, et al. Induction of hyaluronic acid synthase 2 (HAS2) in human vascular smooth muscle cells by vasodilatory prostaglandins ［J］. Circ Res, 2004, 94: 592-600.

［12］ Wang Y, et al. Eliminating the capsule-like layer to promote glucose uptake for hyaluronan production by engineered Corynebacterium glutamicum ［J］. Nat Commun, 2020, 11: 3120.

［13］ Westbrook A W, et al. Engineering of cell membrane to enhance heterologous production of hyaluronic acid in Bacillus subtilis ［J］. Biotechnol Bioeng, 2018, 115: 216-231.

［14］ DeAngelis P L, et al. Identification and molecular cloning of a unique hyaluronan synthase from Pasteurella multocida ［J］. J Biol Chem, 1998, 273: 8454-8458.

［15］ Stern R and Jedrzejas M J. Hyaluronidases: Their Genomics, Structures, and Mechanisms of Action ［J］. Chem Rev, 2006, 106, 818-839.

［16］ Hofinger E S, et al. Recombinant human hyaluronidase Hyal-1: insect cells versus Escherichia coli as expression system and identification of low molecular weight inhibitors ［J］. Glycobiology, 2007, 17: 444-453.

［17］ Reitinger S, et al. High-yield recombinant expression of the extremophile enzyme, bee hyaluronidase in Pichia pastoris ［J］. Protein Expr Purif, 2008, 57, 226-233.

［18］ Amorim F G, et al. Heterologous expression of rTsHyal-1: the first recombinant hyaluronidase of scorpion venom produced in Pichia pastoris system［J］. Appl Microbiol Biotechnol, 2018, 102: 3145-3158.

［19］Jedrzejas M J, et al. Expression and purification of Streptococcus pneumoniae hyaluronate lyase from Escherichia coli［J］. Protein Expr Purif, 1998, 13: 83-89.

［20］Jin P, et al. High-yield novel leech hyaluronidase to expedite the preparation of specific hyaluronan oligomers［J］. Sci Rep, 2014, 4: 4471.

［21］Kang Z, et al. Enhanced production of leech hyaluronidase by optimizing secretion and cultivation in Pichia pastoris［J］. Appl Microbiol Biotechnol, 2016, 100: 707-717.

［22］Huang H, et al. High-level constitutive expression of leech hyaluronidase with combined strategies in recombinant Pichia pastoris［J］. Appl Microbiol Biotechnol, 2020, 104: 1621-1632.

［23］Liu L, et al. Microbial production of hyaluronic acid: current state, challenges, and perspectives［J］. Microb Cell Fact, 2011, 10: 99.

［24］Yu H M and Stephanopoulos G. Metabolic engineering of Escherichia coli for biosynthesis of hyaluronic acid［J］. Metab Eng, 2008, 10: 24-32.

［25］Jia Y N, et al. Metabolic engineering of Bacillus subtilis for the efficient biosynthesis of uniform hyaluronic acid with controlled molecular weights［J］. Bioresource Technol, 2013, 132: 427-431.

［26］Tian X, et al. High-molecular-mass hyaluronan mediates the cancer resistance of the naked mole rat［J］. Nature, 2013, 499: 346-349.

［27］Takasugi M, et al. Naked mole-rat very-high-molecular-mass hyaluronan exhibits superior cytoprotective properties［J］. Nat Commun, 2020, 11: 2376.

［28］Snetkov P, Zakharova K, Morozkina S, et al. Hyaluronic Acid: The Influence of Molecular Weight on Structural, Physical, Physico-Chemical, and Degradable Properties of Biopolymer［J］. Polymers (Basel), 2020, 12.

［29］Willis L and Whitfield C. KpsC and KpsS are retaining 3-deoxy-D-manno-oct-2-ulosonic acid (Kdo) transferases involved in synthesis of bacterial capsules［J］. Proceedings of the National Academy of Sciences of the United States of America, 2013, 110.

［30］Willis L M and Whitfield C. Structure, biosynthesis, and function of bacterial capsular polysaccharides synthesized by ABC transporter-dependent pathways［J］. Carbohydrate Research, 2013, 378: 35-44.

［31］Zhang B, et al. Ribosome binding site libraries and pathway modules for shikimic acid synthesis with Corynebacterium glutamicum［J］. Microbial cell factories, 2015, 14: 71.

［32］Martín J F, et al. Ribosomal RNA and ribosomal proteins in corynebacteria［J］. Journal of biotechnology, 2003, 104: 41-53.

［33］Jing W and DeAngelis P L. Analysis of the two active sites of the hyaluronan synthase and the chondroitin synthase of Pasteurella multocida［J］. Glycobiology, 2003, 13: 661-671.

［34］Stank A, et al. Protein Binding Pocket Dynamics［J］. Accounts of Chemical Research, 2016, 49: 809-815.

［35］Osawa T, et al. Crystal structure of chondroitin polymerase from Escherichia coli K4［J］. Biochemical and biophysical research communications, 2009, 378: 10-14.

［36］Mandawe J, et al. Directed Evolution of Hyaluronic Acid Synthase from Pasteurella multocida towards High-Molecular-Weight Hyaluronic Acid［J］. Chembiochem: a European journal of chemical biology, 2018,

19：1414-1423.

［37］Urresti S, et al. Mechanistic insights into the retaining glucosyl-3-phosphoglycerate synthase from mycobacteria［J］. The Journal of biological chemistry，2012，287：24649-24661.

［38］Boltje T J, et al. Opportunities and challenges in synthetic oligosaccharide and glycoconjugate research［J］. Nat Chem，2009，1：611-622.

［39］Bakke M, et al. Identification，characterization，and molecular cloning of a novel hyaluronidase，a member of glycosyl hydrolase family 16，from Penicillium spp［J］. FEBS Lett，2011，585：115-120.

［40］Stern R and Jedrzejas M J. Hyaluronidases：Their genomics，structures，and mechanisms of action［J］. Chem Rev，2006，106：818-839.

［41］Tawada A, et al. Large-scale preparation，purification，and characterization of hyaluronan oligosaccharides from 4-mers to 52-mers. Glycobiology，2002，12：421-426.

［42］Yuan P H, et al. Enzymatic production of specifically distributed hyaluronan oligosaccharides［J］. Carbohyd Polym，2015，129：194-200.

［43］Stern R, et al. The many ways to cleave hyaluronan［J］. Biotechnology advances，2007，25：537-557.

［44］Mahoney D J, et al. Novel methods for the preparation and characterization of hyaluronan oligosaccharides of defined length［J］. Glycobiology，2001，11：1025-1033.

［45］Kakizaki I, et al. Mechanism for the hydrolysis of hyaluronan oligosaccharides by bovine testicular hyaluronidase［J］. FEBS J，2010，277：1776-1786.

［46］Skelley A M and Mathies R A. Rapid on-column analysis of glucosamine and its mutarotation by microchip capillary electrophoresis［J］. J Chromatogr A，2006，1132：304-309.

［47］He J, et al. Construction of saturated odd- and even-numbered hyaluronan oligosaccharide building block library［J］. Carbohydr Polym，2020，231：115700.

［48］Chong B F, et al. Microbial hyaluronic acid production［J］. Appl Microbiol Biotechnol，2005，66：341-351.

［49］Widner B, et al. Hyaluronic acid production in Bacillus subtilis［J］. Appl Environ Microbiol，2005，71：3747-3752.

［50］Huang W C, et al. The role of dissolved oxygen and function of agitation in hyaluronic acid fermentation［J］. Biochem Eng J，2006，32：239-243.

［51］Mao Z, et al. A recombinant E. coli bioprocess for hyaluronan synthesis［J］. Appl Microbiol Biotechnol，2009，84：63-69.

［52］Salis H M, et al. Automated design of synthetic ribosome binding sites to control protein expression［J］. Nat Biotechnol，2009，27：946-950.

［53］Marcellin E, et al. Insight into hyaluronic acid molecular weight control［J］. Appl Microbiol Biot，2014，98：6947-6956.

［54］Armstrong D C and Johns M R. Culture Conditions Affect the Molecular Weight Properties of Hyaluronic Acid Produced by Streptococcus zooepidemicus［J］. Appl Environ Microbiol，1997，63：2759-2764.

［55］Cheng F，Yu H and Stephanopoulos G. Engineering Corynebacterium glutamicum for high-titer biosynthesis of hyaluronic acid［J］. Metab Eng，2019，55：276-289.

［56］Puech V, et al. Structure of the cell envelope of corynebacteria: importance of the non-covalently bound lipids in the formation of the cell wall permeability barrier and fracture plane ［J］. Microbiology, 2001, 147: 1365-1382.

［57］Taniguchi H, et al. Physiological roles of sigma factor SigD in Corynebacterium glutamicum ［J］. BMC Microbiol, 2017, 17: 158.

［58］Almond A, Brass, A. & Sheehan, J. K. Deducing polymeric structure from aqueous molecular dynamics simulations of oligosaccharides: predictions from simulations of hyaluronan tetrasaccharides compared with hydrodynamic and X-ray fibre diffraction data1 ［J］. J. Mol. Biol, 1998, 284: 1425-1437.

［59］Bartolucci C, et al. Isolation and quantitation of hyaluronan tetrasaccharide and hexasaccharide by anion-exchange HPLC ［J］. J. Liq. Chromatogr, 1991, 14: 2563-2585.

［60］Holmbeck S and Lerner L. Separation of hyaluronan oligosacccharides by the use of anion-exchange HPLC. Carbohydr ［J］. Res, 1993, 239: 239-244.

［61］Price K N, Tuinman A, Baker D C, et al. Isolation and characterization by electrospray-ionization mass spectrometry and high-performance anion-exchange chromatography of oligosaccharides derived from hyaluronic acid by hyaluronate lyase digestion: Observation of some heretofore unobserved oligosaccharides that contain an odd number of units ［J］. Carbohydr. Res, 1997, 303: 303-311.

［62］Rothenhöfer M, Grundmann M, Bernhardt G, et al. High performance anion exchange chromatography with pulsed amperometric detection (HPAEC-PAD) for the sensitive determination of hyaluronan oligosaccharides ［J］. Journal of Chromatography B, 2015, 988: 106-115.

［63］Chun L E, Koob T J and Eyre D R. Quantitation of hyaluronic acid in tissues by ion-pair reverse-phase high-performance liquid chromatography of oligosaccharide cleavage products ［J］. Anal. Biochem, 1988, 171: 197-206.

［64］Zhao X, Yang B, Li L Y, et al. On-line separation and characterization of hyaluronan oligosaccharides derived from radical depolymerization. Carbohydr ［J］. Polym, 2013, 96: 503-509.

［65］Cramer J A and Bailey L C. A reversed-phase ion-pair high-performance liquid-chromatography method for bovine testicular hyaluronidase digests using postcolumn derivatization with 2-cyanoacetamide and ultraviolet detection ［J］. Anal. Biochem, 1991, 196: 183-191.

第三章　磺酸化供体 PAPS 高效廉价生物制造

第一节　PAPS 生物学功能与应用

一、PAPS 的化学结构

3′-磷酸腺苷-5′-磷酰硫酸（PAPS）是单磷酸腺苷的衍生物，在 3′位置被磷酸化，并具有连接到 5′磷酸酯上的硫酸盐基团（图 3-1）。在体内由 ATP 和硫酸盐为底物合成。

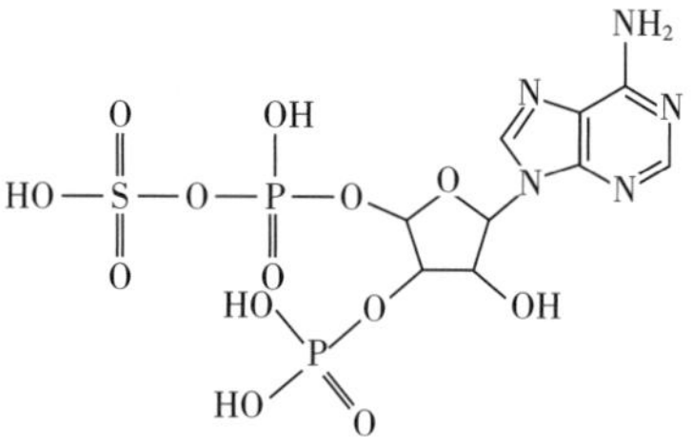

图 3-1　PAPS 的结构

二、PAPS 的生物学功能

元素硫主要以无机硫酸盐的形式提供给生物体。无机硫酸盐生化反应中是惰性的，需要经过代谢活化成某种形式，然后再还原为甲硫，活化的硫化物是一种磷酸硫酸酐，它存在于 5′-磷酸腺苷（APS）或 PAPS 中。在嗜光性细菌、藻类和植物中，APS 用于同化还原，而细菌和真菌在还原途径中使用 PAPS，活化的磺酸基被一系列 red/ox 蛋白还原为甲硫，然后在这些生物中还原的硫酸根用于合成半胱氨酸和甲硫氨酸，这是许多蛋白质的组成成分。然而，在哺乳动物中，硫酸盐还原途径和从还原硫合成甲硫氨酸都不存在。因此，甲硫氨酸作为人体的一种必需氨基酸只能来源于饮食。在哺乳动物中，利用 PAPS 是进化上专门进行包括磺化在内的各种生化转化的。

三、PAPS 的应用

1. 磺酸化糖胺聚糖的生物合成

糖胺聚糖是一类广泛存在于生物体细胞内的多糖类物质，大多糖胺聚糖都需要磺酸化修饰才具有生物学活性，而 PAPS 无论在体内外都是最直接的磺酸供体。如硫酸软骨素、肝素、硫酸皮肤素、硫酸角质素。以上磺酸化糖胺聚糖的获得途径主要通过生物提取法和体外酶法制备，其中体外酶法制备相比生物提取法有着众多优势，例如环境友好、得到的糖胺聚糖结构单一、分子质量可控且能有效避免其他热源的污染，是未来生产磺酸化糖胺聚糖的趋势。PAPS 作为体外酶法制备磺酸化糖胺聚糖过程中必不可少的磺酸基团供体，是影响酶法合成糖胺聚糖催化反应中的重要一环。

2. 血吸虫病治疗药物硫胺硝喹的合成

羟胺硝喹是目前治疗血吸虫病的主要药物，由于该药物的长期广泛应用，多数血吸虫对羟胺硝喹产生了耐药性。硫胺硝喹是羟胺硝喹经特定硫酸转移酶催化生成，多数血吸虫对硫胺硝喹尚没有耐药性，因此硫胺硝喹可有效消灭多数血吸虫达到治疗血吸虫病的目的，其中 PAPS 是合成硫胺硝喹重要的辅因子。

3. 调节植物代谢生长与提高植物代谢产物的合成

在绝大多数植物中，PAPS 也发挥着重要的作用。硫代谢与植物细胞的生长情况息息相关，PAPS 是硫代谢环节中无机硫与有机硫转换的重要中间体，通过调控植物体内 PAPS 的合成，能有效的调控植物的生长。

此外，调控植物体内 PAPS 的合成能有效提高某些植物产物的积累，例如芥子油苷也称硫代葡萄糖苷或硫苷（Glucosinolate，GLS），是十字花科植物中的一类次级代谢产物，而芥子油苷的另一种形式异硫氰酸盐具有抗肿瘤的功效。在芥子油苷生物合成过程中，PAPS 从高尔基体进入细胞质中能够催化脱磺酸芥子油苷（Desulfo-glucosinolate，Desulfo-GLS）合成芥子油苷。因此，通过调控 PAPS 的合成效率可以影响芥子油苷的积累量。

4. 其他作用

酪氨酸硫酸化可对翻译后蛋白质进行修饰，在细胞外，是连接蛋白质与蛋白质之间相互作用的信号物质，而在蛋白质酪氨酸硫酸化修饰过程中，PAPS 也充当着提供直接磺酸基团供体的作用。

有研究表明，某些癌症的发生也伴随着 PAPS 含量的变化，这从某种程度上也为癌症的治疗提供了一种思路。此外，PAPS 的合成受阻也会导致动物的生长缺陷。

四、PAPS 的生物合成途径

PAPS 是硫元素在体内的活化形式，有两步以 ATP 为底物活化硫酸根。即 ATP 硫化酶催化硫酸根和 ATP 形成 APS，紧接着 APS 激酶催化 ATP 和 APS 生成 PAPS，完成硫酸根的活化，PAPS 的活化直接影响着生物体对于硫代谢的调控，涉及硫的摄取、转运、转化以及含硫化合物的合成，进而调控生物的生长。无论在微生物、植物和动物体内，硫酸的活化都需要经过这两步活化，其中在植物体内的 ATP 硫酸化酶以同源二聚体构成；在细菌体内，ATP 硫酸化酶以异源二聚体构成，在催化过程中需要 GTP 激活；在真菌体内，ATP 硫酸化酶主要以单体存在；而在高等生物体内，ATP 硫酸化酶会与 APS 激酶发生基因融合，作为一个大分子，共同合成高能硫酸盐供体。这体现出高等生物体的一种进化趋势，这种将不稳定的中间体导入激酶反应中的机制，使得硫酸盐活化和氨基酸代谢更加多功能高效率。

PAPS 的体内合成过程中存在 3 个关键因素：①硫酸基团的转运和供给。在生物体内硫酸基团的转运方式有两种：钠离子偶联型及钠离子非偶联型离子通道。所谓钠离子偶联型通道是通过钠离子偶联转运体转运钠离子的同时按照 3∶1 的比例转运硫酸基团等阴离子，这种转运方式主要存在于肾脏细胞及肠道细胞中。钠离子非偶联型离子通道又称硫酸根离子通道，主要用于非特异性的转运如草酰乙酸、琥珀酸等有机离子。其中钠离子偶联型离子通道对硫酸根的转运能力比钠离子非偶联型离子通道转运能力高50 倍以上。②ATP 的合成速度。ATP 是细胞内的能量物质，主要由氧化磷酸化和糖酵解途径产生。氧化磷酸化发生在线粒体中（真核生物）或细胞质中（原核生物），糖酵解途径在细胞质中进行。③ATP 合成 PAPS 的转化效率。在不同生物体内，ATP 硫酸化酶的不同影响着硫酸根的第一步活化，其催化形成的中间体 APS 占据 ATP 硫酸化酶的底物结合位点阻止 ATP、硫酸基团与酶的结合从而也抑制 ATP 硫酸化酶的活性，同时对 APS 激酶也产生抑制作用。APS 激酶的催化机理也遵从如 ATP 硫酸化酶一样的乒乓机制，即 APS 激酶结合 Mg^{2+}、ATP 后再与 APS 结合形成 PAPS 和 ADP，然后释放出PAPS。但过量的 APS 能在 ADP 释放前与其结合阻止 ADP 的释放和 Mg^{2+}、ATP 的结合从而抑制 APS 激酶活性。

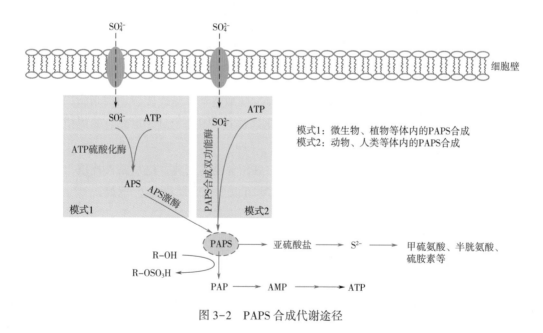

图 3-2　PAPS 合成代谢途径

第二节　PAPS 的酶法合成

一、基于 PAP 为底物高效再生 PAPS

利用芳香酰基硫酸转移酶合成 PAPS 是目前 PAPS 合成的一种重要方式。芳香酰基硫酸转移酶（Aryl sulfotransferase，AST Ⅳ，EC 2.8.2.1）是一类芳香磺基互相转移的酶，负责脱毒并从宿主体内清除有毒外源性化学物质和内源性小分子。在体外可以转化对硝基磺酸苯酯（PNPS）和 3′-磷酸腺苷 5′-磷酸（PAP）生成 PAPS，进而可以高效地生产 PAPS。此外，由于副产物 PNP 能够显色，利用芳香酰基硫酸转移酶提供 PAPS 时可以同时对硫酸转移酶的催化活性进行检测，能够有效地定义硫酸转移酶的酶活性。AST Ⅳ 酶活性测定：在 400nm 波长下，测定反应液吸光值的增长作为 AST Ⅳ 的酶活性表征。所用酶活性测定反应液为 20mL 500mmol/L PNPS 和 0.1mmol/L PAP 的 100mmol/L pH 7.4 Tris-HCl 缓冲液，加入 180mL 发酵液上清液或胞内上清液或纯化后蛋白至总体积为 200mL。37℃、15min 测定 OD_{400nm} 吸光值的增值。根据 PNP 的标准曲线计算其生成 PNP 的含量（图3-3）。一个酶活性单位定义为：37℃ 条件下，每分钟合成 1μmol/L PNP 所需的酶量，比酶活性定义为 U/mg。

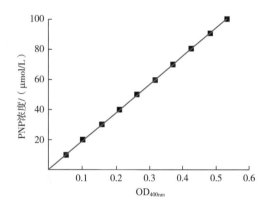

图 3-3　PNP 标准曲线

1. 表达载体和表达宿主的选择

鼠源 AST Ⅳ 经密码子优化后通过 *Bam*H I/*Xho* I 酶切连接到大肠杆菌表达载体 pET20b 及 pCold Ⅲ 上，得到重组表达载体 pET20b-AST Ⅳ 及 pCold Ⅲ-AST Ⅳ。将得到的重组表达载体转化 *E. coli* BL21，获得重组菌株 *E. coli* BL21 pET20b-AST Ⅳ 和 *E. coli* BL21 pCold Ⅲ-AST Ⅳ。

将得到的重组菌株进行发酵培养后，经 SDS-PAGE 分析 AST Ⅳ 在 *E. coli* BL21 中的表达情况（图3-4）。在泳道 1 和泳道 3 中都有一条明显有别于对照的条带，大小位于 28k~38ku，与 AST Ⅳ 的理论大小 33ku 相近。经 MALDI-TOF-MS 鉴定为大鼠源 AST Ⅳ。从酶活性的角度来说，菌株 *E. coli* BL21 pCold Ⅲ-AST Ⅳ 胞内 AST Ⅳ 酶活性为（62.87±1.28）U/mL，是 *E. coli* BL21 pET20b-AST Ⅳ 胞内 AST Ⅳ 酶活性（28.55±0.60）U/mL 的 2.2 倍，即重组菌株 *E. coli* BL21 pCold Ⅲ-AST Ⅳ 胞内 AST 的表达量是 *E. coli* BL21 pET20b-AST Ⅳ 胞内 AST Ⅳ 表达量的 2.2 倍。

鉴于 pCold Ⅲ 载体的启动子为嗜冷型启动子，常用的优化策略对其影响不大，为了提

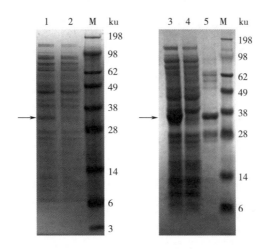

图 3-4　SDS-PAGE 分析不同表达载体对 ASTⅣ表达的影响

泳道 1—*E. coli* BL21 pET20b-ASTⅣ　泳道 2—*E. coli* BL21 pET20b　泳道 3—*E. coli* BL21 pColdⅢ-ASTⅣ

泳道 4—*E. coli* BL21 pColdⅢ　泳道 5—ASTⅣ纯化样品　泳道 M—蛋白标准品

高 ASTⅣ在 *E. coli* 中的表达量，先对重组表达载体 pET20b-ASTⅣ进行优化。考察不同的表达宿主对 ASTⅣ酶活性的影响，将重组表达载体 pET20b-ASTⅣ转化 *E. coli* Rosetta 和 *E. coli* Origami B 得到重组菌株 *E. coli* Rosetta pET20b-ASTⅣ和 *E. coli* Origami B pET20b-ASTⅣ。分析重组菌株细胞内 ASTⅣ粗酶液酶活性差异，如图 3-5 所示，*E. coli* Rosetta pET20b-ASTⅣ细胞内 ASTⅣ粗酶液酶活性跟对照菌株胞内酶活性差异并不明显，这可能与 ASTⅣ是经密码子优化后的序列有关。*E. coli* Origami B pET20b-ASTⅣ细胞内 ASTⅣ粗酶液酶活性比对照菌株胞内酶活性高 15%，达到 32.83±0.42U/mL（图 3-6）。这可能由于 ASTⅣ在折叠过程中形成二硫键，而宿主 *E. coli* Origami B 中异源表达的硫氧还蛋白还原酶（Thioredoxin Reductase，TrxB）和谷胱甘肽还原酶（Glutathione Reductase，gor）提供细胞内的还原环境提高细胞质内二硫键的形成效率，从而达到提高酶活性的目的。

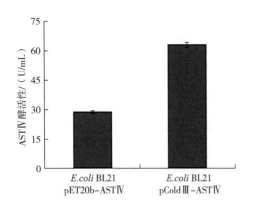

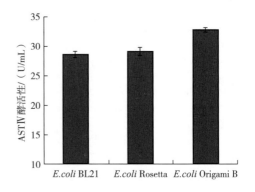

图 3-5　表达载体对 ASTⅣ酶活性的影响　　　图 3-6　表达宿主对 ASTⅣ酶活性的影响

2. 诱导温度和诱导浓度优化

鉴于表达载体 pCold Ⅲ 所用的启动子为嗜冷型启动子 cspA，在高温条件下，其下游的 5′UTR 的结构不稳定，降低翻译效率。因此，仅对重组菌株 E. coli BL21 pET20b-ASTⅣ 进行诱导温度优化。在诱导剂浓度为 1mmol/L 的 IPTG 诱导下，比较诱导温度为 15℃、25℃、30℃、37℃ 时表达量的差异 ［图 3-7 (1)］。

由图 3-7 (2) 可知，不同诱导温度下，ASTⅣ 的胞内粗酶液酶活性基本一致，维持在 28~30U/mL，即诱导温度对于胞内可溶性 ASTⅣ 的表达量影响较小，这一点在 SDS-PAGE 分析图中也可以佐证。在不同温度条件下，胞内 ASTⅣ 可溶表达量相近。随着温度升高，胞内 ASTⅣ 包涵体表达量增加，即 ASTⅣ 的表达量随着温度的升高而增大，但是 ASTⅣ 在胞内的折叠速度基本不变，导致翻译得到的 ASTⅣ 基本上都以包涵体的形式存在。

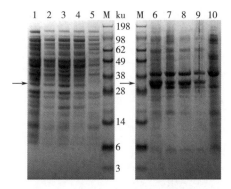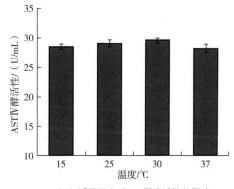

（1）SDS-PAGE分析诱导温度对ASTⅣ表达量的影响　　　　（2）诱导温度对ASTⅣ酶活性的影响

图 3-7　诱导温度对 ASTⅣ 在重组菌株 E. coli BL21 pET20b-ASTⅣ 中表达的影响

注：泳道 1~5 为发酵液胞内上清液，泳道 6~10 为发酵液胞内沉淀，泳道 1~4、6~9 为重组菌株 E. coli BL21 pET20b-ASTⅣ 样品，泳道 5、泳道 10 为对照菌株 E. coli pET20b 样品。泳道 6：37℃，泳道 7：30℃，泳道 8：25℃，泳道 9：15℃。

鉴于表达载体 pCold Ⅲ 所用启动子为嗜冷型启动子 cspA 仅受温度调控，不严格受 IPTG 浓度的影响。所以这里仅考察诱导剂浓度对于重组菌株 E. coli BL21 pET20b-ASTⅣ 表达 ASTⅣ 的影响。

由图 3-8 可知，IPTG 在一定浓度范围内影响 ASTⅣ 的表达，从而影响 E. coli BL21 pET20b-ASTⅣ 胞内粗酶液的酶活性。在诱导剂浓度为 0.6mmol/L 时，胞内粗酶液酶活性达到最大值（35.93±0.65）U/mL。IPTG 浓度过高或过低时，胞内粗酶液酶活性都降低。

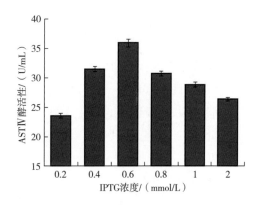

图 3-8　IPTG 浓度对 ASTⅣ 酶活性的影响

3. AST Ⅳ的分泌表达

鉴于温度和 IPTG 浓度对 AST Ⅳ的表达量影响较小，接着探究分泌表达能否提高 AST Ⅳ 的表达量。而在 15℃条件下，重组菌株 *E. coli* BL21 pCold Ⅲ-AST Ⅳ的目的蛋白表达量是 *E. coli* BL21 pET20b-AST Ⅳ的目的蛋白表达量的 2.2 倍。因此，采用此重组菌株 *E. coli* BL21 pCold Ⅲ-AST Ⅳ进行 AST Ⅳ的分泌表达将更有优势。

首先，10 个常用的大肠杆菌信号肽 OmpA，Cex，PhoA，DsbA，AnsB，LamB，PgaA，YebF，PgaB 及 PelB 通过 Gibson 组装的方式融合到 AST Ⅳ基因的 N 端用于构建 AST Ⅳ的分泌表达框 [图 3-9（1）]，得到 10 株有分泌潜力的重组菌株。经摇瓶培养，并测定发酵液上清液中 AST Ⅳ的酶活性，表明 Cex，YebF，和 PelB 3 种信号肽能将 AST Ⅳ分泌到大肠杆菌胞外，其中 PelB 的分泌能力最强，胞外上清液 AST Ⅳ酶活性达到（21.35±0.87）U/mL [图 3-9（2）]。

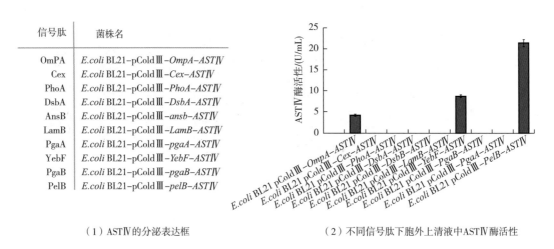

（1）AST Ⅳ的分泌表达框 （2）不同信号肽下胞外上清液中 AST Ⅳ酶活性

图 3-9 信号肽对 AST Ⅳ的分泌

相较于其他信号肽，PelB 对 AST Ⅳ的分泌能力已经很强。但诱导结束后，重组菌株 *E. coli* BL21 pCold Ⅲ-PelB-AST Ⅳ胞内仍然能够检测到 AST Ⅳ酶活性。也就是说胞内还有残余的 AST Ⅳ未分泌到胞外，信号肽 PelB 对 AST Ⅳ的分泌能力还有待提高。信号肽是由 15~30 个氨基酸组成，分别是 5~8 个残基组成的带正电荷的 N 端，8~12 个残基组成的疏水性的跨膜 H-区域（H-region）及 5~7 个残基组成的 C 端切割位点。带正电荷的 N 端负责与细胞膜上 SecA 通道上的酸性残基形成盐键（Salt Bridges），牵引蛋白质分子到达细胞膜表面。此时，信号肽酶识别 C 端的氨基酸残基并对其进行切割，使得目标蛋白分子翻转进入胞外环境。不同信号肽对同一个蛋白质的分泌能力不一样，且同一个信号肽对不同的蛋白质的分泌能力也不一样。这其中，信号肽酶的切割效率是影响目的蛋白质分泌水平最显著的因素。因此对信号肽 PelB C 端切割位点的-3-Ala-Met-Ala-1 进行随机突变。经过 10 轮随机筛选（共计约 12000 个转化子），筛选到 3 株阳性转化子：ASTM1（AQA）、ASTM2（ASA）和 ASTM3（AGA）。对筛选到的 3 株阳性转化子培养分析其发酵上清液的目标蛋白表达量，并验证其发酵上清液的酶活性，分别达到（32.02±0.63）U/mL、（64.05±1.50）U/mL 和（89.67±1.34）U/mL。

4. AST Ⅳ 底物结合口袋门控序列突变对酶活性的影响

AST Ⅳ 是一类不依赖于 PAPS 的硫酸转移酶，能够催化酚类、酪氨酸酯类等疏水性化合物硫酸化。但 AST Ⅳ 对底物选择性及专一性都较差。研究其催化反应时的结构变化表明 AST Ⅳ 的底物结合口袋并不是固定不变的，它随着底物几何大小差异而发生变化。酶与底物的结合速率是整个酶催化反应的关键因素。因此，有必要从酶分子水平研究 AST Ⅳ 酶活性的影响因素。为了进一步研究 AST Ⅳ 的活性位点及底物结合口袋，将 4 种不同种类的酰基硫酸转移酶进行序列比对（图 3-10）。序列比对结果表明 Phe20、Phe77、Phe80、Lys102 和 Tyr236 是组成 AST Ⅳ 底物结合口袋的关键氨基酸，81-Lys-Cys-Pro-Gly-Val-Pro-Ser-Gly-Leu-Glu-Thr-Leu-Glu-Glu-Thr-95 是底物结合口袋的门控序列，由 α5 螺旋及其相连的柔性区域组成，His104 可能是催化位点。

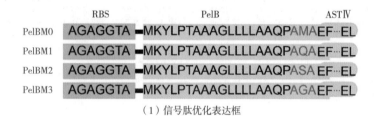

（1）信号肽优化表达框

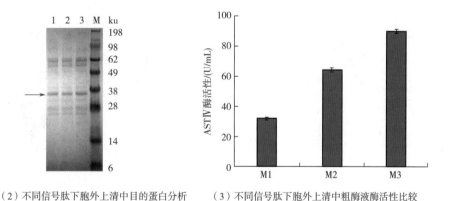

（2）不同信号肽下胞外上清中目的蛋白分析　　（3）不同信号肽下胞外上清中粗酶液酶活性比较

图 3-10　信号肽优化对 AST Ⅳ 酶活性的影响

以人源 SULT1A1 为模板，对鼠源 AST Ⅳ 进行建模（序列的同源性为 79.06%）。选取距离 PAP 底物结合口袋 5Å 范围内的序列 85-Val-Pro-Ser-Gly-Leu-Glu-Thr-Leu-Glu-Glu-Thr-95 作为突变区域（图 3-12）。通过 10 轮随机筛选（共计 12000 个转化子），筛选到一株阳性转化子 L89S/E90L，胞外上清液的酶活性达到（112.09±1.57）U/mL（表 3-1）。将突变体纯化后，测定其催化常数表明其 K_m 值从（1.14±0.16）mmol/L 下降到（0.90±0.11）mmol/L 说明突变体对 PAP 的亲和力高于原酶。其酶转化数也有提高，催化常数 k_{cat}/K_m 从（145.67±7.56s）L/(mol·s) 提高 2.5 倍至（400.48±5.93s）L/(mol·s)。

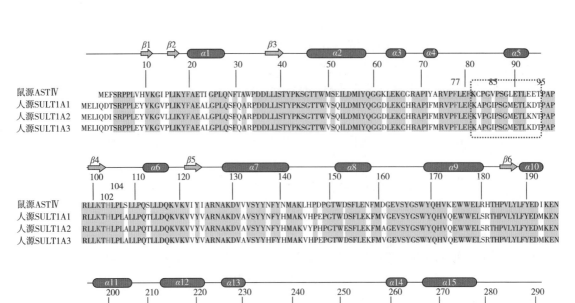

图 3-11　不同酰基硫酸转移酶间的序列比对

其中，黄色箭头的区域表示 β-折叠，绿色圆柱体的区域表示 α-螺旋，红色字符代表底物结合口袋关键氨基酸，绿色字符代表催化位点，红色虚线框区域为门控序列。

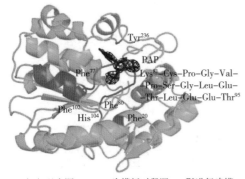

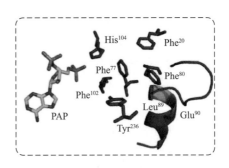

（1）以人源SULT1A1为模板对鼠源ASTⅣ进行建模　　　（2）底物结合口袋氨基酸、底物及门控序列的局部放大图

图 3-12　ASTⅣ同源建模

注：图（1）中紫色区域为门控序列，蓝色区域为底物 PAP，红色区域为底物结合口袋氨基酸。

表 3-1　　　　　　　　　　　突变前后 ASTⅣ 的酶学性质参数

	WT	L89S/E90L
粗酶液酶活性/（U/mL）	89.67±1.34	112.09± 1.57
K_m/（mmol/L）	1.14± 0.16	0.90± 0.11
k_{cat}/（s^{-1}）	0.17± 0.01	0.36± 0.01
k_{cat}/K_m/［L/ （mol·s）］	145.67±7.56	400.48±5.93

随机突变的结果表明 Leu89 和 Glu90 对 AST Ⅳ 与底物结合较为重要。因此，对这两个位点进行饱和突变进一步提高 AST Ⅳ 对 PAP 的比酶活性，对突变株的酶活性测定表明 L89E、L89I、L89F、L89A、L89T、L89Y、L89Q、L89S、E90C、L89M 和 E90Q 的比酶活性相较于原酶（3.40U/mg 蛋白）都有提高。其中 L89M 和 E90Q 的酶活性提高最为显著。其双突变体 L89M/E90Q 比酶活性提高至（5.98±0.15）U/mg 蛋白（图 3-13），催化常数 k_{cat}/K_m 增加至（1816.32±12.72）L/（mol·s），且其 K_m 值降低至（0.46±0.02）mmol/L，V_{max} 增加至（295.58±2.07）μmol/（L·min）。突变前后，其 T_m 值没有发生变化，均为 45.8℃。

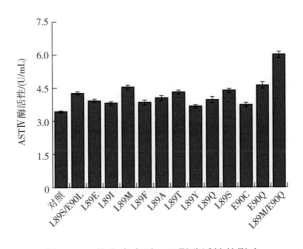

图 3-13　饱和突变对 AST Ⅳ 酶活性的影响

通过以上实验中的 4 种酰基硫酸转移酶的序列比对可以初步判定 His104 残基为大鼠源 AST Ⅳ 的活性氨基酸位点。通过进一步饱和突变发现无论 His104 突变成何种氨基酸，AST Ⅳ 的酶活性都降至 0。由此推断 His104 确实为鼠源 AST Ⅳ 的活性氨基酸位点。在活性磺酸供给的反应中，酰基硫酸转移酶可以以廉价的 PNPS 为磺酸基团供体，持续转化 PAP 生成 PAPS，实现磺酸供体活性转化，PAPS 在完成硫酸供体转移时重新生成底物 PAP，形成 PAPS 再生循环，继而在磺酸化供给系统中高效的提供磺酸化供体。但在实际生产过程中，基于酰基硫酸转移酶形成的 PAPS 再生系统其循环效率有限，PAP 价格昂贵，在规模化生产中价格成本高昂；此外 PNP 属于毒性物质，极大增加后续产品的纯化成本和使用风险，不符合绿色生产的理念，因此寻找廉价绿色的 PAPS 生产方式将更加具有价值。

二、基于 ATP 为底物高效合成 PAPS

在大多数生物体内有一条天然的合成 PAPS 的代谢途径，即以 ATP 和硫酸根为底物，经 ATP 硫酸化酶（ATP Sulfurylase，EC 2.7.7.4）修饰为 APS，再由 APS 激酶（Adenosine-5′-phosphosulfate Kinase/Adenylyl-sulfate Kinase，EC 2.7.1.25）修饰，最终合成 PAPS。ATP 硫酸化酶催化反应是合成 PAPS 的第一步反应，反应中磺酸基团取代了 ATP 上的两个磷酸基团并生成 APS 和副产物焦磷酸，这里消耗的 ATP 作为 APS 的骨架结构，因此 ATP 的消耗和 APS 的生成是等摩尔的；APS 激酶催化反应是合成 PAPS 的第二步反应，其反应是在 APS 的腺苷上的核糖基团位置上添加磷酸基团，每生成一分子 PAPS 需要一分子 APS 和 ATP，这里的 ATP 作为磷酸供体并提供能量，故在 PAPS 的合成过程中，每合成一分子 PAPS 需要消耗两分子 ATP，并产生副产物一分子焦磷酸和一分子 ADP。

复制天然合成 PAPS 的途径，通过表达 ATP 硫酸化酶和 APS 激酶，可实现体外 ATP 硫酸化酶和 APS 激酶双酶级联反应合成 PAPS（以下简称双酶酶法合成 PAPS），这种方法具有绿色生产的特点，底物易获得且相对廉价，有很广阔的应用前景。

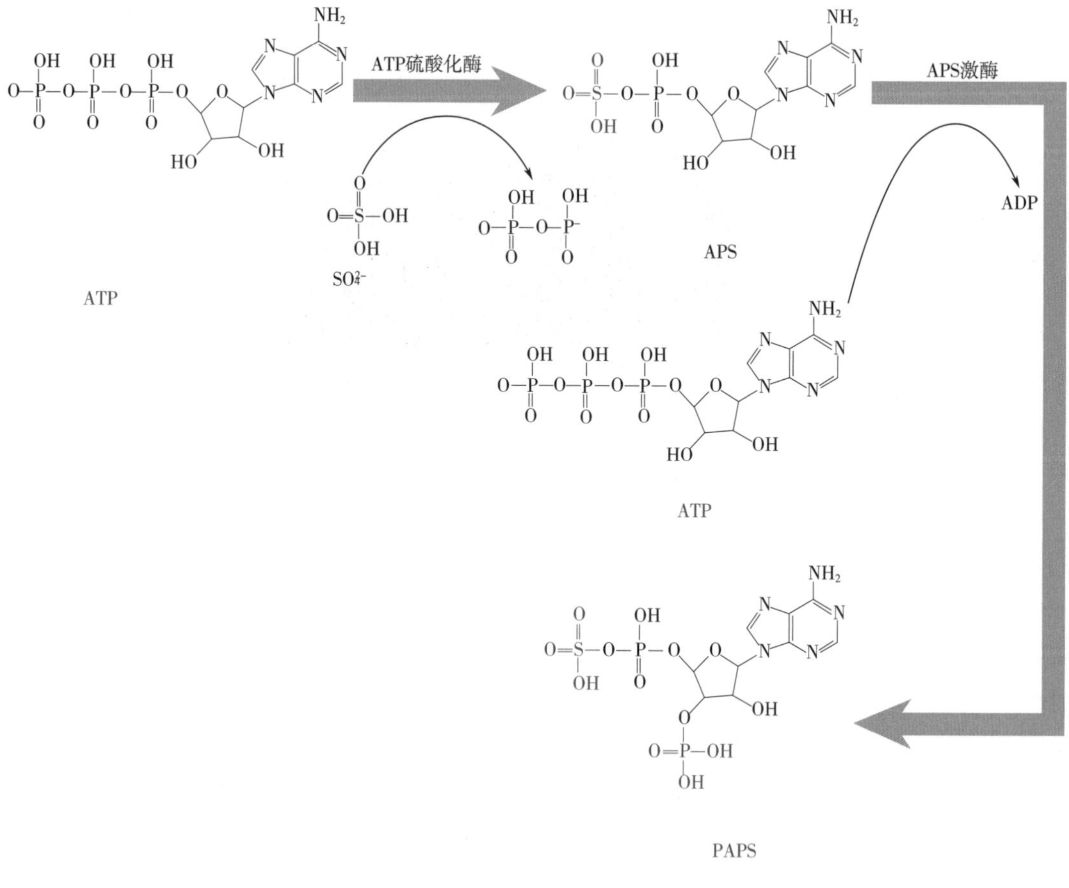

图 3-14　双酶酶法合成 PAPS

此外，在高等生物细胞中，ATP 硫酸化酶和 APS 激酶融合成为一个大分子，这种将不稳定的中间体导入激酶反应中的机制，使得 PAPS 的合成更具有高效率。因此表达高等生物的 PAPS 合成酶，一种包含 ATP 硫酸化酶和 APS 激酶结构域的多功能酶，也可以实现 PAPS 的高效合成。但此类蛋白一般含有多种复杂结构，难以在微生物中进行活性表达。

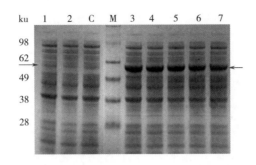

图 3-15　不同来源 ATP 硫酸化酶的 SDS-PAGE 分析

M—蛋白标准品　C—空白对照　泳道 1~2—*E. coli* BL21（DE3）-pET-28a-ATPSK

泳道 3~7—*E. coli* BL21（DE3）-pET-28a-ATPSS

1. 一锅双酶法实现基于 ATP 为底物的 PAPS 合成

（1）ATP 硫酸化酶的表达筛选　由于细菌（如大肠杆菌等）来源的 ATP 硫酸化酶是由异源二聚体构成，且需要额外 GTP 激活，此类蛋白不适合过表达后纯化实现体外催化应用，所以体外酶法合成 PAPS 所用的 ATP 硫酸化酶的来源多选用真核生物，如酵母等。在研究中，将乳酸克鲁维酵母和酿酒酵母来源的 ATP 硫酸化酶基因片段构建至 pET-28a（+）上，获得重组表达菌株 *E. coli* BL21（DE3）-pET-28a-ATPSS 和 *E. coli* BL21（DE3）-pET-28a-ATPSK。重组表达菌株在终浓度为 0.5mmol/L IPTG 和 30℃下诱导表达，利用 SDS-PAGE 分析蛋白表达情况。

从表达的结果可以看出，重组表达菌株 *E. coli* BL21（DE3）-pET-28a（+）-ATPSS 在 62ku 以下 49ku 以上有明显的表达条带，与预测蛋白分子质量大小 57.7ku 相符，说明重组菌株 *E. coli* BL21（DE3）-pET-28a-ATPSS 成功表达，可以用于后续纯化和酶的活性分析。而重组表达菌株 *E. coli* BL21（DE3）-pET-28a-ATPSK 没有可见明显条带。对其序列进行分析，发现其 N 端基因序列与大肠杆菌中密码子偏好性相差较大，而 N 端序列对于蛋白的表达有很大的影响，之后按照大肠杆菌密码子偏好性将 N 端序列优化为 ATGCCGTCTCCGCATGGTG 重新构建，得到重组表达菌株 *E. coli* BL21（DE3）-pET-28a-ATPSK-1。将重组表达菌株 *E. coli* BL21（DE3）-pET-28a-ATPSK-1 在终浓度为 0.5mmol/L IPTG 和温度为 30℃下诱导表达，表达结果如图 3-16 所示。

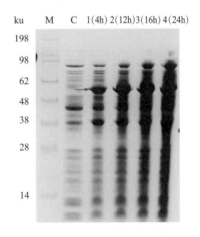

图 3-16　*E. coli* BL21（DE3）-pET-28a-

ATPSK-1 的 SDS-PAGE 结果分析

M—蛋白标准品　C—空白对照，*E. coli* BL21

（DE3）-pET-28a 破壁上清　泳道 1~4—*E. coli* BL21

（DE3）-pET-28a-ATPSK-1

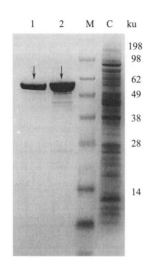

图 3-17 ATP 硫酸化酶纯化分析

M—蛋白标准品 C—空白对照，E. coli BL21（DE3）-pET-28a 破壁上清 1—E. coli BL21（DE3）-pET-28a-ATPSS 纯化 2—E. coli BL21（DE3）-pET-28a-ATPSK-1 纯化

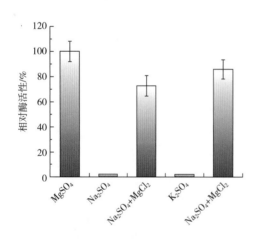

图 3-18 ATPSS 酶学性质分析

从优化密码子序列后的结果可以看出，重组表达菌株 E. coli BL21（DE3）-pET-28a-ATPSK-1 有明显的表达条带，大小与预测的蛋白分子质量大小 56.5ku 相符。说明重组表达菌株 E. coli BL21（DE3）-pET-28a-ATPSK-1 成功表达，N 端序列优化对于克鲁维酵母 ATP 硫酸化酶在大肠杆菌中的表达十分重要，所得表达蛋白可以用于后续纯化和酶活性分析。

将以上目的蛋白利用镍柱纯化，在咪唑浓度为 200~300mmol/L 洗脱峰下有很强的蛋白洗脱信号，利用 SDS-PAGE 分析（图 3-17），在对应大小位置有明显的清晰条带，且条带较为单一。

在 ATP 硫酸化酶酶活性验证的预实验中，硫酸根是其中一种底物，在含有硫酸根的常见化合物 $MgSO_4$、Na_2SO_4、K_2SO_4 中选取时，发现仅选用 $MgSO_4$ 时才能检测到 ATP 硫酸化酶的活性，推断 Mg^{2+} 是 ATP 硫酸化酶催化反应中重要的金属离子。我们对于这一猜想进行验证，定义以 $MgSO_4$ 为底物时的 ATP 硫酸化酶为 100%，结果如图 3-18 所示。

从图中可以看出，当底物是 $MgSO_4$ 时，催化体系中能检测到有 APS 产生，当底物是 Na_2SO_4 或 K_2SO_4 时，催化体系中并没有 APS 产生，向这 2 种催化体系中重新加入 $MgCl_2$ 但保证硫酸根浓度不变，催化体系中可以检测到 APS，结果证明 Mg^{2+} 与 ATP 结合成复合体才能被 ATP 硫酸化酶识别完成催化，Mg^{2+} 是 ATP 硫酸化酶催化过程中不可缺少的金属离子。

（2）比较不同来源的 ATP 硫酸化酶酶活性 向催化体系中加入 0.1mmol/L ATP（5g/L），0.1mmol/L $MgSO_4$（1.2g/L）和不同来源的 ATP 硫酸化酶，控制蛋白终浓度为 0.02mmol/L，pH 为 7.5，催化温度为 30℃，催化缓冲体系为 50mmol/L Tris-HCl 缓冲液，通过检测反应体系中 APS 的产生量来比较不同来源的 ATP 硫酸化酶的酶活性大小（图 3-19）。

从图中可以看出，在 pH 为 7.5，反应温度为 30℃的催化条件下，来源酿酒酵母的

ATP 硫酸化酶具有明显优势，更加适合用于 PAPS 的合成。

（3）不同来源的 APS 激酶的构建和筛选　将大肠杆菌、产黄青霉菌、结核分枝杆菌和酿酒酵母来源的 APS 激酶基因片段扩增后，分别构建至质粒 pET-28a（+）上，获得重组表达菌株 E. coli BL21（DE3）-pET-28a-APSKE（大肠杆菌来源）、E. coli BL21（DE3）-pET-28a-APSKS（酿酒酵母来源）、E. coli BL21（DE3）-pET-28a-APSKP（产黄青霉菌来源）和 E. coli BL21（DE3）-pET-28a-APSKM（分枝杆菌来

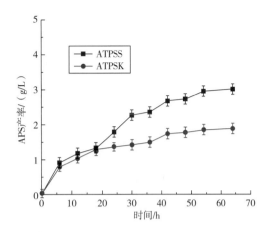

图 3-19　ATPSS 和 ATPSK 酶活性曲线

源）。重组表达菌株在终浓度为 1mmol/L IPTG 和温度为 30℃下诱导表达，培养时间为 12h。利用 SDS-PAGE 对表达情况进行分析（图 3-20）。

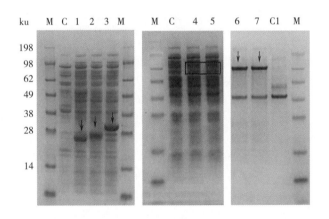

图 3-20　不同来源的 APS 激酶的 SDS-PAGE 分析

M—蛋白标准品　C—空白对照，E. coli BL21（DE3）-pET-28a 破壁上清　C1—空白对照，E. coli BL21（DE3）-pET-28a 破壁沉淀　1—E. coli BL21（DE3）-pET-28a -APSKE 破壁上清　2—E. coli BL21（DE3）-pET-28a-APSKS 破壁上清　3—E. coli BL21（DE3）-pET-28a-APSKP 破壁上清　4—E. coli BL21（DE3）-pET-28a-APSKM 破壁上清，6h 取样　5—E. coli BL21（DE3）-pET-28a-APSKM 破壁上清，12h 取样　6—E. coli BL21（DE3）-pET-28a-APSKM 破壁沉淀，6h 取样　7—E. coli BL21（DE3）-pET-28a-APSKM 破壁沉淀，12h 取样

从图 3-20 中结果可以看出，大肠杆菌 APS 激酶（泳道 1）、酿酒酵母 APS 激酶（泳道 2）和产黄青霉菌 APS 激酶（泳道 3）均在 28ku 附近出现明显条带，与表达载体上的标签一同表达时，大肠杆菌来源的 APS 激酶分子质量为 25.8ku，酿酒酵母来源的 APS 激酶分子质量为 26.6ku，产黄青霉菌来源的 APS 激酶分子质量为 27.8ku，大小相符，说明大肠杆菌来源、酿酒酵母来源和产黄青霉来源的 APS 激酶在大肠杆菌中实现了可溶表达。泳道 4、5 结核分枝杆菌来源的 APS 激酶没有出现明显条带，但泳道 6、7 有明显条带，说

明结核分枝杆菌来源的 APS 激酶在大肠杆菌中为不可溶表达，分析其氨基酸序列和结构，推测第 549 和第 556 位半胱氨酸之间的二硫键没有正确形成是在大肠杆菌中异源表达全部为包涵体的主要原因。硫氧还蛋白 TrxA、TrxB 可帮助重组蛋白二硫键正确折叠，二硫键异构酶 DsbA、DsbB 和 DsbC 可影响二硫键的从头合成促进二硫键的正确折叠。将这 5 种促进二硫键折叠的短肽与结核分枝杆菌来源的 APS 激酶共表达，以实现结核分枝杆菌来源的 APS 激酶的可溶表达。共表达结果如图 3-21 所示，泳道 3 在分子质量为 67ku 的附近出现条带，与结核分枝杆菌来源的 APS 激酶的预测分子质量 67.8ku 相符，其中泳道 3 为结核分枝杆菌来源的 APS 激酶与 TrxB 共表达破壁上清。实验结果表明结核分枝杆菌来源的 APS 激酶在大肠杆菌中实现了可溶表达。

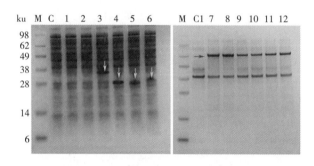

图 3-21　结核分枝杆菌来源的 APS 激酶共表达的 SDS-PAGE 分析

M—蛋白标准品　C—空白对照，*E. coli* BL21（DE3）-pET-28a（+）破壁上清　C1—空白对照，*E. coli* BL21（DE3）-pET-28a 破壁沉淀　1—*E. coli* BL21（DE3）-pET-28a-ATPSM 破壁上清　2—*E. coli* BL21（DE3）-pET-28a-ATPSM 共表达 TrxA 破壁上清　3—*E. coli* BL21（DE3）-pET-28a-ATPSM 共表达 TrxB 破壁上清　4—*E. coli* BL21（DE3）-pET-28a-ATPSM 共表达 DsbA 破壁上清　5—*E. coli* BL21（DE3）-pET-28a-ATPSM 共表达 DsbB 破壁上清　6—*E. coli* BL21（DE3）-pET 28a-ATPSM 共表达 DsbC 破壁上清　7—*E. coli* BL21（DE3）-pET-28a-ATPSM 破壁上清　8—*E. coli* BL21（DE3）-pET-28a-ATPSM 共表达 TrxA 破壁上清　9—*E. coli* BL21（DE3）-pET-28a-ATPSM 共表达 TrxB 破壁上清　10—*E. coli* BL21（DE3）-pET-28a-ATPSM 共表达 DsbA 破壁上清　11—*E. coli* BL21（DE3）-pET-28a-ATPSM 共表达 DsbB 破壁上清　12—*E. coli* BL21（DE3）-pET-28a-ATPSM 共表达 DsbC 破壁上清

利用镍柱纯化目的蛋白 APSKM、APSKS、APSKE 和 APSKP，将纯化蛋白样品利用 SDS-PAGE 进行分析，结果如图 3-22 所示。从图 3-22 上可以看出，在对应大小位置均有明显的清晰条带，且条带单一，因此 APSKM、APSKS、APSKE 和 APSKP 均能用镍柱有效纯化。

将不同来源的 APS 激酶分别进行表达并纯化，脱盐处理后利用 BCA 法测定蛋白浓度。配制催化体系：向催化体系中加入 5g/L ATP、1.2g/L MgSO$_4$、等量 ATPSS 和不同来源的 APS 激酶，pH 为 7.5，催化温度为 30℃，催化体系为 50mM Tris-HCl 缓冲液，通过检测反应体系中 PAPS 的产生量来比较不同来源的 APS 激酶的酶活性大小，结果如图 3-23 所示。

从图 3-23 中可以看出，在 pH 为 7.5，反应温度为 30℃的催化条件下，酿酒酵母来源的 ATP 硫酸化酶和大肠杆菌来源的 APS 激酶组合具有明显优势。在上述催化条件下，大肠杆菌、产黄青霉菌、结核分枝杆菌和酿酒酵母来源的 APS 激酶的活性依次降低，因此大肠杆菌来源的 APS 激酶在 PAPS 合成中具有明显优势。以上结果同时表明，双酶酶法合成

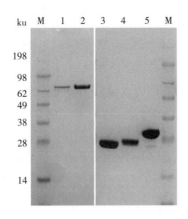

图 3-22　不同来源的 APS 激酶纯化分析

M—蛋白标准品　1—*E. coli* BL21（DE3）-pET-28a -APSKM 纯化　2—*E. coli* BL21（DE3）-pET-28a-APSKM
纯化　3—*E. coli* BL21（DE3）-pET-28a-APSKS 纯化　4—*E. coli* BL21（DE3）-pET-28a-APSKE 纯化
5—*E. coli* BL21（DE3）-pET-28a-APSKP 纯化

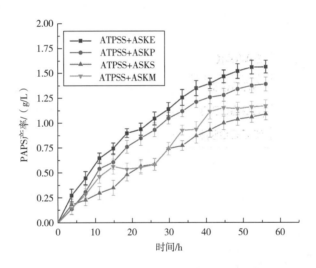

图 3-23　不同来源的 APS 激酶活性比较

PAPS 系统成功建立，途径酶最佳组合来源为酿酒酵母来源的 ATPS 和大肠杆菌来源的
APSK，且 PAPS 合成转化率为 31.8%。

2. PAPS 合成双功能酶的构建

在大多数高等生物中，PAPS 合成酶趋于双功能化，即 ATP 硫酸化酶和 APS 激酶融合
为一个酶，完成了 PAPS 的合成，这样使 PAPS 的合成更加高效，如人源的 PAPSS1 和
PAPSS2。但实现微生物活性表达天然双功能 PAPS 合成酶存在很多难点，而人工构建
PAPS 合成双功能酶能克服难以表达的困难，在体外替代天然的 PAPS 合成双功能酶，因
此构建 PAPS 合成双功能酶无论在蛋白获取上还是催化效率上都应具有明显的优势。在以
上的研究中实现了 PAPS 合成途径酶的活性表达与筛选，其中酿酒酵母 ATP 硫酸化酶和大
肠杆菌来源的 APS 激酶组合时效果最好。对两个酶的表达纯化可以实现对 PAPS 的一锅法

合成，但分别纯化两个酶相对烦琐，且双酶效率较低。在上一节的研究结果基础上，尝试利用不同融合标签，将 ATP 硫酸化酶和 APS 激酶进行融合表达，实现人工构建 PAPS 合成双功能酶并对其活性进行研究，以简化 PAPS 合成酶的获取和提高 PAPS 的合成效率。

通过构建 PAPS 合成双功能酶，可以拉近第一步反应产物与第二步酶之间的距离，即使得中间产物 APS 更加靠近 APS 激酶，减少 APS 在反应体系中的消耗，进而提高 PAPS 的合成效率。

通过一段适当的核苷酸序列将不同的目的基因连接起来，使其在适当的生物体内表达成为一条单一的肽链，其中起连接作用的短肽称为 Linker。Linker 的设计是基因融合技术能否成功的关键技术之一，Linker 的类别对于融合蛋白的活性起着至关重要的作用，Linker 的长度也是融合基因构建的一个重要的因素，如果 Linker 的长度过长，则使融合蛋白对蛋白酶比较敏感，导致活性融合蛋白在生产过程中的产量下降，应用较短的 Linker，可以克服蛋白酶分解的问题，但使两个融合分子相距太近可导致蛋白功能的丧失。本节在优化 Linker 的类别，确定以一段柔性 Linker（Gly$_4$Ser）为基本单元后，通过比较不同长度 Linker 之间的酶活性，筛选出合适长度的柔性 Linker。

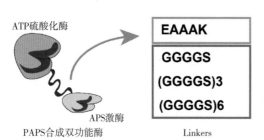

图 3-24　双功能酶构建示意图

在构建过程中（图 3-24），首先将酿酒酵母来源的 ATP 硫酸化酶基因与大肠杆菌来源的 APS 激酶基因连接在同一个表达载体上，并去除第一个基因上的终止密码子，之后利用磷酸化连接，构建出含有不同种 Linker 的融合蛋白（EAAAK 和 GGGGS），再构建出 Linker 长度分别为（Gly$_4$Ser）×1、（Gly$_4$Ser）×3 和（Gly$_4$Ser）×6 的融合蛋白。构建结果如图 3-25 所示。获得 Linker 为 EAAAK 重组表达菌株为 *E. coli* BL21（DE3）-pET-28a-ATPSSAPSKE-E，以及 Linker 的长度分别为（Gly$_4$Ser）×1、（Gly$_4$Ser）×3 和（Gly4Ser）×6 的重组表达菌株 *E. coli* BL21（DE3）-pET-28a-ATPSSAPSKE-1、*E. coli* BL21（DE3）-pET-28a-ATPSSAPSKE-3、和 *E. coli* BL21（DE3）-pET-28a-ATPSSAPSKE-6。

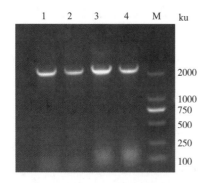

图 3-25　不同 Linker 融合蛋白的构建

M—DNA 标准　1—质粒 pET-28a-AT-PSSAPSKE-E 构建验证　2—质粒 pET-28a-AT-PSSAPSKE-1 构建验证　3—质粒 pET-28a-AT-PSSAPSKE-3 构建验证　4—质粒 pET-28a-AT-PSSAPSKE-E 构建验证

添加终浓度为 0.5mmol/L 的 IPTG，诱导温度为 30℃ 培养表达后，培养 15h 之后收集菌体，利用 SDS-PAGE 分析，由图 3-26 可以看出，泳道 1、2、3 和 4 均在 80ku 附近出现明显条带，大小与酿酒酵母来源的 ATP 硫酸化酶分子大小 57.7ku 和大肠杆菌来源的

APS 激酶分子大小 22. 3ku 之和 80ku 相符，表明酿酒酵母来源的 ATP 硫酸化酶和大肠杆菌来源的 APS 激酶融合蛋白表达成功。

将表达不同 Linker 融合蛋白的重组菌用摇瓶培养，获取一定量的粗蛋白后，分别纯化蛋白，将纯化蛋白样品利用 SDS-PAGE 分析，结果如图 3-27 所示。从蛋白纯化分析图上可以看出，在对应大小位置有明显的清晰条带，且条带单一，大小相符，因此 ATPSSAPSKE-E、ATPSSAPSKE-1、ATPSSAPSKE-3 和 ATPSSAPSKE-6 均能用镍柱亲和层析有效纯化。

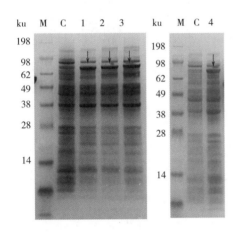 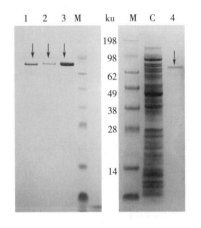

图 3-26　不同 Linker 融合蛋白的表达 SDS-PAGE 分析图

　　M—蛋白 marker　C—空白对照，*E. coli* BL21（DE3）-pET-28a 破壁上清　1—*E. coli* BL21（DE3）-pET-28a-ATPSSAPSKE-1 破壁上清　2—*E. coli* BL21（DE3）-pET-28a-ATPSSAPSKE-3 破壁上清　3—*E. coli* BL21（DE3）-pET-28a-ATPSSAPSKE-6 破壁上清　4—*E. coli* BL21（DE3）-pET-28a-ATPSSAPSKE-E 破壁上清

图 3-27　不同 Linker 的融合蛋白纯化分析图

　　M—蛋白 marker　C—空白对照，*E. coli* BL21（DE3）-pET-28a（+）破壁上清　1—*E. coli* BL21（DE3）-pET-28a-ATPSSAPSKE-1 纯化　2—*E. coli* BL21（DE3）-pET-28a-ATPSSAPSKE-3 纯化　3—*E. coli* BL21（DE3）-pET-28a-ATPSSAPSKE-6 纯化　4—*E. coli* BL21（DE3）-pET-28a-ATPSSAPSKE-E 纯化

不同 Linker 融合蛋白的活性比较：将不同 Linker 融合蛋白分别进行表达并纯化，脱盐处理后利用 BCA 法测定蛋白浓度，用于分析。配制催化体系：向催化体系中加入 5g/L ATP、1. 2g/L MgSO₄ 和等量不同 Linker 融合蛋白，pH 为 7. 5，催化温度为 30℃，催化体系为 50mmol/L Tris-HCl 缓冲液，通过检测反应体系中 48h PAPS 的产生量来比较不同 Linker 融合蛋白的优劣，比较结果如图 3-28 所示，在选择比较不同 Linker 用于 ATP 硫酸化酶和 APS 激酶的融合表达中，柔性 Linker（GGGGS）明显优于刚性 Linker（EAAAK）；在优化柔性 Linker 的长度时，从图 3-28（2）中可以看出，长度为（GGGGS）6 更具有优势。因此得出结论：成功构建出 PAPS 合成双功能酶，选择柔性 Linker 且长度为（GGGGS）6 效果最佳（以下简称 PAPS 合成双功能酶）。

在以上实验中，成功构建了 PAPS 合成双功能酶，为进一步提高其催化效率，对其酶学性质进行了研究，测定人工 PAPS 合成双功能酶的最适反应温度、最适 pH 和底物 ATP

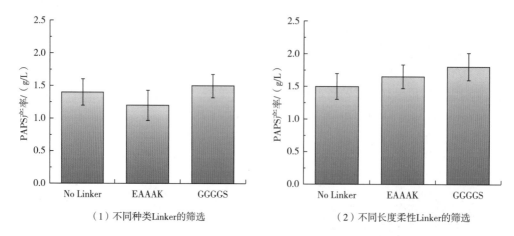

（1）不同种类Linker的筛选　　　　　　（2）不同长度柔性Linker的筛选

图 3-28　不同 Linker 融合蛋白的活性比较

最适浓度。通过改变催化体系的温度、pH 和调节催化体系底物 ATP 的浓度来测定催化反应最适底物浓度（ATP 和 $MgSO_4$ 等摩尔浓度）。基本催化体系：50mmol/L Tris-HCl 缓冲液，终浓度 0.02mmol/L PAPS 合成双功能酶，通过检测反应体系中 48h PAPS 的产生量来测定相关酶学性质。

从图 3-29（1）中可以看出，人工 PAPS 合成双功能酶最适反应温度为 35℃；图 3-29（2）中可以看出，人工 PAPS 合成双功能酶最适反应 pH 为 7.5；图 3-29（3）中可以看出，人工 PAPS 合成双功能酶最佳底物 ATP 的浓度为 3.0g/L，底物 ATP 的浓度在 7.0g/L 以下均有较高的转化率。分别纯化酿酒酵母来源的 ATP 硫酸化酶、大肠杆菌来源的 APS 激酶和 PAPS 合成双功能酶，比较其催化活性。催化体系：5g/L ATP、1.2g/L $MgSO_4$、PAPS 合成双功能酶控制蛋白终浓度为 0.02mmol/L 或酿酒酵母来源的 ATP 硫酸化酶和大肠杆菌来源的 APS 激酶各 0.02mmol/L，pH 为 7.5，催化温度为 35℃，催化缓冲体系为 50mmol/L Tris-HCl 缓冲液，通过检测反应体系中 PAPS 的产生量来比较其催化活性，PAPS 产量曲线如图 3-30 所示。

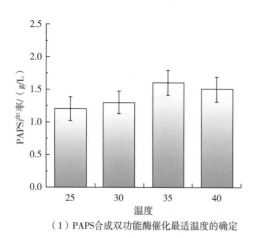

（1）PAPS合成双功能酶催化最适温度的确定

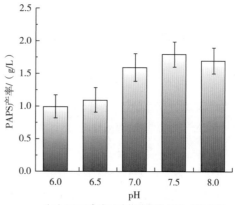

（2）PAPS合成双功能酶催化最适pH的确定

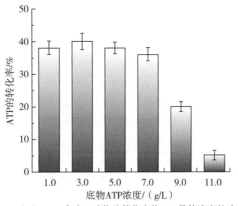

（3）PAPS合成双功能酶催化底物ATP最佳浓度的确定

图 3-29　PAPS 合成双功能酶催化酶学性质

从图中可以发现，PAPS 合成双功能酶较双酶催化在合成速率与转化率方面有一定提升，证明人工构建的 PAPS 合成双功能酶具有一定优势，其原因可能为减少了催化过程中中间产物的游离，提高了其有效浓度，最终提高了 PAPS 合成的效率和速率。

3. ATP 再生系统构建与优化

在 PAPS 的合成反应过程中，ADP 是最主要的副产物，如何充分利用 ADP 是进一步降低 PAPS 合成成本的关键。ATP 再生系统是提高生物合成经济性的一个有效措施，磷酸烯醇式丙酮酸经丙酮酸激酶催化修饰，高

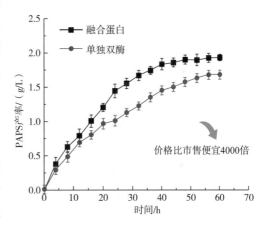

图 3-30　PAPS 合成双功能催化反应曲线

能磷酸转移至 ADP 并生成 ATP，自身转化为丙酮酸；聚磷酸经聚磷酸激酶催化修饰，转移磷酸基团至 ADP 生成 ATP，而自身丢失一个磷酸基团。这些催化反应恰好可以用作 ATP 再生。

（1）耦联丙酮酸激酶的 ATP 再生系统的构建　选取大肠杆菌来源和酿酒酵母来源的丙酮酸激酶，分别构建获得重组表达菌株 *E. coli* BL21（DE3）-pET-28a -pykA （大肠杆菌来源）、*E. coli* BL21（DE3）-pET-28a-pykF （大肠杆菌来源）、*E. coli* BL21（DE3）-pET-28a-pykI 和 *E. coli* BL21（DE3）-pET-28a-pykII （酿酒酵母来源）。重组表达菌株经验证、活化后，挑取单菌落进行培养。从种子培养基转接至发酵培养基中培养，当 OD_{600} 为 0.6 ~ 0.8 时开始诱导，诱导条件为诱导剂 IPTG 终浓度 1mmol/L，诱导温度为 30℃，培养时间为 12h。培养结束后收集菌体用 20mmol/L Tris-HCl pH 7.5 缓冲液洗涤 2 次，超声破壁离心后取上清液用于 SDS-PAGE 分析，结果如图 3-31 所示。

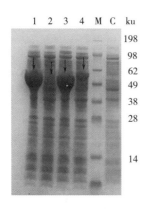

图 3-31　不同来源丙酮酸激酶表达的
SDS-PAGE 分析图

M—蛋白标准品　C—空白对照，*E. coli* BL21（DE3）-pET-28a 破壁上清　1—*E. coli* BL21（DE3）-pET-28a-pykII 破壁上清　2—*E. coli* BL21（DE3）-pET-28a-pykI 破壁上清　3—*E. coli* BL21（DE3）-pET-28a-pykF 破壁上清　4—*E. coli* BL21（DE3）-pET-28a-pykA 破壁上清

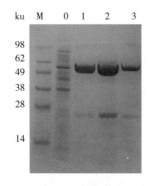

图 3-32　大肠杆菌来源丙酮酸激酶纯化
SDS-PAGE 分析图

M—蛋白标准品　0—0mmol/L 咪唑洗脱峰
1—50mmol/L 咪唑洗脱峰　2—150mmol/L 咪唑洗脱峰
3—300mmol/L 咪唑洗脱峰

从不同来源丙酮酸激酶表达的 SDS-PAGE 分析图中可以看出，其中泳道1、泳道3和泳道4可见明显蛋白表达条带，其大小分别与 PykⅡ（55.2ku）、PykF（50.7ku）和 PykA（51.4ku）相符。说明大肠杆菌丙酮酸激酶PykA、PykF和酿酒酵母丙酮酸激酶 PykⅡ在大肠杆菌中实现了可溶表达。

利用粗酶对不同来源的丙酮酸激酶进行酶活性的初步筛选，取等量菌体用缓冲液洗涤后，用 50mmol/L Tris-HCl pH 7.5 缓冲液重悬，超声破壁后在高速冷冻离心机中以 10000r/min 离心 25min 去除沉淀，获得粗酶液。之后向催化体系中加入不同来源的等量粗酶液，2.5g/L ADP，2.5g/L 磷酸烯醇式丙酮酸，pH 控制为 7.5，催化温度为 30℃，最终反应时间为 12h。通过反应体系中是否有 ATP 产生来判定不同来源的丙酮酸激酶是否具有酶活性。经液相测定，仅大肠杆菌丙酮酸激酶 PykF 在上述催化体系中检测出活性，12h 时检测催化体系中 ATP 含量为（1.3±0.3）g/L。以上结果表明，大肠杆菌丙酮酸激酶 PykF 实现了活性表达。

摇瓶培养重组菌 *E. coli* BL21（DE3）-pET28a(+)-pykF 获取一定量蛋白，利用镍柱纯化目的蛋白，纯化过程中有明显洗脱峰，将收集的纯化蛋白样品利用 SDS-PAGE 分析，结果如图 3-32 所示。

丙酮酸激酶能高效的转化 ADP 为 ATP，耦联大肠杆菌丙酮酸激酶的 ATP 再生系统理论上可以应用于 PAPS 的合成（图 3-33）。

通过检测 PAPS 的生成率用来核算 PAPS 的生产成本。催化体系的配制：5g/L ATP、1.2g/L MgSO$_4$、1g/L PEP、PAPS 合成双功能酶和大肠杆菌丙酮酸激酶，催化缓冲体系为 50mmol/L Tris-HCl 缓冲液，催化温度为 35℃，pH 为 7.5。反应终止后测定 PAPS 的产量，换算为转化率，结果如图 3-34 所示，耦联大肠杆菌丙酮酸激酶的 ATP 再生系统，PAPS 合成转化率为 78.0%，转化率提高了 2.1 倍。

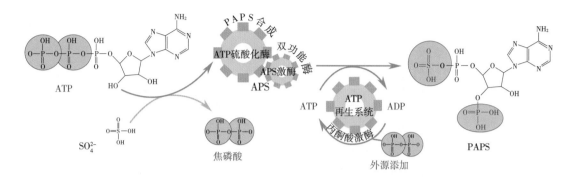

图 3-33 耦联丙酮酸激酶的 ATP 再生系统合成 PAPS 示意图

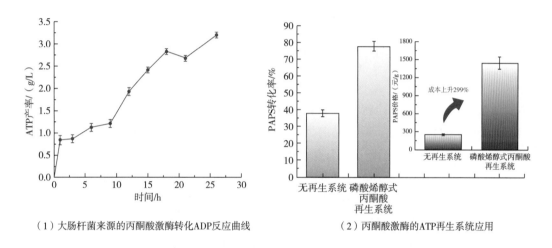

（1）大肠杆菌来源的丙酮酸激酶转化ADP反应曲线　（2）丙酮酸激酶的ATP再生系统应用

图 3-34 丙酮酸激酶的 ATP 再生系统应用

（2）耦联聚磷酸激酶的 ATP 再生系统的构建　分别扩增大肠杆菌、恶臭假单胞菌和谷氨酸棒杆菌的聚磷酸激酶基因，分别构建重组表达质粒 pET-28a(+)-ppkE、pET-28a-ppkP 和 pET-28a-ppkCg。将测序正确的重组质粒经热激转化 E.coli BL21（DE3）后获得重组表达菌株 E.coli BL21（DE3）-pET-28a-ppkE、E.coli BL21（DE3）-pET-28a-ppkP 和 E.coli BL21（DE3）-pET-28a-ppkCg。重组菌株验证、活化后，培养种子液转接至发酵培养基中，在终浓度为 0.5mmol/L IPTG 和温度为 30℃下诱导表达，培养时间为 15h。培养结束后收集菌体，洗涤、超声破碎、离心后进行 SDS-PAGE 分析，取 E.coli BL21（DE3）-pET-28a 作为空白对照。

从蛋白电泳图 3-35 中可以看出，泳道 1 与对照相比可见明显表达条带，为大肠杆菌聚磷酸激酶，其预测蛋白分子质量为 80.4ku，大小与图中相符；泳道 2 与对照相比可见明显表达条带，为谷氨酸棒杆菌聚磷酸激酶，其预测蛋白分子质量为 36.0ku，大小与图中相符；泳道 3 与对照相比可见明显表达条带，为恶臭假单胞菌聚磷酸激酶，其预测蛋白分子质量为 81.7ku，大小与图中相符。由此得出，大肠杆菌、谷氨酸棒杆菌和恶臭假单胞菌来

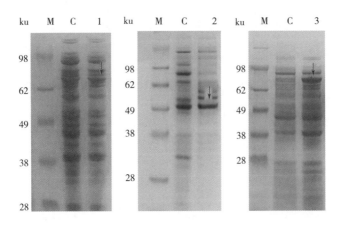

图 3-35　不同来源丙酮酸激酶表达 SDS-PAGE 分析图

M—蛋白标准品　C—空白对照, *E. coli* BL21（DE3）-pET-28a 破壁上清　1—*E. coli* BL21（DE3）-pET-28a-ppkE 破壁上清　2—*E. coli* BL21（DE3）-pET-28a-ppkCg 破壁上清　3—*E. coli* BL21（DE3）-pET-28a-ppkP 破壁上清

源的聚磷酸激酶均实现了可溶表达。使用粗酶初步筛选不同来源的聚磷酸激酶是否具有催化 ADP 转化为 ATP 的活性。取等量菌体用缓冲液洗涤后，用 50mmol/L Tris-HCl pH 7.5 缓冲液重悬，超声破壁后在高速冷冻离心机中 10000rpm 离心 25min 去除沉淀，获得粗酶液。考虑到不同来源的聚磷酸激酶催化 ADP 转化为 ATP 需要的磷酸供体偏好性可能不同，在向催化体系中加入等量的粗酶液和 2.5g/L ADP 之外，另加入 3g/L 混合磷酸供体（三聚磷酸、六聚磷酸和多聚磷酸各 1g/L），并控制催化体系 pH 为 7.5，催化温度为 30℃，最终反应时间为 12h，检测反应体系中是否含有 ATP。经测定，大肠杆菌来源的聚磷酸激酶在上述催化体系中检测具有酶活性，12h 时检测催化体系中 ATP 含量为 0.3g/L，谷氨酸棒杆菌来源的聚磷酸激酶 12h 时检测催化体系中 ATP 含量为 1.1g/L，而恶臭假单胞菌来源的聚磷酸激酶在上述催化体系中没有检测到有 ATP 生成。因此，仅有大肠杆菌来源的聚磷酸激酶和谷氨酸棒杆菌来源的聚磷酸激酶实现了活性表达。

摇瓶培养表达大肠杆菌来源的聚磷酸激酶和谷氨酸棒杆菌来源的聚磷酸激酶重组菌获取一定量蛋白，利用镍柱亲和层析纯化目的蛋白，将纯化蛋白样品利用 SDS-PAGE 分析，结果如图 3-36 所示。蛋白纯化分析

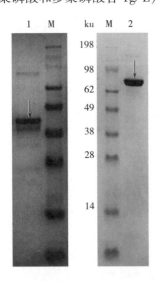

图 3-36　不同来源的聚磷酸激酶纯化分析图

M—蛋白标准品　1—谷氨酸棒杆菌来源的聚磷酸激酶纯化　2—大肠杆菌来源的聚磷酸激酶纯化

图的对应大小位置有明显的清晰条带，且条带较为单一，大小相符，因此大肠杆菌来源的聚磷酸激酶和谷氨酸棒杆菌来源的聚磷酸激酶均能实现有效纯化。

利用纯酶进一步研究大肠杆菌和谷氨酸棒杆菌来源的聚磷酸激酶的活性及其对不同长度磷酸供体的偏好性。分别将大肠杆菌和谷氨酸棒杆菌来源的聚磷酸激酶表达后纯化，并测定其蛋白浓度。配制催化体系：5g/L ADP、1.2g/L $MgSO_4$、大肠杆菌或谷氨酸棒杆菌来源的聚磷酸激酶，蛋白终浓度均为 0.02mmol/L，并添加不同长度的聚磷酸终浓度 3g/L（焦磷酸、三聚磷酸、六聚磷酸），催化缓冲体系为 50mmol/L Tris-HCl 缓冲液，催化温度为 35℃，pH 为 7.5，测定 ATP 的产量，并换算为转化率，结果如图 3-37 所示，在 ATP 的转化率数据上分析，纯酶分析结果与粗酶一致，谷氨酸棒杆菌来源的聚磷酸激酶转化 ADP 为 ATP 的催化能力明显优于大肠杆菌聚磷酸激酶。

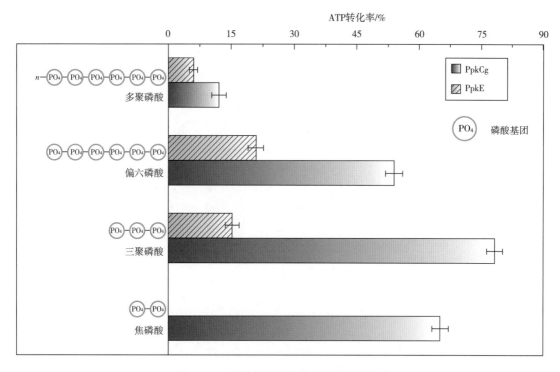

图 3-37　不同来源的聚磷酸激酶活性比较

对于不同长度聚磷酸的偏好性上，谷氨酸棒杆菌来源的聚磷酸激酶对低聚磷酸的偏好性较强，且可以利用焦磷酸，焦磷酸恰好是 PAPS 合成反应体系中副产物，优势明显，故选用谷氨酸棒杆菌来源的聚磷酸激酶耦联的 ATP 再生系统应用于 PAPS 合成体系，可以充分利用于催化合成体系中，完成 ATP 再生的自供给（图 3-38）。

在上述实验中发现，谷氨酸棒杆菌来源的聚磷酸激酶可以利用焦磷酸作为磷酸供体，这对于 PAPS 合成过程中的副产物 ADP 和焦磷酸的重新利用有着重大意义。在 PAPS 合成催化体系中引入耦联谷氨酸棒杆菌来源的聚磷酸激酶的副产物自给 ATP 再生系统，通过检测 PAPS 的转化率，核算 PAPS 的生产成本。催化体系的配制：5g/L ATP、1.2g/L $MgSO_4$、

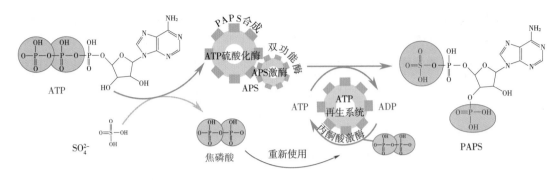

图 3-38　耦联聚磷酸激酶的 ATP 再生系统生产 PAPS 示意图

PAPS 合成双功能酶和谷氨酸棒杆菌来源的聚磷酸激酶，蛋白终浓度均为 0.02mmol/L，催化缓冲体系为 50mmol/L Tris-HCl 缓冲液，催化温度为 35℃，pH 为 7.5，测得 ATP 产量并换算为转化率，如图 3-39 所示。

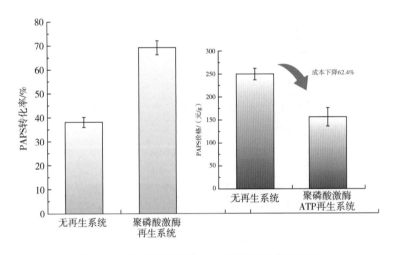

图 3-39　聚磷酸激酶的 ATP 再生系统应用分析

应用谷氨酸棒杆菌来源的聚磷酸激酶的副产物自给 ATP 再生系统，无需额外添加磷酸供体，PAPS 合成转化率为 69.0%，转化率提高了 1.8 倍，使得 PAPS 的生产成本降低了 62.4%，具有明显优势。

第三节　PAPS 的分离纯化制备

以上方式体外酶法合成 PAPS 可以应用于绝大多数磺酸化产品的合成，但获得纯化后的 PAPS 显然能满足更高要求的生理生化实验，更高纯度的 PAPS 在销售市场上也更有优势。

一、PAPS 的分离定量

对于 PAPS 的定量分析有足够的研究，主要包括利用高效液相色谱法和高效液相—质谱联用，对于体外合成 PAPS 的精确定量的主要难点是如何精确的分离催化过程中的底物 ATP、中间产物 APS 和副产物 ADP，甚至 AMP，测定体内的 PAPS 则需要严格的分离条件。测定 PAPS 的液相色谱柱主要有 ODS-C18 柱，其填料为十八烷基硅烷键合硅胶填料（Octadecylsilyl，简称 ODS），由于 C18（ODS）是长链烷基键合相，可完成高效液相色谱 70%~80% 的分析任务，因此可以用来分离测定 PAPS；YMC-Pack Polyamine Ⅱ 液相色谱柱是高性能的硅胶基液相色谱柱，专门用于分离和纯化复杂的多糖类混合物，多胺聚合物状态键合相使色谱柱的使用寿命更长，两种不同的胺类有效地键合到高性能的 5μm 的填料上，可用于分析柱和半制备柱等。

这里主要介绍了以 YMC-Pack Polyamine Ⅱ 液相色谱柱分离鉴定 PAPS 的方法（图 3-40）。在最先利用 YMC-Pack Polyamine Ⅱ 分离鉴定的研究中我们发现，流动相往往是含有高浓度盐的流动相（1mol/L KH$_2$PO$_4$），无论对于液相系统还是色谱柱都有很大的负荷，进而对二者造成损伤，实际使用分离条件有限。在传统的腺苷磷酸的分离检测中，三乙胺无论在调节缓冲液 pH、含磷酸基团的出峰时间中，还是在改善拖尾现象中，都有很好的表现。利用 50mmol/L KH$_2$PO$_4$ 和 0.1% 三乙胺溶液作为缓冲液，检测器为 UV 254nm，流速为 0.6mL/min，柱温为 30℃，可以实现 PAPS 良好分离完成定量测定。

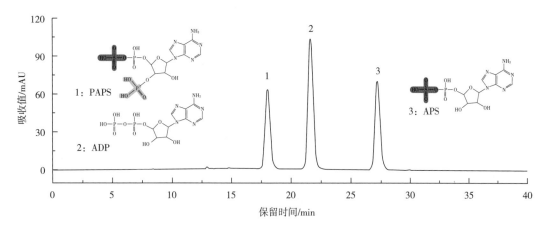

图 3-40　利用 YMC-Polyamine Ⅱ 色谱柱分析定量 PAPS

二、PAPS 的纯化制备

以上分离定量条件理论上可以用在制备色谱实现 PAPS 的分离制备上，但液相系统的纯化难以规模化使用，要实现规模化制备 PAPS，蛋白纯化系统具有明显的优势。采用阴离子柱 Q-column，配制 A 泵缓冲液为水，B 泵缓冲液为 1mol/L 的 NaCl，纯化系统为 AKTA-PURE（GE USA），检测器为 UV 254nm 或 UV 260nm。纯化样品上样后，流速为 1mL/min，使用从 0~100%B 液等梯度洗脱，纯化过程中全程使用自动收集系统。对有可能的洗脱峰利用液相定量。

图 3-41 结果显示，利用蛋白纯化系统能很好的完成 PAPS 的纯化，洗脱液 B 液浓度

为 250~300mmol/L NaCl。在后续的除盐过程中，利用脱盐柱并不能有效的去除 PAPS 中的 NaCl。为了解决这一问题，我们利用了醋酸铵作为 B 泵流动相，在完成纯化后，利用多次冷冻干燥可以有效除去挥发性的盐，实现 PAPS 的高效脱盐，实际应用中 PAPS 的绝对纯度可以达到 90%以上。

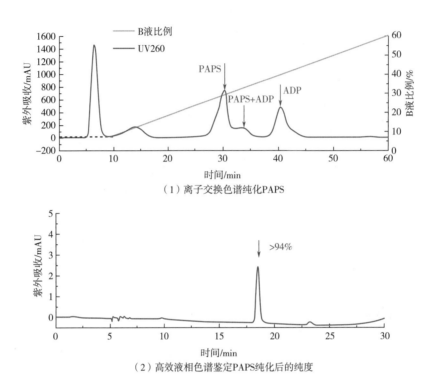

（1）离子交换色谱纯化PAPS

（2）高效液相色谱鉴定PAPS纯化后的纯度

图 3-41　PAPS 的色谱纯化及纯度鉴定

参考文献

［1］Venkatachalam K V. Human 3′-phosphoadenosine 5′-phosphosulfate（PAPS）Synthase：Biochemistry, Molecular Biology and Genetic Deficiency［J］. Iubmb Life, 2003, 55：1-11.

［2］Kang Z, et al. Bio-Based Strategies for Producing Glycosaminoglycans and Their Oligosaccharides［J］. Trends in biotechnology, 2018, 36：806-818.

［3］Honke K. & Taniguchi, N. Sulfotransferases and sulfated oligosaccharides［J］. Medicinal research reviews, 2002, 22：637-654.

［4］Bedini E and Parrilli M. Synthetic and semi-synthetic chondroitin sulfate oligosaccharides, polysaccharides, and glycomimetics［J］. Carbohydrate research, 2012, 356：75-85.

［5］周正雄，堵国成，康振. 3′-磷酸腺苷-5′-磷酸硫酸的高效合成及其应用［J］. 生物工程学报, 2019, 35：1222-1233.

［6］Zhang X, Lin L, Huang H, et al. Chemoenzymatic Synthesis of Glycosaminoglycans［J］. Accounts of chemical research. 2019.

［7］ Genetic and Molecular Basis of Drug Resistance and Species-Specific Drug Action in Schistosome Parasites. Science（New York，N. Y.），2013，342：1385-1389.

［8］ Taylor A B. et al. Structural and Enzymatic Insights into Species-specific Resistance to Schistosome Parasite Drug Therapy ［J］. Journal of Biological Chemistry，jbc.，2017，M116. 766527.

［9］ 王德珍，陆璐佳，姜昭君，等. 水稻腺苷 5′-磷酰硫酸激酶编码基因的克隆及其酶活性分析，Gene Cloning and Activity Analysis of Adenosine 5′-Phosphosulfate Kinase in Rice ［J］. 中国水稻科学，2015，000：571-577.

［10］ Grubb C D and Abel S. Glucosinolate metabolism and its control ［J］. 2006，11：0-100.

［11］ Mina A，et al. Augmenting Sulfur Metabolism and Herbivore Defense in Arabidopsis by Bacterial Volatile Signaling ［J］. Frontiers in plant science，2016，7.

［12］ Teramoto T，Fujikawa Y，Kawaguchi Y，et al. Crystal structure of human tyrosylprotein sulfotransferase-2 reveals the mechanism of protein tyrosine sulfation reaction ［J］. Nature Communications，2013，4：1572.

［13］ Deyrup A T，Krishnan S，Singh B，et al. Activity and stability of recombinant bifunctional rearranged and monofunctional domains of ATP-sulfurylase and adenosine 5′-phosphosulfate kinase ［J］. The Journal of biological chemistry，1999，274：10751-10757.

［14］ Shin K，et al. Expression and the role of 3′-phosphoadenosine 5′-phosphosulfate transporters in human colorectal carcinoma ［J］. Glycobiology，2010，2.

［15］ Honke K，Yamane M，Ishii A，et al. Purification and Characterization of 3′-Phosphoadenosine-5′-Phosphosulfate：GalCer Sulfotransferase from Human Renal Cancer Cells ［J］. Journal of Biochemistry，1996，119：421-427.

［16］ Sugahara K and Schwartz N B. Defect in 3′-phosphoadenosine 5′-phosphosulfate synthesis in brachymorphic mice. I. Characterization of the defect ［J］. Archives of Biochemistry & Biophysics，1982，214：589-601.

［17］ Herrmann J，et al. Structure and mechanism of soybean ATP sulfurylase and the committed step in plant sulfur assimilation ［J］. The Journal of biological chemistry，2014，289：10919-10929.

［18］ Günal S，Hardman R，Kopriva S，et al. Sulfation pathways from red to green ［J］. The Journal of biological chemistry，2019，294：12293-12312.

［19］ Markovich D and Murer H. The SLC13 gene family of sodium sulphate/carboxylate cotransporters ［J］. Pflugers Archiv：European journal of physiology，2004，447：594-602.

［20］ Bissig M，Hagenbuch B，Stieger B，et al. Functional expression cloning of the canalicular sulfate transport system of rat hepatocytes ［J］. The Journal of biological chemistry，1994，269：3017-3021.

［21］ Ullrich T C，Blaesse M and Huber R. Crystal structure of ATP sulfurylase from Saccharomyces cerevisiae，a key enzyme in sulfate activation ［J］. The EMBO journal，2001，20：316-329.

［22］ Mueller J W and Shafqat N. Adenosine-5′-phosphosulfate--a multifaceted modulator of bifunctional 3′-phospho-adenosine-5′-phosphosulfate synthases and related enzymes ［J］. The FEBS journal，2013，280：3050-3057.

［23］ Sekura R D and Jakoby W B. Aryl sulfotransferase Ⅵ from rat liver ［J］. Archives of Biochemistry and Biophysics，1981，211：352-359.

［24］ Burkart M D and Wong C H. A continuous assay for the spectrophotometric analysis of sulfotransferases using aryl sulfotransferase Ⅵ ［J］. Analytical biochemistry, 1999, 274: 131-137.

［25］ Low K O, Muhammad Mahadi N and Md Illias R. Optimisation of signal peptide for recombinant protein secretion in bacterial hosts ［J］. Appl Microbiol Biotechnol, 2013, 97: 3811-3826.

［26］ Suominen I, et al. Effects of signal peptide mutations on processing of Bacillus stearothermophilus α-amylase in Escherichia coli ［J］. Microbiology, 1995, 141: 649-654.

［27］ Geukens N, et al. Analysis of type I signal peptidase affinity and specificity for preprotein substrates. Biochem Bioph Res Co, 2004, 314: 459-467.

［28］ Duffel M W and Jakoby W B. On the mechanism of aryl sulfotransferase ［J］. J Biol Chem, 1981, 256: 11123-11127.

［29］ Rao S I and Duffel M W. Benzylic alcohols as stereospecific substrates and inhibitors for aryl sulfotransferase ［J］. Chirality, 1991, 3: 104-111.

［30］ Duffel M W, Chen G and Sharma V. Studies on an affinity label for the sulfuryl acceptor binding site in an aryl sulfotransferase ［J］. Chem-biol Interact, 1998, 109: 81-92.

［31］ van der Horst M A, et al. Enzymatic sulfation of phenolic hydroxy groups of various plant metabolites by an arylsulfotransferase ［J］. Eur J Org Chem, 2015, 534-541.

［32］ Gamage N U, Tsvetanov S, Duggleby R G, et al. The structure of human SULT1A1 crystallized with estradiol. An insight into active site plasticity and substrate inhibition with multi-ring substrates ［J］. J Biol Chem, 2005, 280: 41482-41486.

［33］ Lo Y T, et al. Protein-ligand binding region prediction (PLB-SAVE) based on geometric features and CUDA acceleration ［J］. BMC Bioinformatics, 2013, 14: S4.

［34］ Burkart M D, Izumi M and Wong C H. Enzymatic Regeneration of 3′Phosphoadenosine5′-Phosphosulfate Using Aryl Sulfotransferase for the Preparative Enzymatic Synthesis of Sulfated Carbohydrates ［J］. Angewandte Chemie International Edition, 1999, 38: 2747-2750.

［35］ Harjes S, Bayer P and Scheidig A J. The Crystal Structure of Human PAPS Synthetase 1 Reveals Asymmetry in Substrate Binding ［J］. Journal of Molecular Biology, 2005, 347: 0-635.

［36］ Diamant S, Azem A., Weiss C, et al. Effect of Free and ATP-bound Magnesium and Manganese Ions on the ATPase Activity of Chaperonin GroEL14 ［J］. Biochemistry, 1994, 34: 273-277.

［37］ Mccarthy A D and Tipton K F. The effects of magnesium ions on the interactions of ox brain and liver glutamate dehydrogenase with ATP and GTP ［J］. Biochemical Journal, 1984, 220: 853-855.

［38］ Chen X, et al. Molecular chaperones (TrxA, SUMO, Intein, and GST) mediating expression, purification, and antimicrobial activity assays of plectasin in Escherichia coli ［J］. Biotechnology and applied biochemistry, 2015, 62: 606-614.

［39］ Proba K, Ge L and Pluckthun A. Functional antibody single-chain fragments from the cytoplasm of Escherichia coli: influence of thioredoxin reductase (TrxB) ［J］. Gene, 1995, 159: 203-207.

［40］ Ballal A and Manna A C. Control of thioredoxin reductase gene (trxB) transcription by SarA in Staphylococcus aureus ［J］. Journal of bacteriology, 2010, 192: 336-345.

［41］ Joly J C and Swartz J R. In vitro and in vivo redox states of the Escherichia coli periplasmic oxidoreductases DsbA and DsbC ［J］. Biochemistry, 1997, 36: 10067-10072.

［42］ Regeimbal J and Bardwell J C. DsbB catalyzes disulfide bond formation de novo ［J］. The Journal of biological chemistry，2002，277：32706-32713.

［43］ Zapun A, Missiakas D, Raina S, et al. Structural and functional characterization of DsbC, a protein involved in disulfide bond formation in Escherichia coli ［J］. Biochemistry，1995，34：5075-5089.

［44］ Wang W S, Das D, Mcquarrie S A, et al. Design of a bifunctional fusion protein for ovarian cancer drug delivery：Single-chain anti-CA125 core-streptavidin fusion protein ［J］. European Journal of Pharmaceutics & Biopharmaceutics Official Journal of Arbeitsgemeinschaft Für Pharmazeutische Verfahrenstechnik E V，2007，65：398-405.

［45］ Altnta M M, Krdar B, nsan Z l, et al. Plasmid stability in a recombinant S cerevisiae strain secreting a bifunctional fusion protein ［J］. Journal of Chemical Technology & Biotechnology，2001，76.

［46］ Arai R, Ueda H, Kitayama A, et al. Design of the linkers which effectively separate domains of a bifunctional fusion protein ［J］. Protein Engineering, Design and Selection，2001，14：529-532.

［47］房永祥，冯海燕，莫斯科，等. 细胞因子融合蛋白技术及其应用前景 ［J］. 细胞与分子免疫学杂志，2009，25：856-859.

［48］ Williams S P, Athey B D, Muglia L J, et al. Chromatin fibers are left-handed double helices with diameter and mass per unit length that depend on linker length ［J］. Biophysical Journal，1986，49，233-248.

［49］ Lee S E, et al. Enhancing the catalytic repertoire of nucleic acids：a systematic study of linker length and rigidity ［J］. Nucleic Acids Research，2001. 7.

［50］ Guo Y, Sun X, Yang G, et al. Ultrasensitive detection of ATP based on ATP regeneration amplification and its application in cell homogenate and human serum ［J］. Chemical communications（Cambridge, England），2014，50：7659-7662 .

［51］ Sato M, Masuda Y, Kirimura K, et al. Thermostable ATP regeneration system using polyphosphate kinase from Thermosynechococcus elongatus BP-1 for D-amino acid dipeptide synthesis ［J］. Journal of bioscience and bioengineering，2007，103：179-184.

［52］ Christofk H R, Vander Heiden, M G, et al. Pyruvate kinase M2 is a phosphotyrosine-binding protein ［J］. Nature，2008，452：181-186.

［53］ Lodato D T and Reed G H. Structure of the oxalate-ATP complex with pyruvate kinase：ATP as a bridging ligand for the two divalent cations ［J］. Biochemistry，1987，26：2243-2250.

［54］ Akiyama M, Crooke E and Kornberg A. The polyphosphate kinase gene of Escherichia coli. Isolation and sequence of the ppk gene and membrane location of the protein ［J］. Journal of Biological Chemistry，1992，267：22556-22561.

［55］ Johnsen E, et al. Hydrophilic interaction chromatography of nucleoside triphosphates with temperature as a separation parameter ［J］. Journal of chromatography. A，2011，1218：5981-5986.

［56］ Dowood R K, et al. Determination of 3′-phosphoadenosine-5′-phosphosulfate in cells and Golgi fractions using hydrophilic interaction liquid chromatography-mass spectrometry ［J］. Journal of chromatography. A，2016，1470：70-75.

第四章　软骨素与硫酸软骨素的生物制造

第一节　硫酸软骨素的分类与应用

硫酸软骨素（Chondroitin Sulfate, CS）是由葡萄糖醛酸（GlcA）和 N-乙酰半乳糖胺（GalNAc）通过 β-1,3 和 β-1,4 糖苷键交替连接形成的一种具有不同磺酸化位点的线性多糖。CS 按不同磺酸化修饰位点的差异可分为 CS-O、A、C、D、E 等不同的构型（图 4-1），其中 CSA 和 CSC 最常见，即 GalNAc 的 C4 和 C6 位的羟基分别被磺酸化修饰。

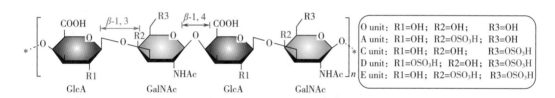

图 4-1　硫酸软骨素的结构与类型

一、不同物种来源的硫酸软骨素磺酸化类型和水平

目前作为药物和营养保健品销售的 CS 主要是从牛、猪、鸡或鲨鱼软骨中提取的。根据研究报道，不同物种的磺酸化类型及含量均存在较大的差异，比如在鲨鱼体内 CSC 含量占比最高，为 44%，而 CSA 含量占比为 32%，CSD 含量占比为 18%，以及未发生磺酸化的软骨素含量占比为 3%。在牛体内，61% 为 CSA 构型，33% 为 CSC 构型，未磺酸化的软骨素占 6%。在猪体内，80% 为 CSA 构型，14% 为 CSC 构型，未磺酸化的软骨素为 6%。在鸡体内，72% 为 CSA 构型，20% 为 CSC 构型，8% 为未磺酸化的软骨素。而对于较低等的生物，比如秀丽隐杆线虫（*Caenorhabditis elegans*）和果蝇（*Drosophila*），其体内只含有 CSA 构型的磺酸化产物，而且其含量非常少，绝大部分都是未磺酸化修饰的软骨素。对于同一物种在不同年龄阶段，硫酸软骨素的磺酸化度及类型也会出现动态的变化过程。而进一步细分发现，同一物种其不同位置或者器官的磺酸化类型和水平都是有明显差异的。因此通过动物组织所获取的硫酸软骨素样品其结构是复杂多变的。

二、动物来源硫酸软骨素的结构异质性

动物提取的 CS 不仅磺酸化类型及水平存在差异，其分子质量分布也不均一，整体分

子质量范围在 14k~70ku，分散系数为 1.0~2.0。由于诸多方面的固有缺陷，导致目前动物来源的硫酸软骨素结构异质，难以对其进行深入的研究。

三、不同磺酸化度对硫酸软骨素功能的影响

CS 具有多种生物学功能，在许多病理过程中发挥关键作用，并且不同构型的 CS 展现了不同的生物学活性。例如，CSA 和 CSC 主要被用于骨关节炎治疗，新的关节软骨形成和营养输送的临床医学和保健食品中；CSE 主要促进神经突向原代神经元的生长。另外研究表明，不同磺酸化程度的硫酸软骨素也具有不同的生物学功能。例如，在磺酸化程度不同时，发现破骨细胞黏附、存活力、形态等都存在着差异。磺酸化是动物组织中动态且复杂的翻译后修饰过程，由于难以获得具有特定硫酸化度的 CS，因此目前关于不同磺酸化度的 CS 的功能研究不够系统。

第二节　硫酸软骨素的生物合成与降解

CS 广泛分布在脊椎动物结缔组织的细胞表面和胞外基质，其合成过程主要在内质网和高尔基体中。CS 的合成大致可以分为三个阶段：四糖连接域的合成、糖链骨架的延伸和磺酸化修饰。

一、动物体内硫酸软骨素的合成与分泌

1. 糖链的起始、延伸与修饰

在动物细胞中，CS 糖链通过 β-D-GlcA-1 → 3-β-D-Gal-1 → 3-β-D-Gal-1 → 4-β-D-Xyl 四糖连接域结构连接到核心蛋白的丝氨酸上，以蛋白聚糖的形式存在。在内质网中，首先由木糖转移酶（XylT）催化尿苷二磷酸糖（UDP-Xyl），将 Xyl 转移至核心蛋白的丝氨酸上。然后依次通过两个半乳糖转移酶（GalT-Ⅰ 和 GalT-Ⅱ）的催化，两个 Gal 被依次连接到 Xyl 上。最后，通过葡萄糖醛酸转移酶（GlcAT-Ⅰ）的催化，GlcA 被连接到 Gal 上，至此完成了四糖结构域的合成过程。然后连接有该四糖连接域的核心蛋白被转移至高尔基体中。在高尔基体中，通过 GlcAT-Ⅱ 和 N-乙酰半乳糖胺转移酶（GalNAcT-Ⅱ）的顺序交替催化，二糖单元 GlcA 和 GalNAc 依次通过 β-1,3 和 β-1,4 糖苷键连接延伸，形成糖链骨架（图 4-2）。

在糖链骨架聚合延伸的过程中，不同类型的磺基转移酶，比如软骨素-4-O-磺基转移酶（Chondroitin-4-O-sulfotransferase，C4ST）和软骨素-6-O-磺基转移酶（Chondroitin-6-O-sulfotransferase，C6ST），将来自 PAPS 的硫酸基团转移至糖链不同位点进行修饰，催化形成不同构型且磺酸化程度不一致的硫酸软骨素。不同物种在不同组织中，硫酸软骨素的磺酸化水平、磺酸化类型及分子质量都存在差异。一般磺酸化位点发生在 GlcA 的 C2 位，GalNAc 的 C4/C6 位。

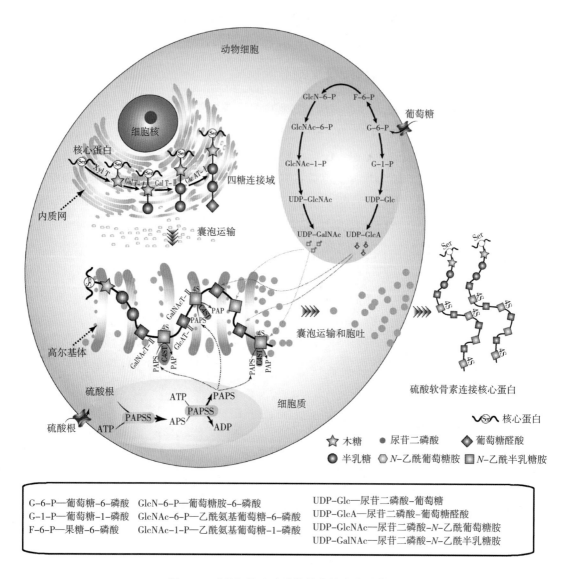

图4-2　动物细胞中硫酸软骨素的合成示意图

2. 软骨素磺基转移酶

（1）软骨素-4-*O*-磺基转移酶　软骨素-4-*O*-磺基转移酶是软骨素磺酸化修饰酶之一，其功能为催化软骨素 GalNAc 的 4 号位羟基磺酸化生成 CSA。C4ST 是一种糖蛋白，包含约35%的 *N*-连接寡聚糖，糖基化对酶活性及稳定性有积极作用。哺乳动物中主要有三种 C4ST 的同工型，分别为 C4ST-1、C4ST-2 和 C4ST-3。C4ST-1 首次是从大鼠软骨肉瘤细胞中被纯化出来，2000 年和 2002 年先后分别克隆了人类软骨素 4-*O*-磺基转移酶 C4ST-1、C4ST-2 和 C4ST-3。C4ST-1 主要分布在脾、胸腺、骨髓、外周血白细胞、淋巴结、心脏、脑、肺和胎盘中；C4ST-2 在垂体、肾上腺、脊髓、小肠、脾脏和肺中高表达；C4ST-3 在成年肝脏中高度表达，与 C4ST-1 相比，C4ST-3 在 37℃下不稳定，分布受限。

研究发现，C4ST-1 的缺失或低表达会导致 CS 水平急剧下降。此外，其他 C4ST/D4ST 家族成员（C4ST-2 和 D4ST-1），也无法弥补 C4ST-1 功能上的损失，表明 C4ST-1 对哺乳动物的发育非常重要。所以目前科研人员大多集中在对 C4ST-1 的研究上。C4ST-1 除了对软骨素有磺酸化修饰作用，对皮肤素也有活性；C4ST-2 对皮肤素的活性比 C4ST-1 低；C4ST-3 对皮肤素没有活性。

CS 链也能作为病原体的细胞表面受体，已显示包括寄生虫、细菌和病毒在内的几种病原体利用细胞表面 CS 链附着并感染宿主细胞。例如，被疟疾寄生虫（恶性疟原虫）感染的红细胞与内皮细胞的黏附需要带有低硫酸化 CSA 结构的 CS 链，该结构富含单硫酸化 A 单元。一些报告提供证据表明 CS 链延长在各种致病机制中起着重要作用。例如，编码内质网核苷酸糖转运蛋白的 SLC35D1（溶质载体 35D1）缺乏会导致 CS 链缩短并导致骨骼发育异常。此外，CS 延长也被报道与动脉粥样硬化脂质结合增加和动脉粥样硬化进展有关。最近已证明，C4ST-1 与 ChGn-2（软骨素 N-乙酰半乳糖胺转移酶-2）协同可调节 CS 的链长和数量，C4ST-1 对 CS 链进行 4-O 磺酸化可以促进 CS 链的延长。由此可见，探究在动脉粥样硬化进展过程中 C4ST-1 和 ChGn-2 的调节机制可能会导致确定潜在的治疗靶标，以干预动脉粥样硬化的病理过程。

Costello 综合征是与 HRAS 基因突变相关的儿童遗传疾病，最近研究表明 C4ST-1 鉴定为 HRAS 信号的负调控靶基因。C4ST-1 表达的降低和软骨素硫酸盐失衡介导了 Costello 综合征发病机理中致癌性 HRAS 信号传导的作用。

软骨素 6-O-磺基转移酶也是参与软骨素磺酸化的重要酶之一，该酶首先在鸡胚骨软骨的提取物中鉴定并被纯化。通过分析 C6ST 催化后的产物发现，C6ST 将硫酸根转移至软骨素链上 GalNAc 的 6 号羟基位硫酸化生成 CSC。富含 CSC 的多糖促进细胞增殖和黏附，而 CSA 重复单元促进增殖但抑制黏附。

人源 C6ST-1 是一个有 479 个氨基酸残基的蛋白质，在氨基末端区域推测有疏水跨膜结构域，长度为 15 个残基，从 24~38 位氨基酸残基延伸，人源 C6ST 与鸡源 C6ST 的氨基酸序列有 74% 的同一性，鸡和人 C6ST 之间完全保留了 6 个潜在的 N-连接糖基化位点，人源 C6ST 和鸡源 C6ST 两酶之间的主要区别在于人源 C6ST 中存在独特的亲水区域。C6ST 不仅可以催化软骨素的磺酸化，而且可以催化硫酸角质素的磺酸化。但是当 GalNAc 已经发生了 C4 磺酸化或者非还原端为 IdoA，C6ST 无法进行催化。C6ST 广泛分布在各种成人组织中，预示着它可能与各种生物过程相关。

人源 C6ST-2 其编码具有 II 型跨膜蛋白拓扑结构，有 486 个氨基酸。该氨基酸序列与人源 C6ST-1 显示 24% 的同一性，并且在羧基末端催化结构域中发现了较高的序列同一性。C6ST-1 和 C6ST-2 基因在不同的组织中表达，均表现出独特的组织特异性表达模式。在胎儿组织中，在心脏、肺、骨骼肌和脾脏中发现了 C6ST-2 基因的大量表达。然而，C6ST-2 基因在成年脾脏中大量表达，在肺、胰腺、卵巢、外周血白细胞和小肠中适度表达。相比之下，人源 C6ST-1 基因在成年心脏、胎盘、骨骼肌和胸腺中表达丰富，而在成年肺和外周血白细胞中则很少表达。两种软骨素 6-O-磺基转移酶的底物特异性不同，

C6ST-2 表现出更严格的特异性。

糖胺聚糖 CSC 在癌症的发生、发展和转移中具有双重作用。研究表明，对自身免疫性脑脊髓炎的动物模型 C6ST-1 进行敲除和过表达，6-O 磺酸化的 CS 可以减轻该疾病的临床表现，施用 CSA 会加剧炎症。CSC 对细胞中 CpG 诱导的 IL-6 分泌的抑制作用与分子大小无关，但由 CSA 引起的抑制作用表现出明显的大小依赖性，较小的 CSA 产生明显更强的抑制作用。据报道，结构多样的 CS 制剂显著减少了由脂多糖（LPS）刺激的巨噬细胞释放的几种促炎分子。在这些制剂中，CSC 是最广谱的抑制炎症介质。

第一个表明体内 CS 磺基转移酶重要性的研究实例是对鼠源 C6ST-1 进行靶向破坏。Thiele 等已证明人源 C6ST-1 的功能突变丧失与脊椎骨发育不良紧密相关，这是一种严重的软骨发育不良，并伴有进行性脊髓受累。随后，在土耳其家庭的 SED 患者中还发现了 C6ST-1 基因的另外两个突变，伴有心脏受累。

（2）N-乙酰半乳糖胺-4-硫酸盐-6-磺基转移酶和尿苷-2-磺基转移酶　N-乙酰半乳糖胺-4-硫酸盐-6-磺基转移酶（GalNAc 4-sulfate 6-O-sulfotransferase，GalNAc4S-6ST）催化 CSA 进一步发生磺酸化反应，生成 CSE。研究表明，含有过量硫酸化 E 单元的 CS 链是单纯疱疹病毒感染的有效抑制剂。特别是由四个 CSE 单元重复组成的特定八糖序列在这一活动中起着关键作用。在小鼠脑、心脏、肺、脾肾和肝脏中观察到 GalNAc4S-6ST 相对较高的表达。在 LLC 细胞中敲除 GalNAc4S-6ST 会导致 E 单位比例减少，并抑制 LLC 细胞在肺部的定植，这些结果表明，含有 E 单位的结构参与了细胞转移。目前有人、小鼠和鱿鱼的 GalNAc4S-6ST 磺基转移酶的氨基序列被挖掘出来，人和小鼠的氨基酸数目相同且高度相似，是由 425 个氨基酸组成的蛋白质。在氨基末端区域发现一个假定的疏水跨膜结构域，长度为 21 个残基，覆盖了 7~27 个氨基酸残基。鱿鱼 GalNAc4S-6ST 中有七个潜在的 N-糖基化位点，鱿鱼和人 GalNAc4S-6ST 之间序列最显著的差异是鱿鱼蛋白质 N 端区域的 95 个氨基酸残基缺失。然而，由于从两个物种获得的酶之间存在显著的同源性（39% 相同性），因此这些蛋白质在进化过程中似乎是非常保守的。在鱿鱼 GalNAc4S-6ST 中存在的 7 个潜在的 N-糖基化位点中，鱿鱼与人 GalNAc4S-6ST 之间仅保留了一个 N-糖基化位点。从鱿鱼 cDNA 推导，鉴定了人 GalNAc4S-6ST cDNA 的氨基酸序列，人 GalNAc4S-6ST 对非还原末端 GalNAc 硫酸软骨素 A 的残基具有催化作用，而鱿鱼 GalNAc4S-6ST 将硫酸盐主要转移至 CSA 内部的 GalNAc 上，人和鱿鱼 GalNAc4S-6ST 在底物识别上的这种差异表明鱿鱼 GalNAc4S-6ST 可能是 CSE 体外酶促合成的主要酶。

尿苷-2-磺基转移酶（Uronyl 2-O-sulfotransferase，UA2ST）可催化 CSC 进一步磺酸化反应，生成 CSD。UA2ST 还可与进一步磺酸化修饰 CSE 的 GlcA 残基形成三硫酸二糖单元 [TriS，GlcA（2S）-GalNAc（4S6S）]，这在动物中很少见。目前人源的 UA2ST 序列已被报道，它是由 406 个氨基酸残基组成的 II 型跨膜蛋白，具有五个潜在的 N 连接糖基化位点，亲水性分析推测它在氨基末端区域在 48~65 位氨基酸有 18 个残基的疏水片段。与硫酸乙酰肝素-2-O-磺基转移酶结构同源性的系统诱变研究，表明 UA2ST 中组氨酸（His168）可能是关键的。

二、软骨素的微生物合成

软骨素（Chondroitin）是由 N-乙酰氨基半乳糖（GalNAc）与葡萄糖醛酸（GlcA）通过 β-1,4 糖苷键和 β-1,3 糖苷键交替连接形成的直链酸性多糖（图 4-3），它是硫酸软骨素的前体。天然环境下，某些细菌为了抵御外界环境的影响，会在胞外形成一层荚膜多糖，其中有的物种的荚膜多糖的主要成分包含软骨素。比如 E. coli K4 以及多杀巴斯德菌，由于 E. coli K4 合成的软骨素支链含有一个果糖，所以称为果糖软骨素。由于该类细菌多存在致病性，因此研究人员通过代谢工程与合成生物学的手段，对食品安全菌株进行改造，来合成实现软骨素的微生物合成。本节简单的讨论了软骨素的微生物合成与跨膜运输，详细跨膜运输的介绍将会在第五章第二节中进行。

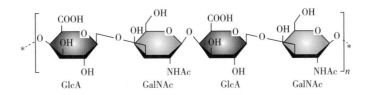

图 4-3　软骨素结构示意图

1. 大肠杆菌 K4 发酵生产（果糖化）软骨素

E. coli K4 合成果糖软骨素的过程在细胞质中完成，并经过一系列的转运蛋白将其转送至细胞膜表面，最终在细胞周围形成一圈黏液层。其合成过程可以大致分为两个部分：①UDP-GlcA 和 UDP-GalNAc 前体的合成；②多糖的聚合与转运。以葡萄糖为碳源时，细胞通过 PEP-PST 转运系统、ABC 转运子或质子泵等方式将葡萄糖从胞外转运到细胞内，其中 PEP-PST 系统作为 E. coli 吸收葡萄糖的主要方式，在完成葡萄糖转运的同时实现了葡萄糖的磷酸化。随后以葡萄糖-6-磷酸（G-6-P）为起点，通过两条代谢途径而合成 UDP-GlcA 和 UDP-GalNAc。然后胞质中的软骨素合成酶（KfoC）将 UDP-GlcA 和 UDP-GalNAc 交替转移至软骨素多糖链的非还原性末端，延伸多糖并释放出 UDP。多糖链形成后再由果糖转移酶（KfoE）在 GlcA 的 C3 位添加果糖残基，形成完整的 K4CPS 多糖链。随后，多糖链在一系列的蛋白的协调组合作用下，被转运至细胞膜外。

2. 重组微生物细胞工厂发酵生产软骨素

在天然合成软骨素菌株的基础上的改造可以提高软骨素的产量，但 E. coli K4 菌株潜在的致病性被人所担忧，而且合成的果糖软骨素需要经过后续的脱果糖过程才能得到软骨素，因此并不适合用于软骨素的合成生产。为了解决安全菌株的问题，研究人员通过合成生物学和代谢工程手段，在 E. coli 21（DE3），谷氨酸棒杆菌（C. glutamicum）及枯草芽孢杆菌（B. subtilis）等不同菌株中实现了软骨素的发酵生产。

研究者将来自 E. coli K4 的三个关键基因 kfoC、kfoA 和 kfoF 克隆至 E. coli 21（DE3）中组合表达，采用补料分批发酵得到软骨素产量为 2.4g/L。Cheng 等通过代谢工程手段在

C. glutamicum 中实现了软骨素的合成，5L 发酵罐中产量为 1.91g/L。*B. subtilis* 是一种不含内毒素的微生物，被认为是食品安全菌株，同时具有高效的分泌能力。因此，本课题组在前期工作中将软骨素合成相关基因 *kfoC* 和 *kfoA* 整合至 *B. subtilis* 基因组初步实现了软骨素的合成，然后通过前体合成途径基因 *tuaD*，*glmS*，*glmM* 和 *glmU* 的组合强化，结合发酵罐中优化策略，使得最终软骨素的产量达到 7.15g/L。

三、硫酸软骨素的降解

1. 硫酸软骨素降解酶分布与分类

（1）硫酸软骨素水解酶　在动物细胞中，CS 的降解主要发生在溶酶体中，由硫酸软骨素水解酶降解得到饱和的低分子质量硫酸软骨素。CS 多糖被内切型水解酶切割成寡聚糖片段，然后寡聚糖产物从非还原端被外切型糖苷酶和硫酸酯酶依次降解，从而释放出单糖部分。然而，对于 CS 降解初始阶段尚无特异于 CS 的糖苷内切酶的报道。目前，透明质酸降解酶被认为是造成 CS 断裂的酶，因为透明质酸在结构上与非硫酸化的 CS 即软骨素相似。Kaneiwa 等在秀丽隐杆线虫中鉴定了一种软骨素水解酶，该酶可有效降解软骨素，对 HA 的解聚作用很微弱。CS 水解酶的最佳底物是三硫酸化四糖 GlcA（2-*O*-硫酸盐）-GalNAc（6-*O*-硫酸盐）-GlcA-GalNAc（4-*O*-或 6-*O*-硫酸盐）。CS 水解酶将是研究组织和细胞中 CS 特定功能的有用工具。另外，CS 水解酶也可用于急性脊髓损伤的治疗，它可以和细菌 CS 裂解酶联合使用，或者可以替代细菌 CS 裂解酶单独使用。

（2）硫酸软骨素裂解酶　硫酸软骨素裂解酶（Chondroitinase 或 Chondroitin Sulfate Lyase，简称 ChSase）是一类微生物来源的糖胺聚糖裂解酶，能够将硫酸软骨素、硫酸皮肤素、软骨素以及透明质酸等糖胺聚糖降解为不饱和二糖及寡聚糖。根据作用底物的不同，可将硫酸软骨素裂解酶主要分为三类：硫酸软骨素裂解酶 AC、硫酸软骨素裂解酶 B、硫酸软骨素裂解酶 ABC。其中，硫酸软骨素裂解酶 AC 能够降解硫酸软骨素 A 和硫酸软骨素 C，但是不能降解硫酸皮肤素；硫酸软骨素裂解酶 B 能降解硫酸皮肤素，但对硫酸软骨素 A 和 C 没有降解能力；而硫酸软骨素裂解酶 ABC 具有较宽的底物谱，能够降解硫酸软骨素 A、硫酸软骨素 C、硫酸皮肤素等多种结构。国内外学者已鉴定了黄杆菌属、变形杆菌属、弧菌属、微球菌属、贝克氏杆菌属等好氧微生物来源的硫酸软骨素裂解酶（表 4-1）。此外，在粪便拟杆菌和变形拟杆菌等厌氧微生物及某些病毒体内也发现硫酸软骨素裂解酶。

表 4-1　　　　　　　　　　不同来源的硫酸软骨素裂解酶的生化性质比较

来源	种类	分子质量/ku	最适 pH	最适温度/℃
Proteus vulgaris	硫酸软骨素裂解酶 ABC I	100.0	8.0	37
	硫酸软骨素裂解酶 ABC II	105.0	8.0	40
Flavobacterium columnare	硫酸软骨素裂解酶 AC/B	—	—	—

续表

来源	种类	分子质量/ku	最适 pH	最适温度/℃
Flavobacterium heparinum	硫酸软骨素裂解酶 AC	74.0	6.8	40
	硫酸软骨素裂解酶 B	55.2	6.8~8.0	30
Bacteroides stercoris HJ-15	硫酸软骨素裂解酶 ABC	116.0	7.0	40
	硫酸软骨素裂解酶 AC	84.0	5.7~6.0	45~50
Bacteroides thetaiotaomicron	硫酸软骨素裂解酶 ABC I	104.0	7.1	—
	硫酸软骨素裂解酶 ABC II	108.0	7.6	—
Arthrobacter aurescens	硫酸软骨素裂解酶 AC	—	6.0	50
Proteus mirabilis WP-1	硫酸软骨素裂解酶 ABC	—	7.5	
Corynebacterium acnes	硫酸软骨素裂解酶	—	—	—
Aeromonas sp. 83	硫酸软骨素裂解酶 AC	—	6.6	—
nucleopolyhedrovirus	硫酸软骨素裂解酶 C	81.0	7.0	37
Pedobacter saltans	硫酸软骨素裂解酶 AC	77.0	7.2	39
Mature bacterium	硫酸软骨素裂解酶 ABC II	114.7	7.0	30
Acinetobacter sp. C26	硫酸软骨素裂解酶 AC	76.0	6.0	42
Arthrobacter sp. MAT3885	硫酸软骨素裂解酶 AC	80.0	5.5~7.5	40

2. 硫酸软骨素裂解酶的结构与催化机制

硫酸软骨素 AC 裂解酶（PDB：1RWH）由两个结构域组成［图 4-4（1）］。其中，N 端结构域（Arg23-Ala328）由 α-螺旋组成，C 端结构域（Gly337-Ala699）除了一个小的 α 螺旋，基本由 β 折叠组成［图 4-4（1）］。两者之间通过一个长为 8 个氨基酸的短肽（Ala329-Ala336）连接，其分子质量为 74ku，等电点为 8.85。硫酸软骨素 B 裂解酶（PDB：IDBO）的分子质量为 55ku，等电点为 9.05［图 4-4（2）］。硫酸软骨素 B 裂解酶具有右旋平行的 β 折叠，研究表明该酶对硫酸皮肤素的特异性主要来源于 Arg318 和 Arg363 与不饱和的羧基发生极性相互作用。此外，Arg364 与硫酸皮肤素中大多数 *N*-乙酰半乳糖胺（GalNAc）中 C4 硫酸盐基团直接作用增强了底物特异性，Lys250、His272 和 Arg364 可能是与底物结合有关的残基。源自普通变形杆菌（*Proteus vulgaris*）的硫酸软骨素裂解酶 ABC（PDB：1HN0）是目前用于药用研究最主要的硫酸软骨素裂解酶［图 4-4（3）］。该酶具有明显独立的结构域：N 端结构域（Ala25-Ala220）、催化结构域（Thr250-Gly610）和 C 端结构域（Gly621-Pro1021）。其中 N 端结构域与催化结构域之间由一段 29 个氨基酸组成的 loop 连接，催化结构域又通过一段长为 10 个氨基酸的 loop 与 C 端结构域相连。N 端结构域由双层 β 三明治结构和 α 螺旋组成；催化结构域主要由 α 螺旋桶组成，含有催化氨基酸残基 His501、Tyr508 和 Arg560；C 端结构域由反向平行的 β 折叠组成。

Prabhakar 等基于底物对接发现了两种不同的底物作用模式，主要的差异在于 +1 亚位

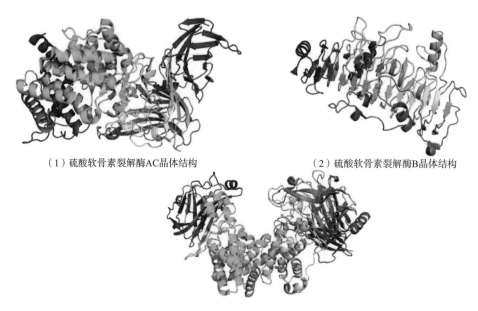

（1）硫酸软骨素裂解酶AC晶体结构　　　　　　　　　（2）硫酸软骨素裂解酶B晶体结构

（3）硫酸软骨素裂解酶ABCⅠ晶体结构

图4-4　硫酸软骨素裂解酶的晶体结构

中糖醛酸的 C5 质子与裂解糖苷键中氧原子的相对方向的差异。当作用底物位含葡萄糖醛酸的硫酸软骨素时，这些原子面对活性位点都处于同一方位（图4-5）；当作用底物为含艾杜糖醛酸的硫酸皮肤素时，这些原子处于相反的方向。

（1）底物CS-A

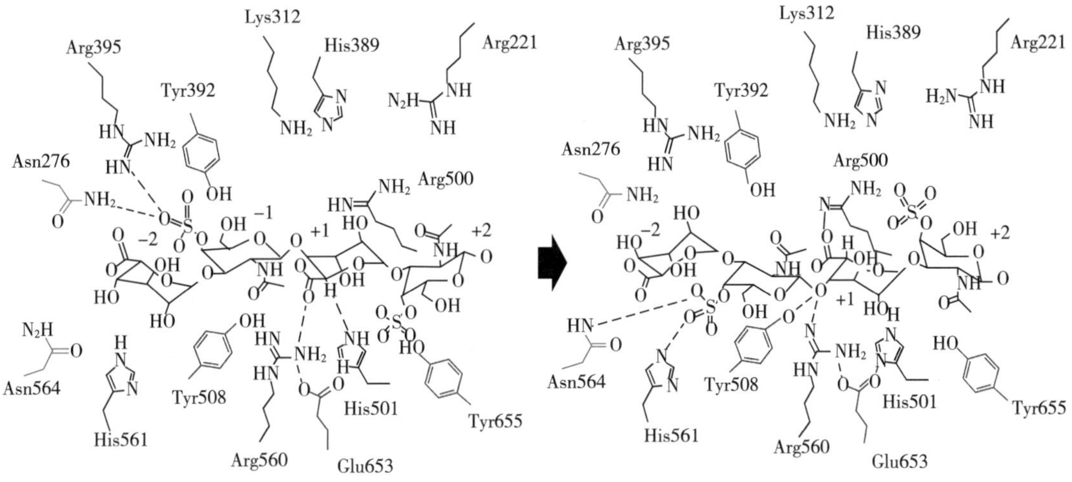

（2）底物DS

图 4-5　普通变形杆菌（*P. vulgaris*）硫酸软骨素裂解酶 ABC I 与
底物 CS-A 及 DS 相互作用平面图

四、硫酸软骨素裂解酶的改造与重组表达

1. 从天然生产菌种分离硫酸软骨素裂解酶

从微生物中分离纯化硫酸软骨素裂解酶的方法已基本成熟。1968 年 Yamagata T 等首先系统地阐述了分离纯化的方法：先将培养的菌体破碎取得粗酶液，然后经硫酸铵沉淀做初步分离，再用阴阳离子交换柱进行层析，最后经凝胶过滤层析而获得硫酸软骨素裂解酶。1997 年，Akio Hamai 等首次用两步法从 *P. vulgaris* 中分离纯化出硫酸软骨素裂解酶。方法是先用含非离子型的表面活性剂 POELE（聚氧乙烯月桂基醚）缓冲液处理菌体获得粗酶液，再用阴离子交换柱层析获得均一的硫酸软骨素 ABC 裂解酶。

2. 重组菌表达硫酸软骨素裂解酶

随着基因工程技术的发展，人们可以用其他宿主来过量表达硫酸软骨素裂解酶。Prabhakar 等将含有自身信号肽的 *csABC* I 克隆至 pET28a 载体并在 *E. coli* 中重组表达，发现重组蛋白全部以包涵体的形式存在，在去掉自身信号肽后，仍有大部分包涵体存在，仅有少部分重组酶实现了可溶表达。为了降低包涵体的形成，Chen 等将不含自身信号肽的 *csABC* I 基因克隆至由 Tac 启动子驱动的 pMAL-c2x 表达载体进行表达，同时在 csABC I 的 N 端融合一个麦芽糖结合蛋白（MBP）标签，表达之后发现重组菌胞内酶活性可达到 3180U/L；之后又将 MBP 标签替换为三磷酸甘油醛脱氢酶（GAPDH）标签，发现 GAPDH 标签比 MBP 标签具有更好的促溶效果，重组菌酶活性达到 8887U/L。Li 等考察了共表达分子伴侣对 *csABC* I 重组表达的影响，发现共表达 GroES 分子伴侣能在一定程度上提高 *csABC* I 的可溶表达。此外，通过突变 csABCI 中 6 个潜在的 *N*-糖基化位点，实现了 csABCI

在哺乳动物细胞中的分泌表达。Wang 等通过在 N 端融合 MBP 标签和基于多序列比对的定点突变，成功实现了 csABCⅠ在大肠杆菌的可溶表达。在此基础上，从 Sec 分泌系统中筛选到高效分泌表达的信号肽 ompA 实现了分泌表达，进一步通过敲除外膜脂蛋白基因 lpp，胞外酶活性达到了 5.0×10^2 U/L，进一步优化接种量和诱导剂，胞外酶活性达到了 1.4×10^3 U/L。

3. 硫酸软骨素裂解酶的分子改造

csABCⅠ在工业及医药等领域有广泛的应用前景，然而低稳定性限制了其应用。目前，国内外研究主要集中在通过蛋白质工程的手段提高 csABCⅠ的稳定性，如定点突变、loop 改造、引入稳定性高的氨基酸以及共价交联等。

（1）提高硫酸软骨素裂解酶稳定性　Nazari-Robati 等通过拉曼图分析，鉴定 Gln140 的 φ 和 ψ 值均不是最佳，后通过定点突变构建 Q140G、Q140A 和 Q140N 三个突变体。其中突变体 Q140A 的解链温度提高了 8℃，由原来的 47℃ 提高到了 53℃，40℃ 下的半衰期提高了 2.5 倍，由原始的 2.0min 提高到 7.0min，分子动力学表明突变后蛋白质的构象变得稳定。Shirdel 等通过 PIC 服务器鉴定出 loop Q681-G695 能够影响酶的构象稳定性，此段 loop 位于 C 端结构域，改造得到的 H700N/L701T 突变体解链温度提高了 16℃，由 47℃ 提高到 63℃，在 37℃ 下的半衰期由原始的 3.8min 提高到 15.2min。Shahaboddin 等通过在蛋白表面引入芳香族氨基酸，得到了提高对胰蛋白酶的抗降解能力的突变体 N806Y/Q810Y。Kheirollahi 等通过固定 Glu138 残基的柔性提高了酶的热稳定性，其中 E138P 突变体在 37℃ 下的半衰期提高到 18min。为了解决在脊椎治疗应用中 csABCⅠ不稳定的问题，Lee 等将 csABCⅠ固定在水凝胶-微管支架上，以海藻糖作为保护剂，体外 37℃ 下保温 15d，释放的 csABCⅠ仍然具有活性。Huang 等将 csABCⅠ固定在壳聚糖做成的神经导管上，并压缩在用聚乳酸做成的微球里，通过筛选合适的稳定剂，包括纳米金（10nm）、聚赖氨酸（M_W：500~2000u）及聚赖氨酸（M_W：20000~30000u），最后发现分子质量为 500~2000u 的聚赖氨酸效果最好。2013 年，Pakulska 等建立一个基于融合 SH3 标签策略，将 csABCⅠ共价交联在甲基纤维素凝胶里，37℃ 下保温 7d，释放的 csABCⅠ仍然具有生物活性。

为了进一步提高硫酸软骨素裂解酶 ABCⅠ的热稳定性，本书作者通过对 csABCⅠ进行全序列的 B-factor 分析，发现高 B-factor 的区域主要集中在蛋白的 N 端结构域 [图 4-6 (1)]。另外，衍射数据显示，N 端结构域中的一段无序 loop R166-K191 是缺失的。为考察这段缺失的高柔性 loop 对 csABCⅠ酶学性质的影响，采用 loop 截短的策略构建了 9 个截短突变体，分别为 NΔ5、NΔ10、NΔ15、NΔ21、CΔ5、CΔ10、CΔ15、CΔ21 及 NCΔ26 [图 4-6 (2)]。

如图 4-7 (1) 所示，loop 截短并未改变酶的最适反应温度，所有截短突变体的最适反应温度均为 30℃。值得注意的是，截短靠近 N 端的这部分无序序列的截短突变体 NΔ5、NΔ10、NΔ15 及 NΔ21 在最适反应温度下的热稳定性明显高于对照，其中截短突变体 NΔ5 的热稳定性最高。而截短靠近 C 端的这部分无序序列的截短突变体，除了 CΔ5 的热稳定

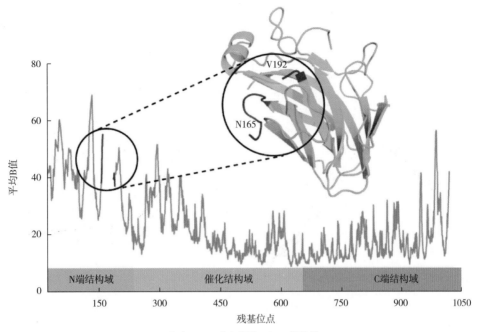

（1）csABC I 全序列B-factor值分析

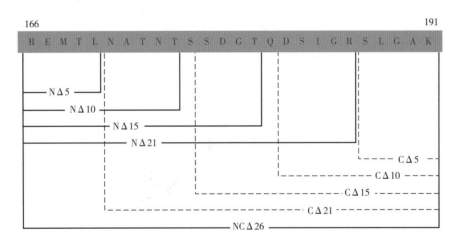

（2）截短突变体的设计

图4-6　loop166-191截短突变体的设计

性稍微高于对照外，其余截短突变体（CΔ10、CΔ15和CΔ21）的热稳定性都表现为不同程度的降低［图4-7（2）］。考虑到csABC I 自身具有较高的药理活性，但是需要在机体温度（37℃）下保持长久的稳定性，因此也考察了截短突变体在37℃下的稳定性。如图4-7（3）所示，对照及所有截短突变体在37℃下都非常不稳定，其中对照在37℃的半衰期只有4.6min，与文献报道的3.8min基本一致。值得注意的是，截短突变体NΔ5在37℃下的稳定性依然明显高于对照及其他截短突变体，其在37℃的半衰期为18min，是对照的

3.9 倍。上述结果表明，删除 R166-L170 这段柔性片段（NΔ5）能够提高 csABC I 的热稳定性。

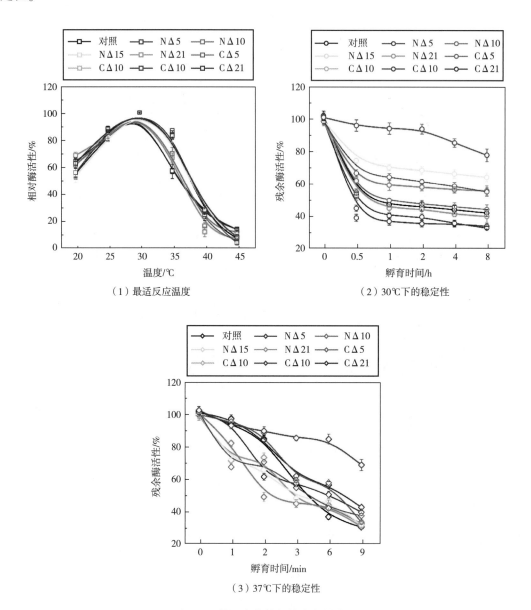

图 4-7　截短突变体的热稳定性表征

另外，从截短突变体的比酶活性数据可以看出（表 4-2），截短靠近 N 端的无序序列对酶活性的影响较小，而截短靠近 C 端的无序序列对酶活性的影响较大。其中截短突变体 CΔ10、CΔ15 和 CΔ21 的比酶活性分别为 17.3U/mg、18.0U/mg 及 15.0U/mg，相比于对照（24.7U/mg）分别降低了 30%、27% 和 39%。需要注意的是，全截短突变体 NCΔ26 基本全部失去了酶活性，表明维持这段 loop 一定长度对于酶的催化能力是必要的。另外，从动力学参数可以看出，loop 截短在一定程度上影响了酶的底物亲和性和转化数。

表 4-2   突变体的动力学参数和比酶活性

重组酶	$K_m/$ (mg/mL)	$k_{cat}/$ (1/s)	$k_{cat}/K_m/$ [mL/(mg·s)]	比酶活性/ (U/mg)
对照	0.27±0.0108	32.6±1.4	121.9±5.8	24.7±1.0
NΔ5	0.22±0.0104	21.9±0.9	97.8±4.4	24.3±0.8
NΔ10	0.87±0.0321	39.0±1.7	45.0±2.0	23.7±1.2
NΔ15	0.25±0.0093	36.3±1.7	145.5±7.2	21.7±0.9
NΔ21	0.28±0.0118	31.1±1.3	109.2±4.4	23.7±1.0
CΔ5	0.34±0.0142	32.2±1.3	95.6±4.6	24.3±1.1
CΔ10	0.20±0.0094	5.8±0.2	27.9±1.3	17.3±0.7
CΔ15	0.80±0.0342	25.6±1.1	31.9±1.5	18.0±0.8
CΔ21	2.33±0.0838	15.9±0.7	6.8±0.3	15.0±0.7
NCΔ26	nd	nd	nd	nd

nd：检测不到酶活性。

在截短突变体 NΔ5 的基础上为继续提高 csABCI 的热稳定性，首先利用 Consensus Finder 在线服务器选出 15 个 Consensus 阈值高于 60% 的残基位置，将其分别突变成对应位置的 Consensus 残基序列［图 4-8（1）］。另外，由于选择的 15 个氨基酸残基位点分布在整个蛋白质结构域，这些点突变可能会影响 csABCⅠ 的催化活性。因此，首先分析了点突变对酶活性的影响。如图 4-8（2）所示，只有突变体 NΔ5/E694P 和 NΔ5/A45E 的粗酶活性高于截短突变体 NΔ5，其余突变体的粗酶活性都表现为不同程度的降低。进一步对突变体 NΔ5/E694P 和 NΔ5/A45E 的热耐受性进行了分析。如图 4-8（3）所示，将粗酶液在 37℃ 金属浴中处理 30min 后，突变体 NΔ5/E694P 的残余酶活性仍保持 90% 以上，而突变体 NΔ5/

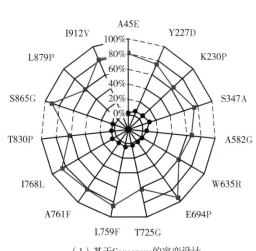

（1）基于Consensus的突变设计

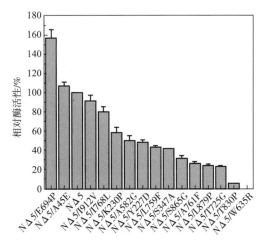

（2）Consensus突变体的相对酶活性

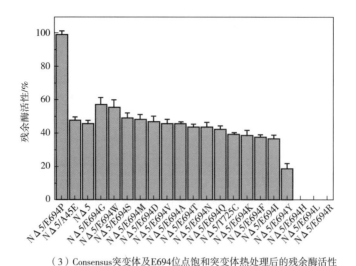

（3）Consensus突变体及E694位点饱和突变体热处理后的残余酶活性

图4-8　基于Consensus的定点突变设计及筛选

A45E及对照NΔ5的残余酶活性仅为40%～50%。为进一步分析E694位点其他突变对酶稳定性的影响，将E694分别突变成除Pro之外的其他18种氨基酸。如图4-8（3）所示，将粗酶液在37℃金属浴中处理30min后，所有突变体的残余酶活性都明显低于突变体NΔ5/E694P，表明在E694位点引入Pro突变能够显著提高csABCⅠ的热稳定性。

进一步对纯酶的热稳定性进行分析，如图4-9（1）所示，突变体NΔ5/E694P的最适反应温度为35℃，相比于NΔ5和对照（30℃）提高了5℃；37℃下半衰期$t_{1/2}^{37℃}$为19h，相比于突变体NΔ5（18min）提高了62倍，相比于对照（4.6min）提高了247倍［图4-9（2）］。

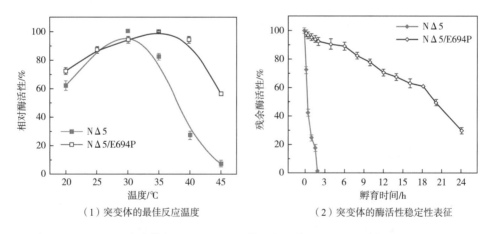

（1）突变体的最佳反应温度　　　　　　　（2）突变体的酶活性稳定性表征

图4-9　突变体NΔ5/E694P的最佳反应温度及酶活性稳定性表征

如表4-3所示，突变体NΔ5/E694P的比酶活性为57.6U/mg，相比于对照（24.7U/mg）提高了133%；K_m为0.11mg/mL，相比于对照（0.27mg/mL）降低了59%；k_{cat}为59.5/s，相比于对照（32.6/s）提高了83%；k_{cat}/K_m为544.1mL/（mg·s），相比于对照［121.9mL/（mg·s）］提高了346%。

表 4-3 突变体的动力学参数和比酶活性

重组酶	$K_m/(mg/mL)$	$k_{cat}/(1/s)$	$k_{cat}/K_m/[mL/(mg \cdot s)]$	比酶活性/(U/mg)
对照	0.27±0.0108	32.6±1.4	121.9±5.8	24.7±1.0
NΔ5/E694P	0.11±0.0047	59.5±2.2	544.1±22.9	57.6±2.0

结构分析显示，E694 位于 C 端结构域一段折叠-螺旋-折叠构象的长 loop 上 [图 4-10 (1)]。为进一步解析 E694P 突变显著提高稳定性的分子机理，对 E694 位点所在的 loop 结构进行了分子作用力分析。如图 4-10（2）所示，D689-R692 结构与周围氨基酸 H700、L701 和 Q787 之间形成一个氢键网络。其中，D689 的侧链与 Q787 和 H700 的侧链之间形成了两个氢键相互作用；D689 的主链与 N691 的主链与侧链之间形成了两个氢键相互作用；N691 和 L701 之间形成了一个氢键相互作用；同时 R692 的侧链和 Q787 的侧链之间也形成了一个氢键相互作用。此外，Akram Shirdel 等为了探究这段长 loop 对酶热稳定性的影响，对 R692、H700、L701 及 Q787 进行了定点突变，其中 R692L、H700A 及 Q787A 突变由于破坏这个氢键网络，从而降低了酶的稳定性；而 H700N/L701T 组合突变由于增加了额外相互作用提高了酶的热稳定性，表明 D689-R692 的构象稳定性能够影响硫酸软骨素裂解酶整体的热稳定性。基于此，可以推论出，E694P 突变是通过在 D689-R692 的下游引入刚性的 Pro 限制了上游 D689-R692 的构象变化 [图 4-10（3）]，从而显著提高了硫酸软骨

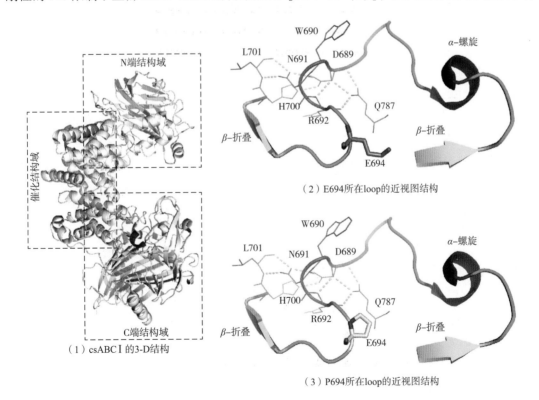

（1）csABC I 的3-D结构

（2）E694所在loop的近视图结构

（3）P694所在loop的近视图结构

图 4-10 E694P 突变提高热稳定性的分子机制

素裂解酶整体的热稳定性。事实上，脯氨酸由于自身的 N 原子位于吡咯烷环上，使得 N–Cᵅ 的旋转受到吡咯烷环的束缚，因而具有更小的构象自由度，不仅能够稳定自身的构象，且会限制上游氨基酸的构象，这也为改造其他蛋白质的热稳定性提供了一种新思路。

（2）提高硫酸软骨素裂解酶催化活性　除了对 csABC I 的热稳定性改造，Chen 等将 Ramachandran 分析中具有非最佳 φ 和 ψ 值的 Gln140 替换为 Gly、Ala 和 Asn，结果发现 Q140G 和 Q140A 突变体能够同时提高酶的活性和热稳定性。Wang 等基于 *E. coli* 密码子偏好性对 *P. vulgaris* IFO3988（GenBank：E08025.1）来源的 csABC I 的核苷酸序列进行了密码子优化并在大肠杆菌中实现了重组表达，通过序列比对发现报道的几种 csABC I 氨基酸序列一直存在争议（图 4-11）。

	125	154	309	322	369
Seq.1	IDGYPTIDF	GWRAVGV	RHLITDKQIIIYQPENLNS		LLVTKHL
Seq.2	IDGYLTIDF	GWRAVGV	RHLITDKQIIIYQPENLNS		LLMTKHL
Seq.3	IDGYLTIDF	GWRTVGV	RHLVTDKQIIIYQPENPNS		LLMTKHL

	494			530
Seq.1	GKDGLRLMVQHGDMKATIRVTLSQPLKMPLSLFIYYAIHHFQLGESGW
Seq.2	GKDGLRPDGTAWRHEGNYPGYSFPAFKNASQLIYLLRDTPFSVGESGW
Seq.3	GKDGLRPDGTAWRHEGNYPGYSFPAFKNASQLIYLLRDTPFSVGESGW

	670	694	738	865
Seq.1	HGVGQIVSN	NRMQGATT	MAFDLIYPAN	SAWIDHRTRPKDA
Seq.2	HGVAQIVSN	NRMEGATT	MAFNLIYPAN	SAWIDHSTRPKDA
Seq.3	HGVAQIVSN	NRMPGATT	MAFNLIYPAN	SAWIDHSTRPKDA

图 4-11　*P. vulgaris* 来源 csABC I 的氨基酸序列比对

为探究这些差异序列对重组酶催化活性的影响，首先按照 Huang 等报道的序列（Seq. 2）对出发序列（Seq. 1）进行了定点突变。如图 4-12 所示，替换 L494-L530 序列后重组酶依然表现出极微弱的硫酸软骨素裂解酶活性，说明 L494-L530 序列突变不是导致

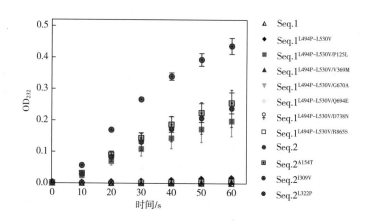

图 4-12　突变体对 CS 的降解能力

重组酶活性低的关键因素。在此基础上，分别对 P125、V369、G670、Q694、D738 及 R865 进行了单点突变，发现 P125L 突变显著提高了重组酶的催化活性；接着在 P125L 突变的基础上，进一步对 V369、G670、Q694、D738、R865 进行了叠加突变，重组酶的催化活性没有明显提高，表明 P125 突变是导致重组酶活性低的关键因素。

为鉴定 Seq. 3 序列中影响催化活性的氨基酸残基，在 Seq. 2 序列的基础上按照 Seq. 3 序列进行了反向定点突变。如图 4-12 所示，L322P 突变显著降低了重组酶的催化活性，说明 P322 突变是导致重组酶活性低的关键因素。出乎意料的是，I309V 突变显著提高了重组酶对 CS 的降解能力。结构分析显示（图 4-13），L125 位于远离活性中心的 N 端结构域，I309 和 L322 位于离活性中心较远的 N 端结构域与催化结构域的交界面，L125P、I309V 及 L322P 突变能够显著影响酶的催化能力，表明 L125、I309 及 L322 是三个具有远端效应的氨基酸残基位点。事实上，csABC I 的 N 端结构域是由双层 β-折叠组成的三明治结构，在结构上与木聚糖水解酶的碳水聚合物结合结构域（CBM）非常相似。因此，推测 csABC I 的 N 端结构域可能参与到 CS 糖链的结合并将糖链拉向催化结构域的活性中心附近进行糖链断裂。

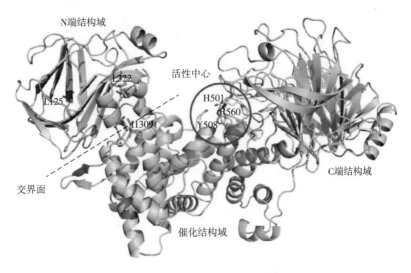

图 4-13　csABC I 的 3-D 结构

（3）硫酸软骨素裂解酶在异源宿主细胞中的分泌表达　为了实现酶的分泌表达，考察了 Sec 系统中常用的 3 种信号肽（pelB、ompA 和 phoA）引导重组酶胞外分泌的能力。如图 4-14 所示，N 端不带信号肽的对照重组菌 ECMCS309 胞外没有检测到硫酸软骨素裂解酶活性，说明重组酶不能自我胞外分泌。重组菌 ECMCS309-ompA、ECMCS309-pelB、EC-MCS309-phoA 的胞外酶活性分别为 $3.2 \times 10^2 U/L$、$2.9 \times 10^2 U/L$、$2.0 \times 10^2 U/L$，表明 ompA 信号肽的分泌效率最高。值得注意的是，N 端融合信号肽的重组菌 ECMCS309-ompA、ECMCS309-pelB、ECMCS309-phoA 的总酶活性分别为 $4.3 \times 10^2 U/L$、$4.8 \times 10^2 U/L$、$3.1 \times 10^2 U/L$，都远低于不带信号肽的对照菌 ECMCS309（$1.8 \times 10^3 U/L$），表明 N 端融合信号肽在翻译水平上降低了蛋白的总表达水平。另外，尽管 ompA 信号肽能最大程度地引导重组酶胞外分泌，但是仍有部分蛋白滞留在胞内。研究表明，敲除外膜脂蛋白编码基因 *lpp* 可以提高细胞膜的通透性，从而能够促进胞内蛋白的分泌且敲除该基因对菌体生长没有影响。因此，继续考察了敲除 *lpp* 基因对重组酶胞外分泌的影响。重组菌 EC（Δ*lpp*）MCS309-ompA 胞外酶活性达到 5.0×10^2 U/L，同时胞内没有检测到硫酸软骨素裂解酶活性，说明敲除 *lpp* 基因实现了重组酶的完全分泌。值得注意的是，重组菌 EC（Δ*lpp*）MCS309-ompA 的总酶活性要稍微高于重组菌 ECMCS309-ompA 的总酶活性，推测是由于完全胞外分泌降低了细胞负担从而提高了蛋白的表达水平。

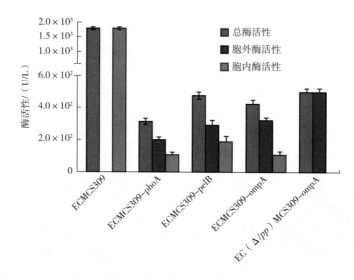

图 4-14　重组酶的分泌表达

为进一步提高重组酶的表达水平，对诱导剂和接种量进行了优化。如图 4-15（1）所示，当诱导剂 IPTG 的浓度为 0.2mmol/L 时，重组酶的胞外酶活性最高，高于或低于此临界值，都会不同程度地降低重组酶的表达水平。另外，随着诱导剂 IPTG 浓度的增加，菌体的生物量不断降低，说明高浓度的诱导剂 IPTG 抑制了菌体的生长。有研究表明，在大肠杆菌 *lac* 操纵系统中，对于表达易形成包涵体的重组蛋白采用 IPTG 和阿拉伯糖双诱导能够有效提高目的蛋白的可溶表达量。因此，考察了 0.2mmol/L IPTG 与 10g/L 阿拉伯糖双诱导对重组酶表达的影响。如图 4-15（1）所示，IPTG 和阿拉伯糖双诱导时，重组菌 EC（Δ*lpp*）MCS309-ompA 的胞外酶活性为 9.6×10^2 U/L，是单一 IPTG 诱导方式的 1.9 倍，表明添加阿拉伯糖能够有效提高重组硫酸软骨素裂解酶的表达水平。此外，考虑到较低的诱导温度（25℃）与添加的 IPTG 都会抑制菌体的生长，*E. coli* T7 系统中常规的诱导条件（OD_{600} = 0.6~0.8）并不适合重组硫酸软骨素裂解酶的表达。因此，本节考察了接种量大小对重组酶表达的影响。如图 4-15（2）所示，当采用 10%（体积分数）接种量时，重组菌 EC（Δ*lpp*）MCS309-ompA 的胞外酶活性达到 1.4×10^3 U/L，比初始按照 1% 接种量条件下的胞外酶活性提高了 46%。以上结果表明，对于易形成包涵体的蛋白表达，除了分子水平的改造外，优化蛋白的培养条件也至关重要。

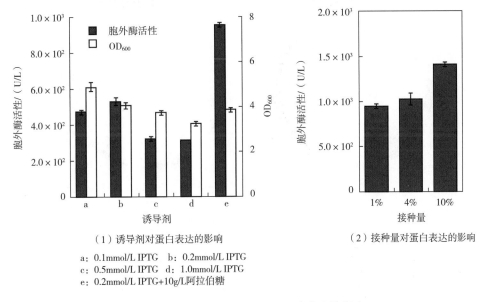

（1）诱导剂对蛋白表达的影响

a：0.1mmol/L IPTG　b：0.2mmol/L IPTG
c：0.5mmol/L IPTG　d：1.0mmol/L IPTG
e：0.2mmol/L IPTG+10g/L阿拉伯糖

（2）接种量对蛋白表达的影响

图4-15　诱导剂和接种量对重组酶表达的影响

（4）硫酸软骨素裂解酶的食品级表达　目前，美国食品药品监督管理局（FDA）批准了硫酸软骨素在食品领域可以作为食品添加剂，欧盟也将其列为新资源食品，由此可见硫酸软骨素在食品领域将具有巨大的市场前景。相比于高分子质量硫酸软骨素，低分子质量硫酸软骨素更容易被人体吸收利用，因此开发用于制备食品级别低分子质量硫酸软骨素的硫酸软骨素裂解酶 ABC I 具有重要意义。*B. subtilis* 作为 FDA 认证的 GRAS 生物安全菌株，无内毒素及致病原，可用于食品级蛋白产品的生产。此外，作为革兰染色阳性菌的模式菌株，具有遗传背景清晰和异源表达水平高（20~25g/L）等优良特性，被认为是目前较理想的蛋白质生产菌株。因此在 *B. subtilis* WB 600 中进行了 NΔ5/E694P 的重组表达。

首先考察了游离表达与基因组整合表达对 NΔ5/E694P 积累的影响。先将 NΔ5/E694P 的基因序列分别插入到游离表达载体 pSTOP1622 和整合表达载体 pAX01 上，获得重组质粒 pSTOP-NΔ5/E694P［图4-16（1）］和 pAX-NΔ5/E694P［图4-16（2）］。然后将构建的重组质粒化转到 *B. subtilis* WB600 细胞中，获得重组菌 BSCS1 和 BSCS2。如图4-16（3）所示，诱导18h，重组菌 BSCS1 胞内酶活性达到 1.3×10^4U/L，细胞生物量 OD_{600}=9.5。之后，细胞开始裂解，导致酶活性也随之降低。重组菌 BSCS2 在诱导18h时的胞内酶活性为 1.9×10^3U/L，仅为重组菌 BSCS1 的15%；OD_{600}=17.5，比重组菌 BSCS1 提高了84%，且随着培养时间的延长生物量还在持续增加［图4-16（4）］。相比于基因组整合表达，游离表达尽管给细胞带来了巨大的负担，降低了细胞生物量，但同时也有6.8倍高的蛋白表达水平。从生产角度上来讲，采用游离表达的生产方式更具有工业化生产 NΔ5/E694P 的潜力。

此外，尽管重组菌 BSCS1 具有较高的蛋白表达水平，但在发酵过程中需要添加昂贵的

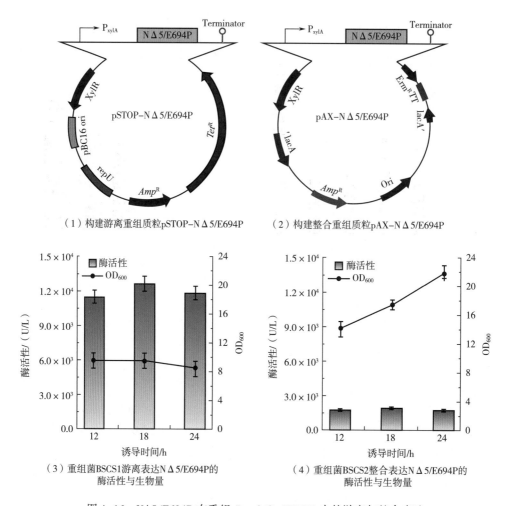

（1）构建游离重组质粒pSTOP-NΔ5/E694P　　（2）构建整合重组质粒pAX-NΔ5/E694P

（3）重组菌BSCS1游离表达NΔ5/E694P的
酶活性与生物量

（4）重组菌BSCS2整合表达NΔ5/E694P的
酶活性与生物量

图4-16　NΔ5/E694P 在重组 *B. subtilis* WB600 中的游离与整合表达

诱导剂，额外增加了生产成本和染菌风险。相比于诱导型启动子，组成型启动子不受外界条件的限制，可以持续稳定的表达目的基因，对于表达对细胞无毒性的蛋白是一个不错的选择。*B. subtilis* 中有许多内源强组成型启动子，RNA 聚合酶能够识别、结合这些特定的 DNA 片段并强启动转录的这一特性是由 σ 因子决定的。如图 4-17（1）所示，P_{spovG} 启动子是由 σ^H 调控的，并且具有单一的-35 和-10 核心序列；P_{lytR} 启动子受到 σ^X 和 σ^A 的双重调控，且具有两组独立的-35 和-10 核心序列，属于串联启动子；而 P_{43} 启动子受到 σ^B 和 σ^A 的双重调控，且具有两组重叠的-35 和-10 核心序列，属于杂合启动子。为考察这三种不同类型的组成型启动子对 NΔ5/E694P 积累的影响，首先将质粒 pSTOP-NΔ5/E694P 的 P_{xylA} 启动子分别替换成 P_{spovG}、P_{lytR} 和 P_{43} 启动子，获得重组质粒 P_{spovG}-NΔ5/E694P、P_{lytR}-NΔ5/E694P 和 P_{43}-NΔ5/E694P ［图 4-17（2）］。然后将构建的重组质粒分别转化到 *B. subtilis* WB600 细胞中，获得重组菌 BSCS1/P_{spovG}、BSCS1/P_{lytR} 和 BSCS1/P_{43}。如图 4-17（3）所示，培养 38h 时，重组菌 BSCS1/P_{spovG}、BSCS1/P_{lytR} 和 BSCS1/P_{43} 的胞内酶活性分

别达到 9.8×10^3 U/L、3.7×10^3 U/L 和 1.2×10^3 U/L。从 SDS-PAGE 分析结果可以看出，重组菌胞内目标蛋白的积累量 BSCS1/P$_{spovG}$ > BSCS1/P$_{lytR}$ > BSCS1/P$_{43}$，与酶活性测定结果一致。上述结果表明，与 P$_{lytR}$ 和 P$_{43}$ 启动子相比，受到 σ^H 调控的 P$_{spovG}$ 启动子具有更高的表达强度。此外，重组菌 BSCS1/P$_{spovG}$ 培养 38h 的胞内酶活性仅为重组菌 BSCS1 诱导 18h 的 75%，从生产强度这个角度来讲，P$_{spovG}$ 组成型启动子和 P$_{xylA}$ 诱导型启动子相比还是有一定的差距。

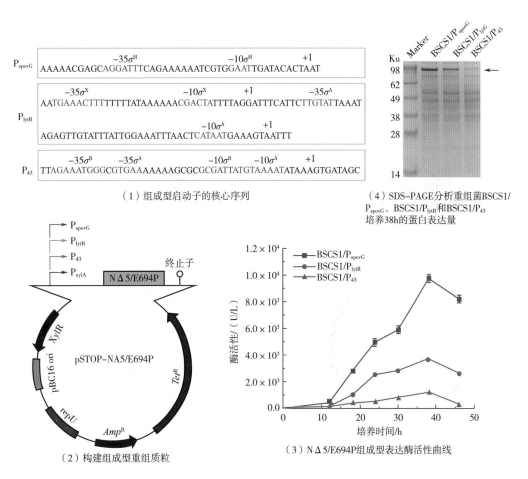

（1）组成型启动子的核心序列

（4）SDS-PAGE分析重组菌BSCS1/P$_{spovG}$、BSCS1/P$_{lytR}$和BSCS1/P$_{43}$ 培养38h的蛋白表达量

（2）构建组成型重组质粒

（3）NΔ5/E694P组成型表达酶活性曲线

图 4-17　NΔ5/E694P 在重组 *B. subtilis* WB600 中的组成型表达

启动子能够在转录水平调控目的基因的表达，而基因的 N 端编码序列会在翻译水平上通过影响核糖体的起始翻译速率而影响蛋白的表达水平。N 端融合标签用于提高难表达蛋白的表达量就是一个经典案例。但往往这些标签的分子质量比较大，很容易影响目标蛋白的酶学性质。为了克服这种限制性，Tian 等基于系统生物学和统计分析，在 *B. subtilis* 中开发了天然的和合成的 N 端编码序列（45bp）文库，并将其成功的应用于调控唾液酸合成途径中关键酶的表达，最终显著提高了唾液酸的产量。为了进一步提高 NΔ5/E694P 的表达量，考察了 10 种较优的 N 端寡肽序列［图 4-18（1）］对 NΔ5/E694P 表达的影响。

首先将寡肽对应的核苷酸序列插入到质粒 P_{spovG}-NΔ5/E694P 目的基因的 N 端，获得基因 N 端融合 45bp 核苷酸的重组质粒 [图 4-18（2）]。然后将构建的重组质粒分别转化到 *B. subtilis* WB600 细胞中，获得了 10 株重组菌 BSCS1/P_{spovG}-bltD、BSCS1/P_{spovG}-cspB、BSCS1/P_{spovG}-C4、BSCS1/P_{spovG}-yxjG、BSCS1/P_{spovG}-ydbD、BSCS1/P_{spovG}-valS、BSCS1/P_{spovG}-tufA、BSCS1/P_{spovG}-ybdD、BSCS1/P_{spovG}-yvyD 和 BSCS1/P_{spovG}-glnA。如图 4-18（3）所示，培养 38h，重组菌 BSCS1/P_{spovG}-glnA 的胞内酶活性为 1.2×10^4 U/L，比出发菌 BSCS1/P_{spovG}（9.8×10^3 U/L）提高了 22%，而其余 9 株重组菌的胞内酶活性均低于出发菌。上述结果表明，N 端序列能够改变蛋白的表达水平，一个合适的 N 端序列能够提高目标蛋白的表达水平，反之，就会降低蛋白的表达水平。

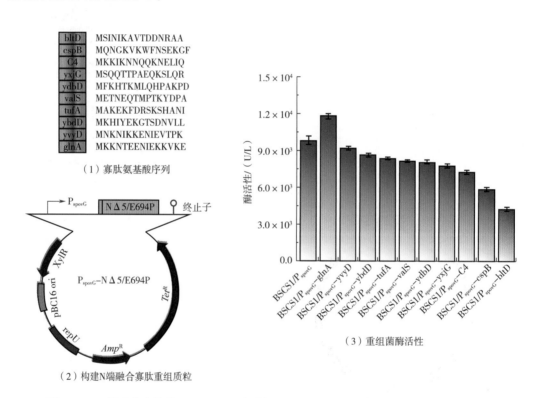

（1）寡肽氨基酸序列

（2）构建N端融合寡肽重组质粒

（3）重组菌酶活性

图 4-18　N 端融合寡肽的 NΔ5/E694P 在重组 *B. subtilis* WB600 中的组成型表达

除了基因 N 端编码序列外，启动子的 5′非翻译区（5′UTR）序列也会通过影响核糖体与核糖体结合位点（RBS）的结合进而影响翻译强度，并在代谢工程和合成生物学领域被广泛应用于调控目的基因表达。为进一步提高 NΔ5/E694P 的表达水平，首先通过 RBS Calculator 2.0 在线服务器计算了 P_{spovG} 启动子原始的 5′UTR 翻译强度为 688121，基于此设计并筛选了 9 条翻译强度依次增加的 5′UTR 序列 [图 4-19（1）]。然后将这些核苷酸序列在质粒 P_{spovG}-glnA-NΔ5/E694P 上分别替换 P_{spovG} 启动子的原始 5′UTR 序列，获得 9 种重组质粒 [图 4-19（2）]。将构建的重组质粒分别转化到 *B. subtilis* WB600 细胞中，获得 9 株重组菌 BSCS1/$P_{spovG}^{5'UTR1}$-glnA、BSCS1/$P_{spovG}^{5'UTR2}$-glnA、BSCS1/$P_{spovG}^{5'UTR3}$-glnA、BSCS1/

$P_{spovG}^{5'UTR4}$–glnA、BSCS1/$P_{spovG}^{5'UTR5}$–glnA、BSCS1/$P_{spovG}^{5'UTR6}$–glnA、BSCS1/$P_{spovG}^{5'UTR7}$–glnA、BSCS1/$P_{spovG}^{5'UTR8}$–glnA 和 BSCS1/$P_{spovG}^{5'UTR9}$–glnA。如图4-19（3）所示，培养38h，除了重组菌 BSCS1/$P_{spovG}^{5'UTR8}$–glnA 的胞内酶活性低于出发菌 BSCS1/P_{spovG}–glnA，其余8株重组菌的胞内酶活性均高于出发菌 BSCS1/P_{spovG}–glnA。重组菌 BSCS1/$P_{spovG}^{5'UTR1}$–glnA、BSCS1/$P_{spovG}^{5'UTR2}$–glnA、BSCS1/$P_{spovG}^{5'UTR3}$–glnA、BSCS1/$P_{spovG}^{5'UTR4}$–glnA、BSCS1/$P_{spovG}^{5'UTR5}$–glnA、BSCS1/$P_{spovG}^{5'UTR6}$–glnA、BSCS1/$P_{spovG}^{5'UTR7}$–glnA 和 BSCS1/$P_{spovG}^{5'UTR9}$–glnA 的胞内酶活性分别为 $3.2×10^4$U/L、$2.2×10^4$U/L、$2.6×10^4$U/L、$3.8×10^4$U/L、$2.0×10^4$U/L、$2.8×10^4$U/L、$2.1×10^4$U/L、$1.8×10^4$U/L，相比于出发菌 BSCS1/P_{spovG}–glnA（$1.2×10^4$U/L）分别提高了167%、83%、117%、217%、67%、133%、75%和50%。从 SDS-PAGE 分析结果可以看出，重组菌胞内目标蛋白积累量 BSCS1/$P_{spovG}^{5'UTR4}$–glnA > BSCS1/$P_{spovG}^{5'UTR1}$–glnA > BSCS1/$P_{spovG}^{5'UTR6}$–glnA > BSCS1/$P_{spovG}^{5'UTR3}$–glnA > BSCS1/$P_{spovG}^{5'UTR2}$–glnA > BSCS1/$P_{spovG}^{5'UTR7}$–glnA > BSCS1/$P_{spovG}^{5'UTR5}$–glnA > BSCS1/$P_{spovG}^{5'UTR9}$–glnA > BSCS1/P_{spovG}–glnA > BSCS1/$P_{spovG}^{5'UTR8}$–glnA，与酶活性结果基本一致 ［图4-19（4）］。

名称	翻译速度	mRNA序列
5'UTR	688121	AUGCUUUAUAUAGAAAGGAGGUGAAAUGUACAC
5'UTR9	794640	CCGGAAUAGCGAGAGGAGGGCCAAUC
5'UTR8	812321	AUGAUUGCAAAAGGGGGUGGGCCU
5'UTR7	822289	UUUACGACCCCGCAGGAGGAAAUAUUUA
5'UTR6	848454	AGACUAGACUCAAGGGGGGUUGUACGA
5'UTR5	871572	CAAUUUUGCCAAAAGGAGGUAUUUU
5'UTR4	899898	CCGCAAUAGCGACAGGAGGGCCAAUA
5'UTR3	1001280	AGACUAGACUCAAGGGGGGUUGUAUGA
5'UTR2	1116890	CCGCAAUAGCGAGAGGAGGGCCAAUA
5'UTR1	1123850	UGCGCACCGAAAUGGGAGGUAUCAUU

（1）人工设计的5'UTR序列

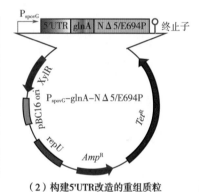

（2）构建5'UTR改造的重组质粒

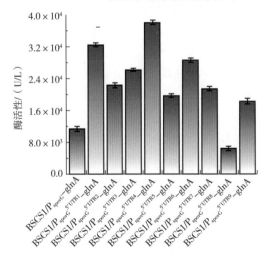

（3）重组菌发酵胞内酶活性

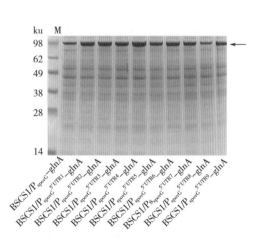

（4）SDS-PAGE分析重组菌培养38h的蛋白表达水平

图4-19　5′UTR 序列对 NΔ5/E694P 在重组 *B. subtilis* WB600 中的组成型表达的影响

为了评估重组菌 BSCS1/P$_{spovG}$$^{5'UTR4}$-glnA 用于工业生产重组蛋白的潜力，在 3L 发酵罐中进行了小试。如图 4-20（1）所示，重组菌胞内酶活性随着生物量的增加而急剧增加，培养 32h，胞内酶活性达到 $5.0×10^4$ U/L，比摇瓶水平提高了 32%，生物量（OD$_{600}$）为 19.6。之后胞内酶活性迅速下降，可能是由于细胞严重裂解，部分重组酶被释放到培养基中。SDS-PAGE 分析结果［图 4-20（2）］与酶活性测定结果一致。此外，在发酵罐水平，酶活性达到最高的时间点比摇瓶水平提前了 6h，这可能是由于发酵罐中较好的溶氧和稳定的 pH 提高了重组酶的生产强度。后续采用补料分批发酵的培养方式提高细胞密度可进一步提高蛋白表达量。

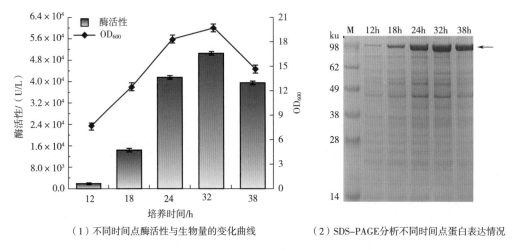

（1）不同时间点酶活性与生物量的变化曲线 　　（2）SDS-PAGE分析不同时间点蛋白表达情况

图 4-20　重组菌 BSCS1/P$_{spovG}$$^{5'UTR4}$-glnA 3L 罐分批发酵

第三节　特定结构硫酸软骨素的酶法制备

采用动物提取法获取的 CS 磺酸化水平及磺酸化形式差别较大，获取特定构型的 CS 步骤困难，这导致了 CS 的进一步精细化的研究受阻。因此人们提出化学法和化学酶法合成 CS。化学法与化学酶法可以制备得到具有明确结构的 CS，但步骤烦琐，原料价格昂贵，无法进行大规模合成制备，只能停留在实验室水平。

硫酸软骨素由于其多样的磺酸化修饰造成了许多不同构型，这种磺酸化修饰是由特定功能的磺基转移酶所完成。动物在发育生长期间，硫酸软骨素的磺酸化平衡和磺酸化模式被严格调节，而软骨素磺基转移酶基因的时空表达被认为是软骨素硫酸盐这种精细平衡的关键决定因素。硫酸软骨素磺基转移酶来源于 HNK-1 磺基转移酶家族，随着对硫酸软骨素研究进程的深入，各种磺基转移酶被挖掘出来，并进行了不同宿主的异源表达。基于硫酸软骨素磺基转移酶的研究进展，人们提出了体外酶法合成 CS。即以软骨素为底物，3′-磷酸腺苷 5′-磷酰硫酸（PAPS）为硫酸基供体，在磺基转移酶的催化下合成具有特定生物学功能的 CS。近年来，随着代谢工程和合成生物学的发展，大肠杆菌、枯草芽孢杆菌、链球菌属和谷氨酸棒杆菌菌株已被工程化以生产软骨素，从而保证了软骨素的大量供应以生产 CS。

一、软骨素磺基转移酶的活性表达与胞外分泌

C4ST 已成功纯化并在多种哺乳动物细胞系中表达，例如 CHO、COS-7 和 HEK 293，动物细胞表达系统已被证明可有效产生功能性磺基转移酶。然而，就费用和工艺规模而言，使用动物表达系统对于大规模工业生产实际上并不可行。迄今为止，已有数项研究证明了多种微生物发酵系统［如大肠杆菌 K4、大肠杆菌 BL21 Star™（DE3）、枯草芽孢杆菌、谷氨酸棒杆菌］具有生产软骨素的能力。作为在微生物表达系统中由软骨素制备 CS 的第一步，C4ST 是必不可少的。最近，He 等已将人源软骨素-4-O-磺基转移酶在大肠杆菌和毕赤酵母中得到表达。人源 C4ST-1 包含 352 个氨基酸，分子质量约为 41.5ku。He 等预测跨膜结构域位于 N 端的 Met17 至 Leu37，两个 PAPS 结合位点（Pro124-Asn130，Arg186-Ser194）位于跨膜结构域的下游。所有 C4ST 在 PAPS 结合位点附近彼此同源，除 C4ST-3 外，C4ST-1 和 C4ST-2 均显示宽广的且重叠的 mRNA 表达模式，因此被认为在功能上是冗余的。且有研究表明与 C4ST-1 相连的 N-连接寡聚糖有助于 C4ST-1 活性形式的产生与稳定性，这种翻译后修饰对于酶的正常功能至关重要，因为当两个或多个 N-糖基化位点被消除时，突变分析表明酶活性几乎完全丧失。

目前 C6ST-1、GalNAc4S-6ST 和 UA2ST 均已在 COS-7 得到表达。人源 HS-2OST 和 CS-2OST 在其磺基转移酶（ST）域中具有 32% 的同一性和 56% 的相似性，有报道将 CS-2OST 的催化结构域在大肠杆菌中表达，通过根据 HS-2OST 结构分析 CS-2OST，鉴定了一个关键氨基酸组氨酸（His 168）和与 PAPS 的结合位点。

本书作者通过 N 端融合策略，成功地在毕赤酵母中实现了鼠源磺基转移酶 C4ST 和 C6ST 的活性分泌表达，其中 C4ST 胞外酶活性达到 6.1U/L。但是该酶活性依然相对较低，导致体外催化硫酸软骨素的合成速率较低。为进一步提高转化效率，Jin 等通过信号肽策略及蛋白融合策略对磺基转移酶 C4ST 进行表达优化，将其胞外活性从原始的 6.1U/L 提高至约 50.0U/L［图 4-21（1）］，SDS-PAGE 条带如图 4-21（2）所示。进一步通过 3L 罐培养优化，C4ST 提高至 189.0U/L，是初始酶活性的 30 倍［图 4-21（3）］。

二、体外酶催化软骨素合成硫酸软骨素

本书作者在前面的工作中成功实现了重组枯草芽孢杆菌合成软骨素以及利用毕赤酵母实现了磺基转移酶的活性表达。基于此，为了制备硫酸软骨素，取代传统的动物组织提取的方式，研究人员提出利用体外酶法合成硫酸软骨素。本书作者有机地整合了软骨素合成、磺酸化修饰系统及 PAPS 再生系统，构建了硫酸软骨素的酶法高效催化合成系统（图 4-22）。

1. 软骨素的提取与纯化

发酵重组枯草芽孢杆菌，8000g 离心收集上清液。加入终浓度为 15g/L 的 NaCl，3 倍

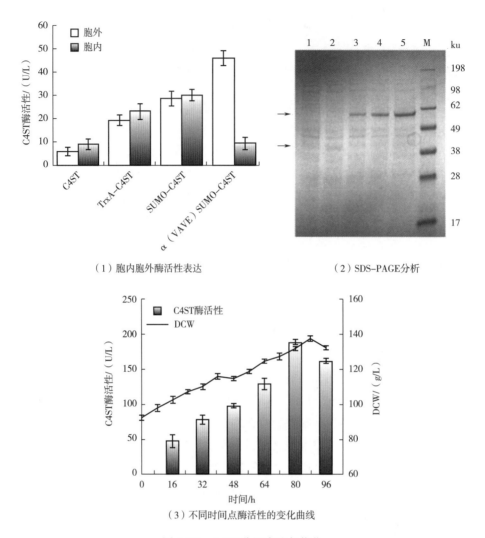

（1）胞内胞外酶活性表达　　　　　　（2）SDS-PAGE分析

（3）不同时间点酶活性的变化曲线

图 4-21　C4ST 分泌表达与优化

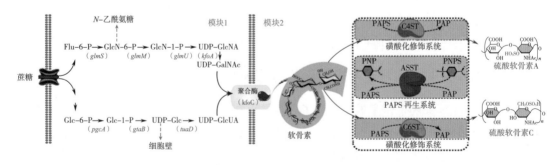

图 4-22　体外酶法催化合成硫酸软骨素

体积的乙醇，−80℃冷冻过夜。12000g，4℃离心收集沉淀，20mmol/L Tris-HCl（pH 7.4）重悬沉淀。加入终浓度为 1mg/L 的 DNase，37℃反应 1h 去除溶液中的杂质 DNA。加入2.5mg/mL 的蛋白酶 K，55℃反应 2h 除去溶液中的蛋白。12000g，4℃离心收集上清液，过

0.22μm 水膜后，过 AMBERLITE™ FPA98 Cl 树脂吸附软骨素，所得洗脱液经 AMBERLITE™ IR120Na 树脂除去阳离子杂质，最后经 DOWEX* OPTIPORE* L493 脱色和浓缩后冷冻干燥得到软骨素样品。

2. 酶法催化合成硫酸软骨素

PAPS 是硫酸转移酶催化软骨素合成硫酸软骨素过程中直接的硫酸基供体，但是 PAPS 价格昂贵，无法直接大量使用进行产物的制备。而 AST IV（芳基磺基转移酶）可以催化较为廉价的前体 PAP 与 PNPS（对硝基苯酚）合成 PAPS，大幅降低成本。因此，本课题组在 E. coli 中表达大鼠肝脏来源的 AST IV，通过表达载体、表达宿主、信号肽等手段的优化，结合理性突变策略，成功实现了 AST IV 的高活性分泌表达，最终酶活性达到 90U/mL。

为了实现体外酶法制备硫酸软骨素，需要将三个模块有机整合，构建硫酸软骨素的催化合成系统。将活性表达的软骨素、C4ST（C6ST）、AST IV、PAP 及 PNPS 按一定比例混合组成酶联反应体系，将整个反应体系置于 37℃反应 48h，最终 CSA 和 CSC 的转化率分别达到 96%和 98%。

3. 红外光谱检测酶法催化产物

由红外光谱图（图 4-23）可知 C4ST 对应的酶催化产物在 857cm⁻¹ 有红外吸收峰，经与文献比对可知为 $C4-O-S$ 的吸收峰，SO_3^{2-} 红外吸收峰为 1228cm⁻¹。由此可见，C4ST 可催化合成 CSA。同时，由 C6ST、ASST IV、软骨素及其他试剂共同组成酶联反应体系催化合成的产物为 CSC，因此产物有 SO_3^{2-} 的红外吸收峰为 1228cm⁻¹ 及 $C6-O-S$ 特征红外吸收峰 825cm⁻¹。由此证明该催化体系可以有效催化合成 CSA 和 CSC。

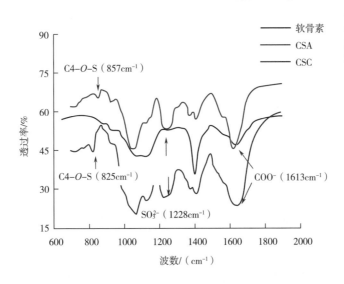

图 4-23　红外光谱鉴定磺基转移酶催化产物

4. 催化产物结构的鉴定

用 LC-IT-TOF-MS 对待测物质（C4ST 酶催化反应产物）进一步分离和测定分子质

量。出峰时间 12.39min，质荷比 m/z 为 458（阴离子模式），二级质谱的特征离子峰为 157 和 300，与文献报道的 CSA 特征离子峰 $\Delta4,5GlcA\text{-}GalNAc$（4S）（$C_{14}H_{21}O_{14}NS$）一致［图 4-24（1）和（2）］。C6ST 的酶催化产物进行 LC-IT-TOF-MS 测定时，出峰时间 5.33min，质荷比 m/z 为 458（阴离子模式），二级质谱的特征离子峰为 175 和 282，与文献报道的 CSC 特征离子峰 $\Delta4，5GlcA\text{-}GalNAc$（6S）（$C_{14}H_{21}O_{14}NS$）一致［图 4-24（3）和（4）］。

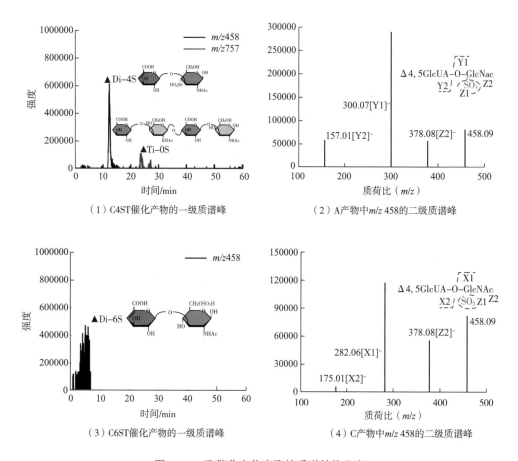

（1）C4ST催化产物的一级质谱峰　　　　（2）A产物中m/z 458的二级质谱峰

（3）C6ST催化产物的一级质谱峰　　　　（4）C产物中m/z 458的二级质谱峰

图 4-24　酶催化产物寡聚糖质谱结构鉴定

在软骨素的羟基上引入吸电子能力强的 SO_3^{2-} 基团，氢核周围的电子云密度降低，产生去屏蔽效应（Deshielding），此时 H 原子的化学位移 δ 往低场偏移。由于带负电的 SO_3^{2-} 基团具有诱导效应和临近效应，C4-OH 被其取代，则有 3 个氢原子发生化学位移 δ 往低场偏移。如图 4-25（1）和（2）所示，N-乙酰氨基葡萄糖的 C4-H、C5-H 和 C3-H 的化学位移均从 $(3.40\sim3.50)\times10^{-6}$ 变成了 $(4.47\sim4.55)\times10^{-6}$，其中化学位移大于 5×10^{-6} 的两个 H 原子峰由软骨素裂解酶裂解产生的碳碳双键造成。氨基葡萄糖残基 C6-OH 被其取代，则有两个邻位氢原子会发生化学位移 δ 往低场偏移。如图 4-25（1）和（3）所示，N-乙酰氨基葡萄糖的 C5-H 和 C6-H 的化学位移分别从 $(3.40\sim3.50)\times10^{-6}$ 变成了 4.37×10^{-6}、4.43×10^{-6}。

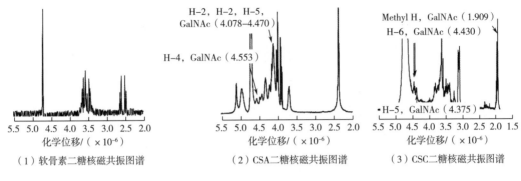

H-2，H-2，H-5，
GalNAc（4.078-4.470）

H-4，GalNAc（4.553）

Methyl H，GalNAc（1.909）

H-6，GalNAc（4.430）

H-5，GalNAc（4.375）

（1）软骨素二糖核磁共振图谱　　（2）CSA二糖核磁共振图谱　　（3）CSC二糖核磁共振图谱

图4-25　硫酸软骨素二糖核磁共振图谱

三、酶催化反应体系的优化与磺酸化水平的控制

在前面的工作中，本书作者成功地在微生物细胞中实现了磺基转移酶 C4ST 的表达，同时建立优化了 PAPS 再生系统，成功实现了特定构型硫酸软骨素（CSA/CSC）的合成。但是该反应体系依然存在一些问题，比如 ASTⅣ稳定性问题、反应效率较低等问题。基于此，我们首先研究了 ASTⅣ在不同温度条件下的稳定性 ［图4-26（1）］，然后考察了 8 种不同的稳定剂对其稳定性的影响，结果发现甘油和海藻糖对 ASTⅣ热稳定性表现出显著的积极作用。24h 后，ASTⅣ活性仍分别保持在 80% 和 50% 以上 ［图4-26（2）］。

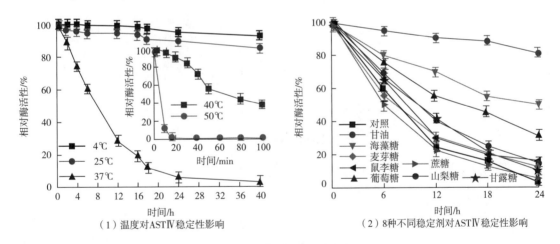

（1）温度对ASTⅣ稳定性影响　　　（2）8种不同稳定剂对ASTⅣ稳定性影响

图4-26　ASTⅣ稳定性测定

在多酶级联催化体系中，缩短酶与中间产物的距离非常关键，一个有效的方式是通过基因融合。为了方便蛋白纯化以及加速磺酸化的进程，我们设计了 14 种不同长度和柔性的连接肽将 C4ST 和 ASTⅣ融合成一个双功能蛋白 C4ST-ASTⅣ ［图4-27（1）］。结果表明，当中间加上刚性连接肽 EA$_3$K 时，几乎所有的融合酶都失去了 C4ST 活性。相反，当与柔性 G$_4$S 接头融合时，可检测到双功能酶的活性。当与（G$_4$S）$_5$融合时，构建的双功能蛋白表现出最高的 C4ST 和 ASTⅣ活性。将该双功能蛋白应用于硫酸软骨素 A 的催化合成中，24h 转化率提高至 94.0% ［图4-27（2）］。

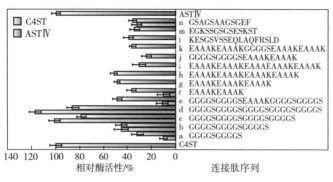

（1）具有不同连接短肽的双功能蛋白的相对活性

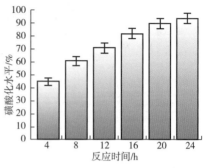

（2）不同时间内软骨素的转化率

图 4-27 双功能蛋白的构建

除了基因融合策略外，许多固定化和区室化策略被开发用来优化酶的级联反应过程，其中，蛋白支架最近被广泛用于组装多种酶以提高催化效率［图 4-28（1）］。在该文中，我们在大肠杆菌中表达纯化得到了支架蛋白 SH3-PDZ，将 SH3 和 PDZ 配体片段与 ASTⅣ和 C4ST 的 C-端融合，分别得到 ASTⅣ$_{(SH3)}$ 和 C4ST$_{(PDZ)}$ 蛋白［图 4-28（2）］。将配体蛋白和支架蛋白混合均匀后，它们会自发的组装在一起。将该策略应用于硫酸软骨素 A 的催化合成中，24h 的转化率达到 97.2%［（图 4-28（3）］，表明 SH3-PDZ 蛋白支架组装系统是

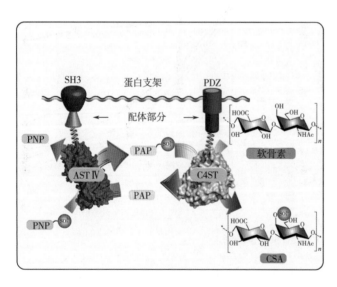

（1）蛋白支架的催化示意图

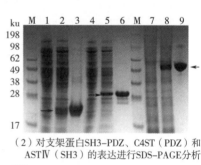

（2）对支架蛋白 SH3-PDZ、C4ST（PDZ）和 ASTⅣ（SH3）的表达进行 SDS-PAGE 分析

（3）不同时间内蛋白质支架体系中硫酸软骨素 A 的转化率

图 4-28 蛋白支架在硫酸软骨素酶法合成中的应用

M—蛋白标准品　1—大肠杆菌 BL21 pET20b 胞内上清　2—大肠杆菌 BL21 pET20b-SH3-PDZ 胞内上清　3—纯化的 SH3-PDZ 蛋白　4—大肠杆菌 BL21 pColdⅢ的胞内上清　5—大肠杆菌 BL21 pColdⅢ-ASTⅣ$_{(SH3)}$ 的胞内上清　6—纯化的 ASTⅣ$_{(SH3)}$ 蛋白　7—毕赤酵母 pPIC9K 上清　8—毕赤酵母 pPIC9K-C4ST（PDZ）上清　9—纯化后 C4ST（PDZ）上清

一种理想的合成硫酸软骨素 A 的催化系统。进一步将该催化系统扩大到 1L 体系：650mg C4ST$_{(PDZ)}$、650mg ASTⅣ$_{(SH3)}$、650mg SH3-PDZ、75mmol/L PNPS、1mmol/L PAP、15g 软骨素和 20%（体积分数）甘油均匀混合于磷酸盐缓冲液（pH7.0）。反应在 3L 生物反应器中进行，反应温度为 37℃，搅拌速度为 100r/min。在反应 24h 后，几乎所有的软骨素都被磺酸化成硫酸软骨素 A，转化率达到 98%，这表明优化的磺酸化修饰体系具有工业化生产的潜力，该研究为不同磺酸化程度硫酸软骨素 A 的工业化生产奠定了基础。

第四节　低分子质量硫酸软骨素的制备

一、化学降解制备低分子质量硫酸软骨素

大分子的硫酸软骨素，结构不均一，具有异质性，没有精确的分子结构，很难获得准确的药理结果。此外，硫酸软骨素的结构与活性之间的关系尚未得到系统地研究，其生物学功能的潜在机制仍然未知。为了解决这些问题，需要定义明确的 CS 低聚物和类似物。

低分子质量 CS 的制备可以通过酸性、氧化性、肼解和亚硝酸等化学法处理得到。酸催化水解的条件相当苛刻，可能会导致硫酸软骨素脱硫，从而严重破坏了所得片段的生物活性。肼和亚硝酸处理，通过在半乳糖胺单元的还原端切割具有硫酸盐取代基的糖苷键，对骨架解聚有效。Fenton 系统被广泛应用于制备低分子质量硫酸化多糖，其通过还原性过渡金属（如 Fe^{2+} 和 Cu^{2+}）活化过氧化氢（H$_2$O$_2$）来产生自由基，自由基降解会优先攻击未硫酸化的软骨素骨架中的 β-葡萄糖醛酸残基，导致 CS 解聚，而硫酸盐没有明显损失。然而，尽管降解效率高且简单，但实际应用受到严格的酸性条件和由此产生的金属离子沉淀的严重限制。因此开发非金属的 Fenton 工艺正在成为有效的多糖解聚的替代方法。目前在所有非金属 Fenton 系统中，H$_2$O$_2$/抗坏血酸系统是最环保的。据报道超声和 H$_2$O$_2$/抗坏血酸系统工艺的结合可提高多糖解聚过程中的降解效率。

二、酶化学方法合成硫酸软骨素寡聚糖

随着技术的发展，化学法和化学酶法合成 CS 寡聚糖已开发出来。硫酸软骨素寡聚糖的合成途径大多数来自构建合适的重复糖单元，然后通过组装重复单元构建硫酸软骨素寡聚糖链。Wakao 等利用化学法构建了 16 种 CS 二糖结构库。Yang 等开发从单糖供体开始通过糖基化后氧化策略，分别经 10 步和 12 步反应可得到 CS-E 四糖和六糖前体，总收率分别为 34% 和 13%。化学酶法策略有两种形式，分别是先酶催化再化学法，或者先化学法再酶法催化。使用的酶主要包括软骨素降解酶、磺基转移酶、软骨素合成酶、糖基转移酶。Li 等通过使用大肠杆菌 K4 菌株（称为 KfoC）的细菌糖基转移酶完成非硫酸化软骨素的合成，通过 C4ST 和 C6ST 催化，共合成 15 种不同的 CS 寡聚糖的文库，该文库涵盖从三糖到九糖的 CSA 和 CSC 低聚糖。Li 等先利用牛睾丸透明质酸酶（BTH）对软骨素进行酶促降解 7d，分别获得 38% 和 35% 产率的软骨素四糖和六糖，而后经化学法合成硫酸软

骨素寡聚糖，其产率达到 64% 和 55%。Li 等通过酶促合成三种均质 CS-E 寡聚糖，包括 CSE 七糖，CSE 十三糖和 CSE 九糖。研究发现 CSE 寡聚糖的抗炎作用，CS-E9 糖可以降低 LPS 引起的内毒素血症的死亡率，并改善器官损伤。

对于硫酸软骨素寡聚糖的衍生物，岩藻糖基硫酸软骨素（FuCS）寡聚糖合成方法也被开发出来。目前已报道有两种结构的岩藻糖基硫酸软骨素三糖重复单元被合成。李课题组开发了一种 FuCS 三糖的合成方法，并制备了一系列糖簇，也开发了利用软骨素的酶促降解和随后的化学转化来进行 FuCS 三糖、六糖及九糖的合成。Laezza 等开发了一种从 CS 多糖开始制备 FuCS 多糖的半合成方法。最近报告了一种新的合成 FuCS 寡聚糖的方法，采用正交保护方法以三糖为组成构件合成六糖和九糖。

三、硫酸软骨素裂解酶降解制备低分子质量硫酸软骨素

硫酸软骨素裂解酶 ABC I 是一种内切酶，可以随机断裂 CSA、CSB、CSC 结构，制备低分子质量硫酸软骨素。为考察 CSA 解聚过程中分子质量的变化规律，使用 GPC-HPLC 的方法分析不同加酶量（$3.0×10^3$、$6.0×10^3$、$1.2×10^4$、$3.0×10^4$、$6.0×10^4$、$1.2×10^5$ U/L）条件下的分子质量随时间变化规律。从图 4-29 可以看出，解聚的初始反应速率较快，分子质量迅速降低。酶活性越高，分子质量降低速率越快。随后反应速率逐渐降低，直至分子质量几乎不发生变化。随着加酶量的增加，分子质量分布最终维持在较低的水平。因此，控制加酶量及解聚时间可以制备出不同分子质量分布的低分子质量硫酸软骨素。

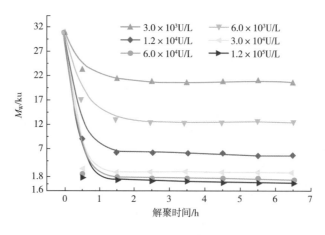

图 4-29　硫酸软骨素降解曲线

进一步考察了 CS 浓度及解聚时间对分子质量及均一度的影响。从表 4-4 可以看出，在一定酶浓度条件下，CS 浓度越高，其裂解的寡聚糖片段的平均分子质量就越高，分散系数也越高。随着解聚时间的延长，其分散系数也在随着分子质量的降低而降低。因此，可以通过控制底物浓度及解聚时间来获得具有高均一度的不同分子质量的 CS。此结果与水蛭透明质酸酶水解透明质酸制备透明质酸寡聚糖具有相似之处。

表 4-4				底物浓度对分子质量及聚合度的影响							
酶活性/	CS/	0h		0.5h		1.0h		1.5h		2.0h	
(U/L)	(g/L)	M_w/u	I_p	M_w/u	I_p	M_w/u	I_p	M_w/u	I_p	M_w/u	I_p
1.5×10^4	10	42000	30	2400	3.3	2100	2.9	2000	2.7	1900	2.6
1.5×10^4	20	48000	24	6000	6.6	4200	4.9	3700	4.3	3400	3.9
1.5×10^4	40	50000	14.5	12000	9.1	9000	7.8	7600	6.7	7000	6.2

M_w，平均分子质量；I_p，聚合系数。

为了确定 CSABC I 对 CSA 的寡聚糖产生，经 GPC-HPLC 进行分析。在 0h，CS 的平均分子质量（M_w）为 30ku，多分散指数（I_p）值为 17.85。经过 0.5h 酶裂解，CS 裂解产物的 M_w 和 I_p 分别为 5.5ku 和 5.76［图 4-30（3）］。这表明 CS 的裂解产物具有相对较窄的分子质量分布范围［图 4-30（1）和（2）］。4h 时，CS 完全降解到四糖（m/z 917）和二糖（m/z 458）作为末端产物［图 4-30（5）］。通过 SAX-HPLC 分离并纯化末端产物［图 4-30（4）］。

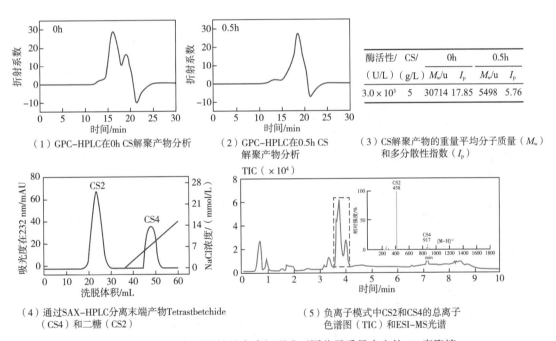

图 4-30　酶催化硫酸软骨素降解形成不同分子质量产生的 CS 寡聚糖

第五节　硫酸软骨素的微生物合成

迄今为止，天然硫酸软骨素的合成只存在于动物细胞中。因此目前商品化的硫酸软骨素主要提取自各种动物的软骨组织，但是动物组织提取法获取的硫酸软骨素有着天然的缺陷，比如纯化困难、存在未知的致病因子、结构不均一等。而硫酸软骨素广泛应用于医疗、临床及食品添加剂中，因此寻找开发一种全新优质的生产硫酸软骨素的方法有着重大意义。近年来，化学法，化学酶法及微生物酶法等不同的硫酸软骨素合成策略被提出。这些新的合成策略极大地拓宽了硫酸软骨素的获取方式。相较于传统方式，这些策略各有一定的优势，比如获取的硫酸软骨素分子修饰位点是明确的，分子质量是可控的。但是想要实现大量制备也存在着明显的问题，比如采用化学法合成硫酸软骨素所需要的原料价格昂贵，微生物酶法中需要大量制备前体软骨素，辅因子PAP价格昂贵等。

随着合成生物学技术、代谢工程技术及各种分子手段的高速发展，人工设计定制微生物来实现特定物质的生产已成为现实。因此，为了改变硫酸软骨素的生产模式，利用微生物从头合成硫酸软骨素的方案被提出。在微生物中实现硫酸软骨素的从头合成至少包括三个模块：一是前体软骨素的合成，二是磺酸化酶在细胞内的活性表达，三是PAPS的供给。毕赤酵母（*Pichia pastoris*）由于其特有的优势，比如可实现高密度，有翻译后修饰系统及易于培养等，被广泛用于各种蛋白的表达以及多种有价值的化学物质的合成。此外，鉴于气候变化的影响日益严重，近年来由一碳（C1）化合物（如二氧化碳和甲醇）生产可再生燃料和化学药品备受关注。而毕赤酵母可以以一碳化合物甲醇为碳源合成需要的目标物质，因此以毕赤酵母为出发菌株从头合成硫酸软骨素具有非常重大的意义（图4-31）。另外，对于大肠杆菌底盘细胞，由于其具有清晰的研究背景，易于操作及培养周期短等优势，所以以大肠杆菌为出发菌株进行硫酸软骨素的从头合成研究也具有一定的前景。

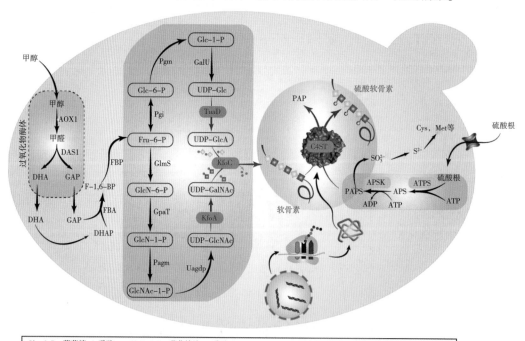

Glc-6-P—葡萄糖-6-磷酸	GlcN-6-P—葡萄糖胺-6-磷酸	UDP-Glc—尿苷二磷酸-葡萄糖
Glc-1-P—葡萄糖-1-磷酸	GlcNAc-6-P—乙酰氨基葡萄糖-6-磷酸	UDP-GlcA—尿苷二磷酸-葡萄糖醛酸
Fru-6-P—果糖-6-磷酸	GlcN-1-P—葡萄糖胺-1-磷酸	UDP-GlcNAc—尿苷二磷酸-N-乙酰葡萄糖胺
Pgi—葡萄糖-6-磷酸异构酶	GpaT—葡糖胺磷酸N-乙酰转移酶	UDP-GalNAc—尿苷二磷酸-N-乙酰半乳糖胺
Pgm—磷酸葡萄糖变位酶	Pagm—磷酸乙酰葡萄糖胺变位酶	GalU—葡萄糖-1-磷酸尿苷转移酶
		GlmS—L-谷氨酰胺-D-果糖-6-磷酸氨基转移酶
Uagdp—UDP-N-乙酰氨基葡萄糖/UDP-N-乙酰氨基半乳糖二磷酸化酶		

图4-31　毕赤酵母中硫酸软骨素合成示意图

一、毕赤酵母中软骨素的合成与优化

为了实现硫酸软骨素的从头合成，需要在毕赤酵母细胞中构建其前体软骨素的合成途径。通过对毕赤酵母内源途径的分析，发现毕赤酵母只能合成 UDP-Glc 和 UDP-GlcNAc。分析比较 *B. subtilis* 和 *E. coli* K4 中软骨素的合成途径，为了在毕赤酵母中实现软骨素的合成，需要引入葡萄糖脱氢酶将 UDP-Glc 催化成 UDP-GlcA，再引入 UDP-GlcNAc 异构酶将其催化成 UDP-GalNAc，随后引入软骨素合酶 KfoC，聚合前体 UDP-GlcA 和 UDP-GalNAc，形成软骨素。

1. 毕赤酵母中软骨素合成途径的构建

首先，扩增来自 *E. coli* K4 的软骨素合酶基因 *kfoC*，UDP-GlcNAc 异构酶基因 *kfoA* 和来自 *B. subtilis* 的 UDP-葡萄糖脱氢酶基因 *tuaD*，将其整合到毕赤酵母 GS115 菌株，得到重组菌株 Pp001，通过咔唑法检测软骨素摇瓶产量为 5.5mg/L（图 4-32）。在以往的报道中，由基因 *tuaD* 编码的 UDP-葡萄糖脱氢酶是合成软骨素前体 UDP-GlcA 的限速酶。因此，我们根据毕赤酵母密码子偏好性将基因 *tuaD* 进行了密码子优化，整合到毕赤酵母基因组中，得到重组菌株 Pp002，软骨素产量显著增加至 53.3mg/L，其产量几乎是 Pp001 的 10 倍。因此，我们进一步根据毕赤酵母密码子的偏好性将 *kfoC* 和 *kfoA* 进行了密码子优化，软骨素的产量增加至 102.5mg/L（Pp003）。然后一种来自病毒的自我加工的短肽——2A 肽被用于硫酸软骨素合成途径的构建。2A 肽的 C 端保守序列"NPGP"的最后一个脯氨酸密码子的末端会终止翻译，导致核糖体跳跃，从而在真核细胞中实现"多顺反子"的表达。分别利用组成型启动子 P_{GAP} 和诱导型启动子 P_{AOX} 构建了不同的多顺反子表达盒，重组菌株命名为 Pp004 和 Pp005。最终，两株菌的软骨素产量分别提高到 149.3mg/L 和 189.8mg/L。

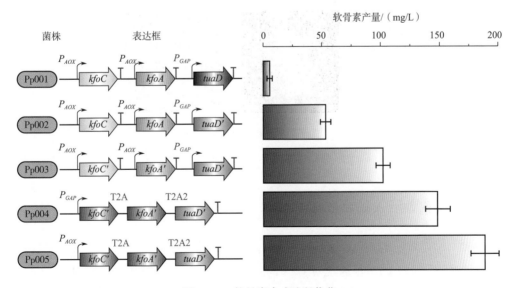

图 4-32 软骨素合成途径优化

2. 软骨素结构与定位分析

软骨素的质谱鉴定结果如图4-33（1）所示。在负扫描模式下观察到代表软骨素二糖 [Δ4, 5-GlcA-O-GalNAc]⁻ 的离子峰，质荷比为 m/z 378.02。此外，在MS/MS光谱中检测到了由 [Δ4, 5-GlcA-O-GalNAc]⁻ 生成的碎片离子 X（m/z 157.01）和 Y（m/z 175.01），与之前的报道完全一致。另外，将编码绿色荧光蛋白的 egfp 基因与软骨素合酶基因 kfoC 融合，以定位软骨素在毕赤酵母中合成的空间位置。如图4-33（2）所示，荧光均匀地分布在细胞质中。该结果表明毕赤酵母中软骨素的合成发生在细胞质中，不同于哺乳动物细胞，硫酸软骨素多糖的合成组装发生在高尔基体中。

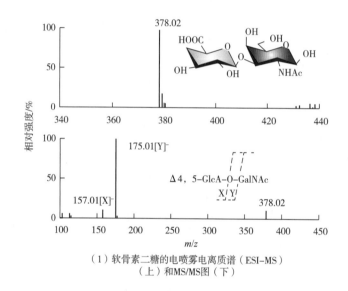

（1）软骨素二糖的电喷雾电离质谱（ESI-MS）
（上）和MS/MS图（下）

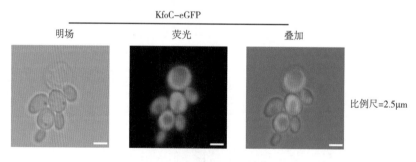

（2）软骨素合酶KfoC的定位

图4-33　软骨素结构鉴定与定位分析

二、硫酸软骨素 A 的合成与磺酸化水平强化

1. C4ST 的表达优化

磺基转移酶 C4ST 的活性表达对 CSA 的合成至关重要。在哺乳动物细胞中，C4ST 是一种高尔基体膜结合蛋白，可以将软骨素磺酸化修饰成为 CSA。鉴于其在微生物中的表达

困难，先对 5′-非翻译区的 Kozak 序列进行了研究。首先设计了 6 种不同的序列进行比较，将得到最好的 Kozak 序列 K4 用于表达 C4ST［图 4-34（1）和（2）］。然后，研究了 10 个不同的毕赤酵母内源启动子以优化 C4ST 表达［图 4-34（3）］。将 eGFP 融合到 C4ST 的 C 端，在 P_{AOX} 启动子的控制下，相对荧光强度明显强于其他启动子［图 4-34（4）］。最终，将 P_{AOX} 启动子和 K4 Kozak 序列用于 C4ST 细胞内表达，其最高酶活性达到 41.3U/L［图 4-34（5）］。

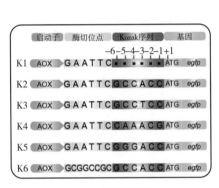

（1）Kozak序列的设计

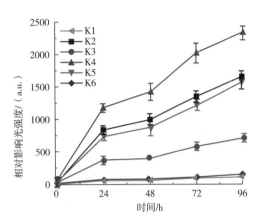

（2）不同Kozak序列菌株相对荧光强度随时间的变化

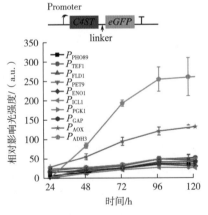

（3）不同启动子强弱比较

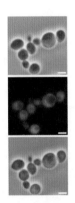

（4）AOX启动子控制下的C4ST
表达，比例尺：2.5μm

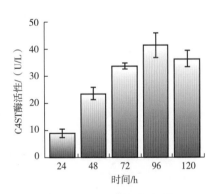

（5）C4ST不同时间的酶活性

图 4-34　C4ST 的胞内表达优化

在此基础上，将软骨素合成模块和磺酸化修饰模块同时整合到毕赤酵母中，得到重组菌株 Pp006。通过摇瓶培养分析，该菌株可以实现 CSA 的合成，产量为 182.0mg/L，磺酸化水平为 1.1%［图 4-35（1）和（2）］。该结果证实，在毕赤酵母中从头合成 CSA 是可行的；另一方面，该结果表明，毕赤酵母是 GAGs 生物合成的理想平台，同时证实了毕赤酵母中 PAPS 合成途径是完整的。

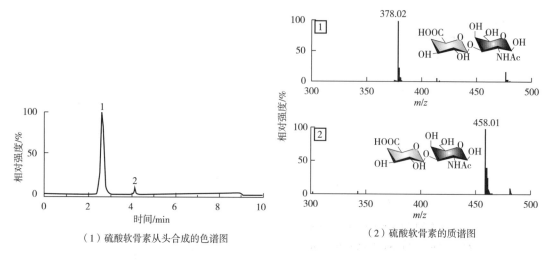

（1）硫酸软骨素从头合成的色谱图　　　（2）硫酸软骨素的质谱图

图 4-35　HPLC-MS 分析硫酸软骨素的合成

2. PAPS 合成途径强化

PAPS 是所有物种之间硫酸盐同化和还原途径的一部分，它是磺酸化糖胺聚糖的唯一磺酸基供体。为了提高 CSA 的磺酸化程度，在 CSA 生产菌株 Pp006 基础上，进一步将来自酿酒酵母（*Saccharomyces cerevisiae*）（*MET*3 和 *MET*14）和毕赤酵母（*PAS_chr*1-4_0253 和 *PAS_chr*3_0667）的腺苷 5′-三磷酸硫酸化酶（ATP Sulfurylase，ATPS）和腺苷 5′-磷酸硫酸激酶（Adenosine 5′-phosphosulfate Kinase，APSK）过表达，分别构建重组菌株 Pp007 和 Pp008。结果显示，重组菌株 Pp007 和 Pp008 的 CSA 的磺酸化度分别提高至 2.5% 和 2.8%，产量分别为 174.3mg/L 和 185.6mg/L（图 4-36）。

3. 3L 发酵罐中合成硫酸软骨素

在 3L 发酵罐中进行高细胞密度发酵，以评估重组菌株 Pp008 合成 CSA 的能力。在 36h，流加甲醇作为碳源和诱导剂。诱导 120h 后，CSA 的产量最终提高到 2.1g/L，磺酸化度水平达到 4.0%（图 4-37）。尽管磺酸化水平仍然相对较低，但将毕赤酵母作为 CSA 生产的细胞工厂是有希望的。为了进一步提高 CSA 产量和磺酸化水平并为工业生产铺平道路，未来的工

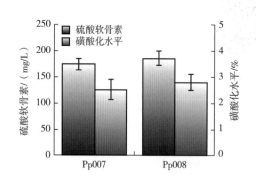

图 4-36　PAPS 途径强化 CSA 的产量及磺酸化度

作应进一步集中在优化软骨素合成途径、C4ST 表达优化和 PAPS 代谢合成上，尤其是采用全局和动态调节策略。

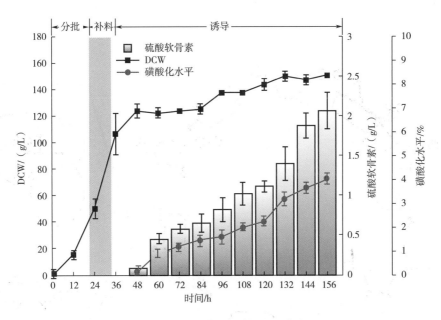

图 4-37　3L 发酵罐分批补料发酵合成 CSA

三、重组大肠杆菌合成硫酸软骨素

菌株 *E. coli* K4 天然可以合成果糖软骨素，为此期望该菌株能够实现硫酸软骨素的从头合成。由于该菌株合成的软骨素带有果糖基，因此本书作者首先敲除了果糖转移酶的编码基因（*kfoE*），得到菌株 K4 ΔkfoE（DE3）可以直接合成软骨素。在此基础上，作者分别从胞内 PAPS 的积累和 C4ST 的表达两方面开展工作。

1. PAPS 胞内积累

软骨素磺酸化修饰为 CS 需要 PAPS 和 C4ST 的参与。在前期的工作中，虽然作者将成功表达的 C4ST 转入大肠杆菌中，但是并没有实现硫酸软骨素的合成，因此考虑是胞内 PAPS 的缺乏可能限制了 CS 合成。PAPS 是负责大多数生物硫酸化过程的通用硫酸盐供体，普遍存在于半胱氨酸/甲硫氨酸生物合成途径的一部分，因此几乎存在于所有类型的细胞中，包括大肠杆菌。PAPS 的生物合成涉及两步反应，硫酸盐通过 ATP 硫酸化酶（*cysDN*）和 APS 激酶（*cysC*）催化连接到 ATP 上合成得到（图 4-38）。但是，天然途径中还包括 PAPS 还原酶（*cysH*），可与磺基转移酶竞争并将 PAPS 还原为无机亚硫酸盐。因此，作者采用将 *cysH* 抑制或敲除的策略，评估了对 PAPS 的积累和 CS 磺酸化的影响，以探讨 PAPS 是否确实是该菌株中的限制性因素。

作者通过敲除 *kfoE* 和 *cysH* 以及表达 *C4ST*，发现 CS 硫酸化率达到约 19%，低于动物提取的 CSA，因此仍有改进的余地。K4Δ*kfoE*Δ*cysH*（DE3）中其他 PAPS 生物合成基因（*cysDNCQ*）的过表达显著降低了软骨素的硫酸化作用。由于作者先前开发的重组大肠杆菌 MG1655ΔcysH（DE3）积累的 PAPS 比 K4Δ*kfoE*Δ*cysH*（DE3）高约 54 倍（约 0.8μmoles/gDCW），因此作者也探索了该菌株中 CS 的合成，发现在 MG1655ΔcysH（DE3）菌株中达到了 58%的磺酸化水平。

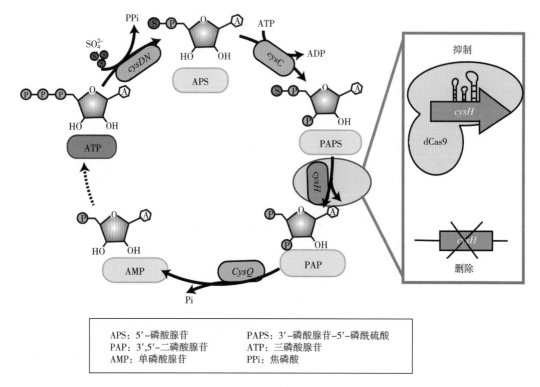

APS：5′–磷酸腺苷　　　　　　　PAPS：3′–磷酸腺苷–5′–磷酰硫酸
PAP：3′,5′–二磷酸腺苷　　　　　ATP：三磷酸腺苷
AMP：单磷酸腺苷　　　　　　　　PPi：焦磷酸

图 4-38　改造大肠杆菌 PAPS 的生物合成路径，提高软骨素的磺酸化修饰水平

2. C4ST 突变改造提高磺酸化水平

软骨素磺基转移酶是基于高尔基体的跨膜糖蛋白，其 N 端存在跨膜序列，因此一般认为这些序列被截短有助于蛋白的正确折叠并以可溶形式表达，才能成为具有催化作用的活性蛋白。为了增加磺基转移酶的溶解度和改善其稳定性，Badri 等依靠计算机辅助设计的方法来识别增强这些特性。基于一种称为蛋白质修复一站式服务（PROSS）的方法，它利用蛋白质的序列和结构信息来识别残基突变，从而使表达和溶解度增强。目前蛋白质数据库中无磺基转移酶 C4ST 的晶体结构，因此，作者基于先前阐明的 *Synechococcus* PCC 7002 烯烃合酶的磺基转移酶结构域构建了可在 PROSS 中使用的结构同源模型［图 4-39（1）］。通过模型比对分析，作者确定了三个 C4ST 的突变体，命名为 SM1（H127E S238Y）、SM2（K117R H127E S238Y A245G）和 SM4（I7A R30Q Q106E K117R S118N H127E I146T S226A S237D S238Y A245G E272Q）。突变 I7A、R30Q、Q106E、S118N、H127E、I146T、S226A、S237D、S238Y、E272Q 导致这些溶剂处的电荷分布发生了改变。作者在大肠杆菌 *E. coli* BL21（DE3）中表达这些突变体，用纯化出来的酶进行体外催化，发现 SM2 转化效率最高［图 4-39（2）和（3）］。进一步将不同 C4ST 突变体转入 PAPS 积累的重组菌株中，发现表达 SM1 和 SM4 没有明显提高软骨素磺酸化水平，而体内表达 SM2 磺酸化水平

提高了 3 倍。然后作者通过诱导条件的优化以及上罐优化，最终实现了硫酸软骨素产量约为 27μg/g 细胞干重，磺酸化水平为 96%。

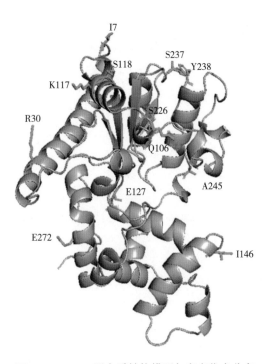

图 4-39　C4ST 蛋白质结构模型与突变位点分布

参考文献

［1］ Volpi N. Chondroitin sulfate safety and quality ［J］. Molecules, 2019, 24: 1447.

［2］ Cimini D, Restaino O F and Schiraldi C. Microbial production and metabolic engineering of chondroitin and chondroitin sulfate ［J］. Emerging Topics in Life Sciences, 2018, 2: 349-361.

［3］ Izumikawa T, et al. Chondroitin 4-O-Sulfotransferase is indispensable for sulfation of chondroitin and plays an important role in maintaining normal life span and oxidative stress responses in nematodes ［J］. J. Biol. Chem, 2016, 291: 23294-23304.

［4］ Kitagawa H, Tsutsumi K, Tone Y, et al. Developmental regulation of the sulfation profile of chondroitin sulfate chains in the chicken embryo brain ［J］. J. Biol. Chem, 1997, 272: 31377-31381.

［5］ Silbert J E and Sugumaran G. Biosynthesis of chondroitin/dermatan sulfate ［J］. IUBMB Life, 2002, 54: 177-186.

［6］ Kang H G, Evers M R, Xia G, et al. Molecular cloning and characterization of chondroitin-4-O-sulfotransferase-3. A novel member of the HNK-1 family of sulfotransferases ［J］. J. Biol. Chem, 2002, 277: 34766-34772.

［7］ Mizumoto S, et al. Chondroitin 4-O-sulfotransferase-1 is required for somitic muscle development and motor axon guidance in zebrafish ［J］. Biochem. J, 2009, 419: 387-399.

［8］ Hiraoka N, et al. Molecular cloning and expression of two distinct human chondroitin 4-O-sulfotransferases that belong to the HNK-1 sulfotransferase gene family ［J］. J. Biol. Chem, 2000, 275: 20188-20196.

［9］ Hiraoka S, et al. Nucleotide-sugar transporter SLC35D1 is critical to chondroitin sulfate synthesis in cartilage and skeletal development in mouse and human ［J］. Nat. Med, 2007, 13: 1363-1367.

［10］ Izumikawa T, Okuura Y, Koike T, et al. Chondroitin 4-O-sulfotransferase-1 regulates the chain length of chondroitin sulfate in co-operation with chondroitin N-acetylgalactosaminyltransferase-2 ［J］. Biochem. J, 2011, 434: 321-331.

［11］ Anggraeni V Y, et al. Correlation of C4ST-1 and ChGn-2 expression with chondroitin sulfate chain elongation in atherosclerosis ［J］. Biochemical and biophysical research communications, 2011, 406: 36-41.

［12］ Kitagawa H, Fujita M, Ito N, et al. Molecular cloning and expression of a novel chondroitin 6-O-sulfotransferase ［J］. J. Biol. Chem, 2000, 275: 21075-21080.

［13］ Pudełko A, Wisowski G, Olczyk K, et al. The dual role of the glycosaminoglycan chondroitin-6-sulfate in the development, progression and metastasis of cancer ［J］. The FEBS journal, 2019, 286: 1815-1837.

［14］ Miyamoto K, et al. Chondroitin 6-O-sulfate ameliorates experimental autoimmune encephalomyelitis ［J］. Glycobiology, 2014, 24: 469-475.

［15］ Jin M., et al. Effects of chondroitin sulfate and its oligosaccharides on toll-like receptor-mediated IL-6 secretion by macrophage-like J774.1 cells ［J］. Bioscience, biotechnology, and biochemistry, 2011, 75: 1283-1289.

［16］ da Cunha A L, Aguiar J A K, Correa da Silva, et al. Do chondroitin sulfates with different structures have different activities on chondrocytes and macrophages? ［J］. Int. J. Biol. Macromol, 2017, 103: 1019-1031.

［17］ Cimini D, Restaino O F, Catapano A, et al. Production of capsular polysaccharide from Escherichia coli K4 for biotechnological applications ［J］. Appl Microbiol Biotechnol. 2010, 85: 1779-1787.

［18］ Wen Z and Zhang J R. Bacterial Capsules, in Molecular Medical Microbiology, 2015, 33-53.

［19］ Cheng F, Luozhong S, Yu H, et al. Biosynthesis of Chondroitin in Engineered Corynebacterium glutamicum ［J］. J. Microbiol. Biotechnol, 2019, 29: 392-400.

［20］ Jin P, et al. Efficient biosynthesis of polysaccharides chondroitin and heparosan by metabolically engineered Bacillus subtilis ［J］. Carbohydr. Polym, 2016, 140: 424-432.

［21］ Féthière J, Eggimann B. and Cygler M. Crystal structure of chondroitin AC lyase, a representative of a family of glycosaminoglycan degrading enzymes ［J］. J. Mol. Biol, 1999, 288: 635-647.

［22］ Pojasek K, Raman R, Kiley P, et al. Biochemical characterization of the chondroitinase B active site ［J］. J. Biol. Chem, 2002, 277: 31179-31186.

［23］ Huang W, et al. Crystallization and preliminary X-ray analysis of chondroitin sulfate ABC lyases I and II from Proteus vulgaris ［J］. Acta Crystallogr D Biol Crystallogr, 2000, 56: 904-906.

［24］ Prabhakar V, et al. The catalytic machinery of chondroitinase ABC I utilizes a calcium coordination strategy to optimally process dermatan sulfate ［J］. Biochemistry, 2006, 45: 11130-11139.

［25］ Prabhakar V, et al. Biochemical characterization of the chondroitinase ABC I active site ［J］. Biochem. J. 2005, 390: 395-405.

［26］ Yamagata T, Saito H, Habuchi O, et al. Purification and properties of bacterial chondroitinases and chondrosulfatases ［J］. J. Biol. Chem, 1968, 243: 1523-1535.

［27］ Hamai A, et al. Two distinct chondroitin sulfate ABC lyases. An endoeliminase yielding tetrasaccharides and an exoeliminase preferentially acting on oligosaccharides ［J］. J. Biol. Chem, 1997, 272: 9123−9130.

［28］ Prabhakar V, Capila I, Bosques C J, et al. Chondroitinase ABC I from Proteus vulgaris: cloning, recombinant expression and active site identification ［J］. Biochem. J. 2005, 386: 103−112.

［29］ Chen Z, Li Y and Yuan Q. Expression, purification and thermostability of MBP−chondroitinase ABC I from Proteus vulgaris ［J］. Int. J. Biol. Macromol, 2015, 72: 6−10.

［30］ Li Y, Zhou Z and Chen Z. High−level production of ChSase ABC I by co−expressing molecular chaperones in Escherichia coli ［J］. Int. J. Biol. Macromol, 2018, 119: 779−784.

［31］ Muir E M, et al. Modification of N−glycosylation sites allows secretion of bacterial chondroitinase ABC from mammalian cells ［J］. J. Biotechnol, 2010, 145: 103−110.

［32］ Wang H, et al. Secretory expression of biologically active chondroitinase ABC I for production of chondroitin sulfate oligosaccharides ［J］. Carbohydr. Polym, 2019, 224: 115−135.

［33］ Nazari−Robati M, Khajeh K, Aminian M, et al. Enhancement of thermal stability of chondroitinase ABC I by site−directed mutagenesis: an insight from Ramachandran plot ［J］. Biochim Biophys Acta, 2013, 1834: 479−486.

［34］ Pakulska M M, Vulic K and Shoichet M S. Affinity−based release of chondroitinase ABC from a modified methylcellulose hydrogel ［J］. J Control Release, 2013, 171: 11−16.

［35］ Zhang X Z, Cui Z L, Hong Q, et al. High−level expression and secretion of methyl parathion hydrolase in Bacillus subtilis WB800. Appl. Environ. Microbiol, 2005, 71.

［36］ Tian R, et al. Synthetic N−terminal coding sequences for fine−tuning gene expression and metabolic engineering in Bacillus subtilis ［J］. Metab. Eng, 2019, 55: 131−141.

［37］ Jiang Z, et al. Secretory Expression Fine−Tuning and Directed Evolution of Diacetylchitobiose Deacetylase by Bacillus subtilis ［J］. Appl. Environ. Microbiol, 2019, 85.

［38］ Yang S, et al. An Approach to Synthesize Chondroitin Sulfate−E (CS−E) Oligosaccharide Precursors ［J］. J. Org. Chem, 2018, 83: 5897−5908.

［39］ Sugiura N, et al. Construction of a chondroitin sulfate library with defined structures and analysis of molecular interactions ［J］. J. Biol. Chem, 2012, 287: 43390−43400.

［40］ He W, et al. Expression of chondroitin−4−O−sulfotransferase in Escherichia coli and Pichia pastoris ［J］. Appl. Microbiol. Biotechnol, 2017, 101: 6919−6928.

［41］ Zhou Z, et al. A microbial−enzymatic strategy for producing chondroitin sulfate glycosaminoglycans ［J］. Biotechnol. Bioeng, 2018, 115: 1561−1570.

［42］ Xu D, Song D, Pedersen L C, et al. Mutational study of heparan sulfate 2−O−sulfotransferase and chondroitin sulfate 2−O−sulfotransferase ［J］. J. Biol. Chem, 2007, 282: 8356−8367.

［43］ Jin X, et al. Optimizing the sulfation−modification system for scale preparation of chondroitin sulfate A. Carbohydr ［J］. Polym, 2020, 246: 116570.

［44］ Dueber J E, et al. Synthetic protein scaffolds provide modular control over metabolic flux ［J］. Nat. Biotechnol, 2009, 27: 753−759.

［45］ Li J, et al. Ultrasound−assisted fast preparation of low molecular weight fucosylated chondroitin sulfate with antitumor activity ［J］. Carbohydr. Polym, 2019, 209: 82−91.

［46］ Wakao M, et al. Synthesis of a chondroitin sulfate disaccharide library and a GAG-binding protein interaction analysis ［J］. Bioorg. Med. Chem. Lett, 2015, 25: 1407-1411.

［47］ Yang S, et al. An Approach to Synthesize Chondroitin Sulfate-E（CS-E）Oligosaccharide Precursors ［J］. J Org Chem, 2018, 83: 5897-5908.

［48］ Zhang X, Liu H, Yao W, et al. Semisynthesis of Chondroitin Sulfate Oligosaccharides Based on the Enzymatic Degradation of Chondroitin ［J］. The Journal of organic chemistry, 2019, 84: 7418-7425.

［49］ Li J, et al. Enzymatic Synthesis of Chondroitin Sulfate E to Attenuate Bacteria Lipopolysaccharide-Induced Organ Damage ［J］. ACS Cent. Sci, 2020, 6: 1199-1207.

［50］ He H, et al. Synthesis of trisaccharide repeating unit of fucosylated chondroitin sulfate ［J］. Organic & biomolecular chemistry, 2019, 17: 2877-2882.

［51］ Zhang X, et al. Synthesis of Fucosylated Chondroitin Sulfate Nonasaccharide as a Novel Anticoagulant Targeting Intrinsic Factor Xase Complex ［J］. Angewandte Chemie（International ed. in English）, 2018, 57: 12880-12885.

［52］ Laezza A, et al. A Modular Approach to a Library of Semi-Synthetic Fucosylated Chondroitin Sulfate Polysaccharides with Different Sulfation and Fucosylation Patterns ［J］. Chemistry（Weinheim an der Bergstrasse, Germany）, 2016, 22: 18215-18226.

［53］ Zhang L, Xu P, Liu B, et al. Chemical Synthesis of Fucosylated Chondroitin Sulfate Oligosaccharides ［J］. The Journal of Organic Chemistry, 2020, 85: 15908-15919.

［54］ Jin X, et al. Biosynthesis of non-animal chondroitin sulfate from methanol using genetically engineered Pichia pastoris ［J］. Green Chem, 2021, 23: 4365-4374.

［55］ Pontrelli S, et al. Escherichia coli as a host for metabolic engineering ［J］. Metab Eng, 2018, 50: 16-46.

［56］ Ventura C L, Cartee R T, Forsee W T, et al, J. Control of capsular polysaccharide chain length by UDP-sugar substrate concentrations in Streptococcus pneumoniae ［J］. Mol. Microbiol, 2006, 61: 723-733.

［57］ Szymczak-Workman A L, Vignali K M, et al. Design and construction of 2A peptide-linked multicistronic vectors ［J］. Cold Spring Harb Protoc, 2012, 2012: 199-204.

［58］ Flangea C, et al. Determination of sulfation pattern in brain glycosaminoglycans by chip-based electrospray ionization ion trap mass spectrometry ［J］. Anal. Bioanal. Chem, 2009, 395: 2489-2498.

［59］ Badri A, et al. Complete biosynthesis of a sulfated chondroitin in Escherichia coli ［J］. Nat. Commun, 2021, 12: 1389.

［60］ Thiele H, Sakano M, Kitagawa H, et al. Loss of chondroitin 6-O-sulfotransferase-1 function results in severe human chondrodysplasia with progressive spinal involvement ［J］. Proc Natl Acad Sci U S A, 2004, 101, 10155-10160.

［61］ Kaneiwa T, Yamada S, Mizumoto S, et al. Identification of a novel chondroitin hydrolase in Caenorhabditis elegans ［J］. J Biol Chem, 2008, 283, 14971-14979.

［62］ Prabhakar V, Raman R, Capila I, et al. Biochemical characterization of the chondroitinase ABC I active site ［J］. Biochem J, 2005, 390: 395-405.

［63］ Shirdel S A, Khalifeh K, Golestani A, et al. Critical role of a loop at C-terminal domain on the conformational stability and catalytic efficiency of chondroitinase ABC I ［J］. Mol Biotechnol, 2015, 57: 727-734.

［64］ Shahaboddin M E, Khajeh K, Maleki M, et al. Improvement of activity and stability of Chondroitinase ABC I by introducing an aromatic cluster at the surface of protein ［J］. Enzyme Microb Technol, 2017, 105: 38-44.

［65］ Kheirollahi A, Khajeh K, Golestani A. Rigidifying flexible sites: an approach to improve stability of chondroitinase ABC I ［J］. Int J Biol Macromol, 2017, 97: 270-278.

［66］ Huang W, Lunin V V, Li Y, et al. Crystal structure of Proteus vulgaris chondroitin sulfate ABC lyase I at 1. 9 Å resolution ［J］. J Mol Biol, 2003, 328: 623-634.

第五章　肝素前体及肝素的生物制造

第一节　肝素类多糖的结构与应用

一、肝素类多糖的结构

硫酸乙酰肝素（Heparan Sulfate，HS）/肝素（Heparin）是糖胺聚糖（GAGs）家族中研究最广泛的一类磺酸多糖，普遍存在于哺乳动物细胞的表面和细胞外基质，参与膜结构以及细胞之间和细胞与基质之间的相互作用。肝素是一种高度磺酸化的 HS 变体，由紧靠血管的肥大细胞产生，只存在于结缔组织肥大细胞中，接受一定的刺激而释放。HS/肝素是一种酸性、带负荷且具有一定生物活性的长链线性多糖，由糖醛酸（GlcA）和 D-氨基葡萄糖（GlcNAc）经 α-1，4、β-1，4 糖苷键连接并经变构化、磺酸化修饰而成［图 5-1（1）（2）（3）］。该二糖重复单元多个位点可被磺酸化修饰，其中葡萄糖醛酸（Glucuronic Acid，GlcA）和艾杜糖醛酸（Inuronic Acid，IdoA）都可发生 2-O-磺酸化（IdoA2S 和少量的 GlcA2S），葡糖胺（Glucosamine，GlcN）可以是 N-磺酸化（GlcNS）或 N-乙酰化（GlcNAc），通常两者都可以 6-O-磺酸化（GlcNS6S 和 GlcNAc6S），同时少量 GlcN 也可发生 3-O-磺酸化（GlcNS3S 和 GlcNS6S3S）。肝素中最常见的二糖单元是 -GlcNS6S-IdoA2S-，而 HS 的二糖单元主要为 -GlcNAc-GlcA-。肝素中 GlcA/IdoA 和 GlcNAc/GlcNS 的比值较低，磺酸化程度较高，而 HS 中未发生磺酸化的 -GlcA-GlcNAc- 序列更为普遍［图 5-1（4）］。

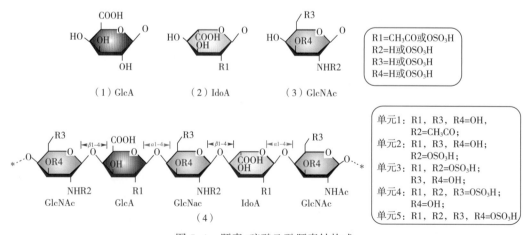

图 5-1　肝素/硫酸乙酰肝素结构式

肝素分子中平均每一双糖单位上含有 2.5~3.0 个磺酸基团，D-氨基葡萄糖有 *N*-磺酸化和 *N*-乙酰化两种形式，且每个部位的磺酸化程度也不同，例如可以在艾杜糖醛酸的 2 位和 D-氨基葡萄糖的 6 位或 3 位 *O*-磺酸化，使得肝素中出现了 10 种不同的单糖（4 种糖醛酸和 6 种氨基葡萄糖），从而使得肝素的整个结构变得很复杂，具体结构如图 5-1 所示。但到目前为止，肝素的精确结构尚不清楚。由于肝素是具有不同链长即不同分子质量的各种大小分子所组成的混合物，因此其分子质量具有多分散性，一般其分子质量为 3000~30000u，平均分子质量约为 15000u。

二、肝素的应用

HS 和肝素的复杂结构决定其复杂的生物学功能，1937 年，肝素首次作为抗凝血药物应用于临床研究，是八十多年以来使用最广泛最有效的抗凝抗血栓药物之一。由于 HS 和肝素参与多种生物学功能的调控，在正常的生理条件下，由于 HS 和肝素广泛存在于细胞表面和细胞外基质，因此在体内主要是 HS 与多种蛋白配体相互作用并发挥相应的生物活性。HS 和肝素不仅是反应中的催化剂，更是接触系统和补体系统的关键调节剂，HS 和肝素通过介导细胞信号转导和细胞间通信的关键过程发挥作用，进而调节包括细胞发育在内的不同生物学活动，如病原体感染、细胞增殖和炎症反应。不同的分子质量肝素可用于不同的临床研究，从普通肝素（UFH）、低分子质量肝素（LMWH）及最近引入的核心五糖（Fondaparinux），HS 和肝素及其衍生物不仅被用作抗凝剂，而且对于治疗包括癌症、阿尔茨海默病和传染病在内的其他疾病也将变得至关重要，它们的生物学意义使肝素成为药物开发的重要靶标。

肝素在临床应用中，主要用于阻止血液凝固形成不溶性聚合物，然而过多的凝血会导致血栓形成和败血症相关的血凝病，在新型冠状肺炎病毒（COVID-19）爆发期间，血栓并发症一直是 COVID-19 感染患者发病和死亡的主要原因。肝素作为最古老和最广泛使用的抗凝血药物之一。其优点是静脉给药起效快、价格低廉、可逆性好。因此，肝素可以通过多种机制发挥抗凝作用。肝素的抗凝血作用离不开抗凝血酶 ATⅢ，它是凝血酶因子Ⅱa 和 Xa 的主要抑制剂，是血凝过程中的丝氨酸蛋白酶。ATⅢ通过暴露的活性中心环以底物的形式与凝血酶因子Ⅱa/Xa 的活性中心结合，形成一个紧密的不可逆的复合物。同大多数丝氨酸蛋白酶与抑制剂的反应相比，ATⅢ与Ⅱa/Xa 的结合过程在自然状态下是比较缓慢的，但在肝素存在的情况下，肝素结合到 ATⅢ会诱导 ATⅢ构象的变化，从而加速了ATⅢ与Ⅱa/Xa 的结合，当 ATⅢ与Ⅱa/Xa 结合后，肝素就会从复合物中脱落下来，从而有效地抑制血凝过程，其作用过程如图 5-2 所示。

除抗凝血功能外，肝素在对抗肿瘤细胞中也发挥着重要功能。肿瘤是由局部组织细胞在各种致瘤因子的作用下增殖而形成的，然而，肿瘤的生长和转移依赖于血管生成。肿瘤细胞向正常组织的转移和侵袭是恶性肿瘤的标志，也是重要的致死原因。肝素能抵抗肿瘤细胞的血管生成、侵袭和转移，并抑制各种化学致癌因子的活性，达到抗肿瘤的目的。肿瘤细胞可与活化的血小板相互作用，形成适合肿瘤生存的良好微环境。血小板释放不同的

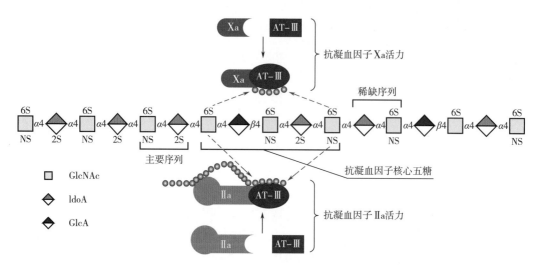

图 5-2 肝素引起的抗凝血示意图

生长因子和趋化因子来促进肿瘤细胞的生存和繁殖，而肝素以接触和凝结依赖的方式减少肿瘤细胞诱导的介质的释放。同样，肝素通过抑制血浆中的凝血酶，从而减少血小板中致癌因子的释放，进而抑制癌细胞运动，达到抗肿瘤的目的。

此外，肝素在治疗炎症、不孕症和感染性疾病中发挥作用。炎症是各种炎症因子刺激机体时发生的一种基本的防御病理过程，白细胞黏附和活化在炎症反应中起重要作用。活化的白细胞释放出有毒的氧自由基和蛋白酶，导致血管和组织损伤。肝素可通过与 p-选择素结合抑制白细胞与内皮细胞的黏附。补体是人体重要的炎症介质之一，激活后介导免疫反应和炎症反应（如血管舒张、血管通透性增加等）。肝素与补体蛋白相互作用，并通过经典和替代途径调节补体的多级反应。

第二节 肝素的生物合成与降解

一、动物体内肝素的合成与分泌

在动物组织内，HS/肝素的生物合成是一个非模板化的过程，由定位于高尔基体和内质网的一大家族酶的协同活性驱动。此外，HS/肝素糖链的合成需要一系列的胞质酶催化糖核苷酸（UDP-Xyl、UDP-Gal、UDP-GlcA、UDP-GlcNAc）和 3′-磷酸腺苷-5′-磷酸酯（PAPS），以及多种膜转运体将核苷酸从胞浆导入高尔基体的腔内。HS/肝素的生物合成是以蛋白多糖核心多肽的丝氨酸残基作为引物，在丝氨酸残基上依次装配连接形成四糖单元：GlcA-β(1-3)-Gal-β(1-3)-Gal-β(1-4)Xyl，这一过程由 Xyl 转移酶、Gal 转移酶、GlcA 转移酶和 GlcNAc 转移酶催化，这些酶将单个糖残基依次添加到生长链的非还原性末端。初始反应由木糖转移酶在特定的位点进行催化，由 SerGly 残基和一个或多个酸性残基结合所确定。木糖的连接区域还在 C2 处发生磷酸化，半乳糖残基在 C4 或 C6 处发生磺酸化反应，但这些催化机制尚不清楚。

在丝氨酸残基区域组装完成后，在 HS-共聚酶（EXT1/EXT2）的催化下，GlcNAc 转移酶在链上添加一个由 α1-4 糖苷键连接的 GlcNAc 单元，然后交替添加 GlcAβ1,4 和 GlcNAc-α1,4 残基（图5-3）。新生的 GAG 链被磺基转移酶和差向异构酶修饰。首先，以 PAPS 作为磺基供体，双功能酶 NDST 脱掉肝素前体中 N-乙酰氨基葡萄糖残基的乙酰基形成氨糖（GlcNH₂），并对其进行硫酸化修饰生成 N-脱乙酰基-硫酸化氨糖（GlcNS）。但不同的

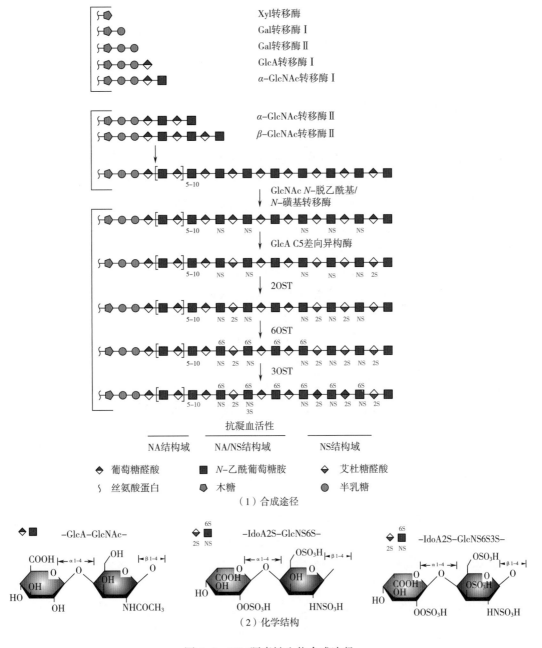

图 5-3　HS/肝素链生物合成途径

NDST 的同工酶含有的活性不一致，其中 NDST1 既有脱乙酰化酶活性，又有磺基转移酶活性；NDST2 也是既有脱乙酰化酶活性又有磺基转移酶活性，但活性都较弱；此外，NDST2 还能延长肝素的糖链长度；NDST3 脱乙酰化酶活性比磺基转移酶活性高 10 倍；NDST4 没有脱乙酰化酶活性，仅仅只有磺基转移酶活性。部分 N-磺酸化肝素前体是下一个修饰酶葡萄糖醛酸 C5-差向异构酶的底物，它将葡萄糖醛酸残基转化为 IdoA 残基。IdoA 使得多糖链更具灵活性，促进 GAG 和蛋白质之间的相互作用。2-O-硫酸转移酶（2OST）磺酸将 IdoA 残基 C2 位进行磺酸化修饰。随后的改性过程是通过葡萄糖胺单元的葡萄糖氨基酰基 6-O-磺基转移酶（6OST）和葡萄糖氨基酰基 3-O-磺基转移酶（3OST）来完成的[20]。这些酶催化反应结果是形成 NA、NS 和 NA/NS 结构域。

二、肝素前体的微生物合成

1. 肝素前体与荚膜多糖

肝素前体是一种酸性多糖的天然产物，其天然存在形式是由 [（→4）β-D-葡糖醛酸（GlcA）和（1→4）N-乙酰-α-D-氨基葡萄糖（GlcNAc）（1→）]$_n$ 个重复的双糖单元组成（图 5-4），是 HS/肝素的未磺酸化的前体，通常是生物工程生产肝素的第一步，主要存在于大肠杆菌 K5 和多杀巴氏杆菌等细菌中，被用于生物合成多糖荚膜。肝素前体在制备组织工程生物材料、凝胶和支架上扮演着重要的角色，此外肝素前体是重要的抗凝血和抗炎症起始原材料。

荚膜多糖是（CPSS）细菌在宿主和环境中生存所必需的重要表面结构。E. coli K5 依赖 ATP 的 ABC 转运系统途径产生荚膜多糖。E. coli K5 和 EcN（E. coli Nissle，1917）来源的肝素前体大小为 10k~20ku，分子质量接近天然肝素。

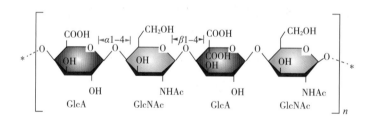

图 5-4　肝素前体结构

2. 大肠杆菌 K5 中的肝素前体合成与跨膜转运

大肠杆菌中有 80 多种不同的 K 抗原，根据血清学、生物合成和遗传学数据将其分为 4 组，肝素前体在大肠杆菌荚膜多糖分类中属于第 2 组。肝素前体在大肠杆菌中的合成和转运的基因簇由 Ⅰ、Ⅱ、Ⅲ 区组成（图 5-5），具有受温度调节的性质，在 37℃ 时表达，当温度低于 20℃ 时转录受到抑制。

ABC 转运蛋白是一大类蛋白质，参与多种细胞功能，包括营养吸收和蛋白质、药物的输出。在大肠杆菌中，肝素前体的合成及其链的延长是在细胞质中进行的，然后通过 ATP

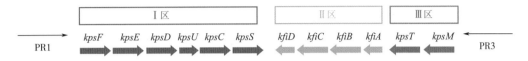

图 5-5　大肠杆菌第 2 组荚膜多糖基因簇

结合盒（ABC）转运体从细胞质移动到内膜的周质表面（图 5-6）。第 2 组荚膜基因簇中任何基因突变都会对荚膜生物合成产生不利影响，表明合成和输出过程是相连的。

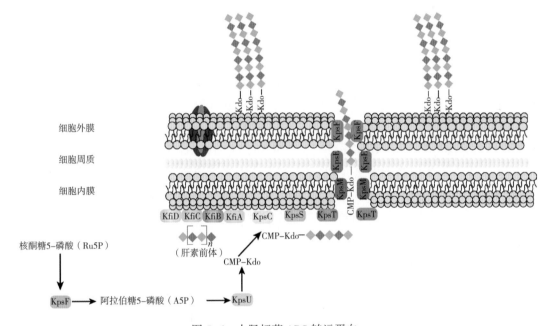

图 5-6　大肠杆菌 ABC 转运蛋白

第 2 组荚膜多糖基因簇区域 I 和 III 由 8 个 *kps* 基因（即 *kpsF*、*kpsE*、*kpsD*、*kpsU*、*kpsC*、*kpsS*、*kpsM* 和 *kpsT*）组成，在不同的第 2 组抗原之间是保守的，负责将新合成的荚膜多糖从细胞质中的合成位置运输到细胞外表面。I 区编码的 6 种蛋白其作用分别是：KpsF 是阿拉伯糖 5-磷酸（A5P）差向异构酶的同源物，将核酮糖 5-磷酸（Ru5P）转化为 A5P，参与 CMP-Kdo 的生物合成；KpsE 是促进膜融合（或衔接子）的蛋白，负责将周质空间的新生多糖转移到细胞表面的离散部位；KpsD 在荚膜多糖易位通道中起重要作用，需要 KpsE 才能正确定位，在大肠杆菌中 KpsE、KpsD 促进了 CPS 从内膜周质表面到细胞表面的运输；KpsU 是 CMP-Kdo 合成酶的同系物，参与 CMP-Kdo 的生物合成；KpsS 和 KpsC 在 Kdo 转移到成品多糖的还原端以及启动聚合物输出等方面起作用。A5P 是 KpsU、KpsS 和 KpsC 生产 CMP-Kdo 的中间产物。III 区由 KpsM 和 KpsT 蛋白组成，主要作用是将已经完成组装的聚合物通过 ABC 转运蛋白穿过内膜输出，其中 KpsM 是完整的内膜转运蛋白，KpsT 通过识别糖链还原末端进而与多糖相互作用。

在 ABC 转运体依赖的机制中，糖基转移酶的活性延伸了细胞质中新生的糖链。第 2

组荚膜多糖基因簇Ⅱ区具有血清型特异性，包含负责编码合成特定肝素前体所必需的蛋白质，由 4 个 *kfi* 基因（即 *kfiA*、*kfiB*、*kfiC* 和 *kfiD*）组成（图 5-6）。*kfiA* 编码 *N*-乙酰葡萄糖胺转移酶；*kfiC* 编码葡萄糖醛酸转移酶；*kfiB* 编码的酶在糖链的延伸中起稳定多酶复合物的作用；*kfiD* 编码 UDP-葡萄糖脱氢酶（UDPGDH），将 UDP-葡萄糖（UDP-Glc）转化为 UDP-GlcA。肝素前体的合成是通过 KfiC 和 KfiA 蛋白连续转移新生多糖非还原端的 GlcA 和 GlcNAc 残基在细胞膜的内面进行的。KfiA、KfiB 和 KfiC 蛋白之间的相互作用对于这些蛋白与细胞膜的稳定结合及肝素前体的生物合成是必不可少的。

3. 大肠杆菌 K5 发酵生产肝素前体

在天然的微生物细胞中，大肠杆菌 K5（*E. coli* K5）和多杀巴斯德菌（*Pasteurella multocida*）可以合成肝素前体。早在 1993 年，Manzoni 等就对 *E. coli* K5 进行了 14 L 罐发酵，在 15h 达到最高产量 320mg/L，乙醇沉淀和真菌蛋白酶处理后得到 97mg/L 纯化产品。K5 基因簇包含 3 个区，其中Ⅱ区含有合成肝素前体的 4 个基因：*kfiA*，*kfiB*，*kfiC*，*kfiD*。不同于多杀巴斯德菌中表达的 PmHS 合酶是双功能聚合酶，其同时具有葡萄糖醛酸转移酶和葡萄糖胺转移酶活性，*E. coli* K5 需要 KfiA 和 KfiC 蛋白共同作用，将 UDP-GlcA 和 UDP-GlcNAc 交替连接至糖链的非还原端，单独表达 *kfiA* 或 *kfiC* 基因，宿主不产肝素前体。*E. coli* K5 来源的肝素前体大小为 10k~20ku，其大小更接近天然肝素。发酵方式上，Wang 等将 *E. coli* K5 在富氧环境下进行高密度发酵，并通过指数流加葡萄糖的方式，使肝素前体积累量高达 15g/L，平均分子质量 84ku。

4. 重组微生物细胞工厂发酵生产肝素前体

本书作者将来源于 *E. coli* K5（O10∶K5（L）∶H4）的肝素前体合酶基因 *kfiC* 和 *kfiA* 在 *B. subtilis* 168 基因组中表达，构建重组菌 *B. subtilis* E168H。观察菌落形态变化，运用定性 RT-PCR 验证 *kfiC* 和 *kfiA* 基因的转录情况。纯化 *B. subtilis* E168H 所产肝素前体，并做 ^{1}H-NMR 和 ^{13}C-NMR 分析。测定发酵过程细胞生长曲线和产量曲线，分子质量及分布。构建组合强化的途径基因 *tuaD*、*glmU* 和 *glmS* 和肝素前体合酶共表达，测定肝素前体的产量、分子质量及分布，明确 UDP-GlcA 途径和 UDP-GlcNAc 途径中对产量和分子质量起正向作用的关键基因和代谢流比例对肝素前体合成的影响。

在枯草芽孢杆菌中肝素前体的合成途径中（图 5-7），UDP-GlcA 途径中的葡萄糖-6-磷酸（Glc-6-P）和 UDP-GlcNAc 途径中的果糖-6-磷酸（Fru-6-P）除了继续转化成葡萄糖-1-磷酸（Glc-1-P）和葡萄糖胺-6-磷酸（GlcN-6-P）外，还分别参与戊糖磷酸途径和糖酵解途径，消耗部分原料。另外，前体 UDP-GlcA 和 UDP-GlcNAc 既要合成目标产物，也参与了细胞壁合成，供给菌体生长的需要，因而制约了肝素前体的积累。

研究者单独过表达 *tuaD*、*glmS* 和 *glmU* 途径基因，肝素前体产量分别提高到 2.65g/L，2.30g/L 和 2.06g/L。表明肝素前体合成过程中，*tuaD* 编码的 UDPGDH、*glmS* 编码的酰胺转移酶和 *glmU* 编码的 UDP-N-乙酰葡萄糖胺焦磷酸化酶是合成肝素前体的重要途径酶。此外，将对肝素前体产量有正向效果的三个基因 *tuaD*、*glmU* 和 *glmS* 同时过表达，产量为

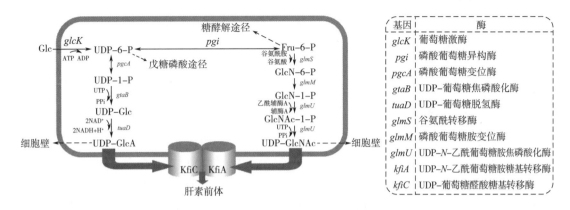

图 5-7　枯草芽孢杆菌中肝素前体的合成途径（红色表示过量表达的基因）

2.70g/L，提高 57.89%。说明 UDP-GlcA 和 UDP-GlcNAc 平衡时对加快肝素前体聚合速度非常有利。并且，从图 5-8（2）中看出，与 *B.subtilis* E168H 相比，改造后的菌株没有成为菌体生长的负担，菌体量反而稍有提高，这与细胞生长和肝素前体合成有竞争关系的结论不同，推测可能是因为强化途径代谢流后获得了充足的 UDP-GlcA 和 UDP-GlcNAc，在满足细胞壁形成的需要后还能更多地用于目标产物合成。

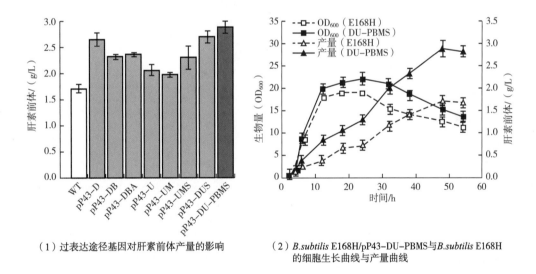

（1）过表达途径基因对肝素前体产量的影响　　（2）*B.subtilis* E168H/pP43-DU-PBMS 与 *B.subtilis* E168H 的细胞生长曲线与产量曲线

图 5-8　途径优化重组菌的摇瓶培养

肝素前体可作为化学酶法合成硫酸乙酰肝素（HP）的起点，通过发酵优化和代谢工程改造可以提高肝素前体产量。在代谢工程改造方面，肝素前体的生物合成与细胞生长过程共用一些前体物质，如葡萄糖-1-磷酸、UDP-Glc、UDP-GlcNAc，可通过代谢改造使代谢流尽量流向产物生成方向，以减少合成细胞壁的损耗。*E.coli* Nissle 1917（EcN）是产天然肝素前体益生菌菌株，根据生物学分类属于第 2 组荚膜多糖，与 *E.coli* K5 的肝素前体合成转运机制一样，较 *E.coli* K5 而言，EcN 是产肝素前体的最佳宿主之一。Payel 等通过分批补料高密度发酵方式发酵 EcN，最终肝素前体产量可达到 3.6g/L。

此外，Zhang 等以 *E.coli* BL21 为生产宿主，将 K5 肝素前体合酶（*kfiABCD*）克隆到高拷贝质粒（pRSFDuet-1）和中拷贝质粒（pETDuet-1）上，通过组合优化得到 SA、SC、SAC、SABC、SACD 和 SABCD 6 个重组菌株。发现单独表达 KfiA（SA）和 KfiC（SC）在大肠杆菌 BL21 中均不产肝素前体。共表达 KfiAC（SAC）肝素前体含量可达到 63mg/L，菌株 SABC 和 SACD 肝素前体产量可达到 100mg/L 和 120mg/L，表明共表达 KfiBD 有助于肝素前体的生产。菌株 SABCD 在 3L 罐分批发酵可得到 1.88g/L 肝素前体。

在过表达肝素前体合酶的基础上，有研究系统性分析了两个前体物质 UDP-GlcA 和 UDP-GlcNAc 的内源合成与消耗对肝素前体合成的影响。葡萄糖由葡萄糖-6-磷酸尿酰胺转移酶（GalU），UDP-葡萄糖脱氢酶（Ugd），谷氨酰胺-果糖-6-磷酸氨基转移酶（GlmS），磷酸葡萄糖变位酶（GlmM），UDP-*N*-乙酰葡萄糖胺焦磷酸化酶/葡萄糖-1-磷酸乙酰转移酶双功能酶（GlmU）等多个酶催化后形成 UDP-GlcA 和 UDP-GlcNAc。在该合成过程中，糖酵解路径、胞外多糖合成路径、细胞膜合成路径都会竞争消耗前体物质，而细胞内底物的浓度直接关联并影响肝素前体的合成。细胞内前体物质 *N*-乙酰葡萄糖胺和 D-葡萄糖醛酸浓度低则导致肝素前体合酶的聚合能力不能够有效发挥，从而影响肝素前体的合成。两者的含量为 1∶1 若两者代谢不平衡也会影响肝素前体合成。因此肝素前体的全细胞工厂化构建，不仅需要提高细胞内前体物质的浓度，而且需要保证两者的代谢平衡，才能够保证肝素的高效合成。

三、肝素的降解

1. 肝素降解酶分布与分类

（1）肝素水解酶 肝素水解酶（Heparanase）是内切-β-葡萄糖醛酸酶，属于糖苷水解酶家族，这种酶水解硫酸乙酰肝素，水解葡糖醛酸和氨基葡萄糖间的 β-1,4 糖苷键。肝素水解酶在癌细胞中过表达是众所周知的，与血管生成、炎症和增加的转移潜能有关，因此，肝素水解酶是一种重要的潜在药物目标。在 35 年前，Höök 和他的同事们描述了一种硫酸乙酰肝素内切-β-D-葡糖醛酸糖苷酶，此后，陆续报道了这种酶活性存在于各种细胞类型和组织。肝素水解酶在几乎所有的人类肿瘤中都过表达，并且在肿瘤细胞的过表达与转移潜能之间观察到相关性。它似乎也是小鼠 β 细胞存活和自身免疫性糖尿病的关键。因此，肝素水解酶被认为对肿瘤细胞的侵袭和转移具有重要意义，成为抗癌药物发现的理想靶标。

目前研究最多的是人源的肝素水解酶（PDB：5E8M），该酶的晶体结构如图 5-9 所示，由一个 $(\beta/\alpha)_8$ 桶状结构域和侧面一个较小的 β 夹心结构域组成。

有研究从人胎盘 cDNA 文库中克隆了一个基因（HSE1），该基因编码一种表现出乙酰肝素酶活性的新型蛋白质。通过从人 SK-HEP-1 肝癌细胞分离的纯化的乙酰肝素酶衍生的肽序列鉴定 cDNA。HSE1 含有一个编码 543 个氨基酸的预测多肽的开放阅读框，并在其氨基末端具有一个推定的信号序列。Northern 印迹分析表明 HSE1 在胎盘和脾脏中有强烈

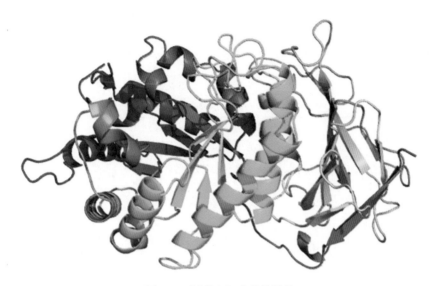

图 5-9　肝素水解酶晶体结构

表达。HSE1 在 COS7 细胞中的瞬时转染导致了 HSE1 的表达，分子质量为 67k～72ku。HSE1 蛋白可在特定培养基中检测到，但也与细胞裂解后的膜组分有关。特异性标记的硫酸乙酰肝素底物，可以证明 HSE1 具有乙酰肝素酶活性。

（2）肝素裂解酶　肝素酶能够特异性降解肝素或者硫酸乙酰肝素，包括微生物产生的以裂解为机制的肝素裂解酶（Heparinase）以及动物体内产生的以水解为机制的肝素水解酶。肝素水解酶主要存在于动物和人体组织器官，包括胎盘、血小板等；而肝素裂解酶主要来源于一些可以利用肝素作为唯一碳源的微生物。人们最先在肝素黄杆菌（*F. heparinum*）中发现了肝素裂解酶，后陆续在黄杆菌属、芽孢杆菌属、拟杆菌属、鞘氨醇杆菌属以及铜绿假单胞菌等微生物中也发现了肝素裂解酶（表 5-1）。

表 5-1　　　　　　　　　不同来源的肝素裂解酶的生化性质比较

来源	种类	分子质量/ku	最适 pH	最适温度/℃
Flavobacterium heparinum	肝素裂解酶 I	42.5	7.2	35
	肝素裂解酶 II	85.8	7.3/6.9	40
	肝素裂解酶 III	73.2	7.6	45
Flavobacterium sp.	肝素裂解酶 III	94.0	7.6	45
Bacteroides stercoris HJ-15	肝素裂解酶 III	77.3	7.2	45
	肝素裂解酶 I	48.0	7.0	50
Bacteroides heparinolyticus	肝素裂解酶 I	63.0	6.5	—
Sphingobacterium sp.	肝素裂解酶 II	75.7	6.5	—
Bacillus circulans	肝素裂解酶 II	111.0	7.5	40～45

续表

来源	种类	分子质量/ku	最适 pH	最适温度/℃
Bacillus sp.	肝素裂解酶 II	120.0	7.5	45~50
Aspergillus flavus	肝素裂解酶 I	23.4	7.0	30
Acinetobacter calcoaceticus	肝素裂解酶 I	120.0	7.5	35

根据对底物的特异性不同，可将肝素裂解酶分为三类。特异性识别肝素的肝素裂解酶 I、特异性识别硫酸乙酰肝素的肝素裂解酶 III 以及对两种底物都有一定切割能力的肝素裂解酶 II（图 5-10）。

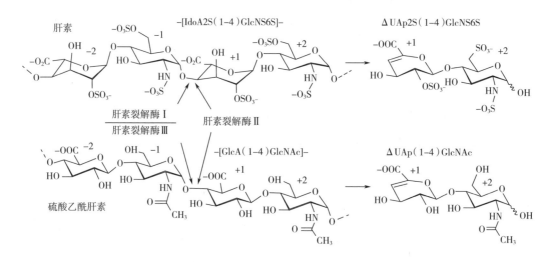

图 5-10　肝素裂解酶 I/II/III 对肝素及硫酸乙酰肝素的降解偏好性

2. 肝素裂解酶的结构与催化机制

目前研究最多的是肝素黄杆菌来源的 3 种肝素裂解酶。1993 年，肝素裂解酶 I 首次在大肠杆菌中被克隆表达，酶的开放阅读框长度为 1152bp，编码 43.4ku 的前体蛋白，p*I*（等电点）为 8.5。肝素裂解酶 II 和 III 的开放阅读框长度分别为 2316bp 和 1980bp，成熟形式的肝素裂解酶 II 和 III 有 746 和 635 个氨基酸。三种酶的 N 末端各含有一段作为分泌信号肽的前导序列，中间包含 2~3 个底物肝素的结合位点。肝素裂解酶 I 含有一个糖基化位点，含有与钙离子结合的氨基酸位点（207-218 以及 372-383），肝素裂解酶 III 也含有一个糖基化位点和钙离子结合位点（390-405 以及 576-591），而肝素裂解酶 II 中不含钙离子结合位点。

除了在氨基酸序列和特异性位点上的差异，3 种肝素裂解酶的晶体结构也有很大不同。2009 年，来源于变形拟杆菌的肝素裂解酶 I（PDB：3IKW）的晶体结构被解析，该酶的氨基酸序列与来自肝素黄杆菌中的肝素裂解酶 I 有 96% 的相似度，该酶的结构由两部分组成 [图 5-11（1）]，一部分是长而深的底物结合槽的 β-果冻卷（β-jelly-roll）结构域，由两个凹面的 β-折叠（每个含有 8 条反向平行的 β 链）；另一部分是从 β-果冻卷结构域一侧延伸的拇指状结构域（氨基酸残基 156-221）。拇指型结构域形状比较特殊，其底座由 5 个短的 β 折叠组成，侧面被一个 α 螺旋包围，顶部延伸出一个短的、两个长的卷曲，在空间上呈三角排布。肝素裂解酶 I 中含有两个游离的半胱氨酸（Cys），肝素结合位点中的 His203 对肝素裂解酶 I 的催化活性有重要作用，Lys100 有可能作为一种酸来稳定肝素中糖醛酸盐上的负电荷，同时可以稳定 Cys135 的巯基。有研究证明肝素裂解酶 I 的催化机制与底物的阳离子形式有关，已 Ca^{2+}-heparin 这种形式是一种底物，而已 Na^{2+}-heparin 则是一种抑制剂。催化过程中去质子化的 His203 通过提取底物中 α-L-iduonate-2-O-sulfate 残基的 C5 质子来启动 β 消除，质子化 Tyr357 为己糖胺离子的基团提供供体。

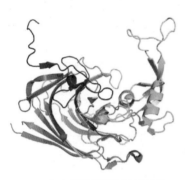 

（1）肝素裂解酶 I 晶体结构　　　　　　　（2）肝素裂解酶 II 晶体结构

图 5-11　肝素裂解酶的晶体结构

来源于肝素黄杆菌的肝素裂解酶 II 的晶体结构（PDB：2FUQ）N 末端结构域（氨基酸残基 26-356）由双层排列的 14 个 α-螺旋组成，中心结构域（氨基酸残基 357-676）由双层排列的 16 个 β-链组成。C 端结构域（氨基酸残基 677-772）包含 9 个 β-链，以类似于 β 桶的方式堆积在一起。肝素裂解酶 II 中含有 3 个半胱氨酸，其中 Cys384 对肝素裂解酶 II 的催化活性至关重要，Cys384 中的巯基阴离子可能作为碱从糖醛酸中提取 C5 质子。His238、His451、His579 位于肝素裂解酶 II 的活性中心，但具体参与底物结合还是催化功能有待进一步验证。使用结构确定的四糖作为底物研究 His202、His406 和 Tyr257 这三个活性位点残基的作用，发现 His202 在肝素和硫酸乙酰肝素降解过程中可以提供质子，His406 作为羧酸盐中和糖醛酸，而 Tyr257 在硫酸乙酰肝素为底物时，具有双重功能，一是作为催化碱从 GlcA 中提取 C5 的质子，二是向 GlcNAc 离开基团的非还原端提供质子。分子动力学（Molecular Dynamics，MD）模拟发现锌离子的存在对于蛋白的柔性结构的保持有重要作用。

2012 变形拟杆菌来源的肝素裂解酶 III 的晶体结构（PDB：4ENV）被解析。随后，来源于肝素黄杆菌的肝素裂解酶 III 的晶体结构（PDB：WMMH）也被解析。在整体结构上，两者都是由 α/α 桶结构组成的 N 端结构域和类似 β 三明治结构组成的 C 端结构域组成，两者之间通过一个 loop 连接。在局部结构上，多形拟杆菌（*B. thetaiotaomicron*）肝素裂解酶Ⅲ的底物通道是"tunnel"的构型［图5-12（1）］，而肝素黄杆菌肝素裂解酶Ⅲ的底物通道是"cleft"的构型［图5-12（2）］。结构叠加显示，多形拟杆菌肝素裂解酶Ⅲ中位于N端结构域的α4和α5之间的L1（V114-S151）与位于C端结构域的β5a和β5b之间的L2（F481-T511）及β14和β15之间的L3（A628-Y635）共同调控着底物通道"cleft"与"tunnel"构型的互相转变［图5-12（3）］。

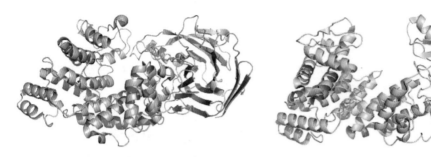

（1）多形拟杆菌肝素裂解酶Ⅲ的结构　　　　　　（2）肝素黄杆菌肝素裂解酶Ⅲ的结构

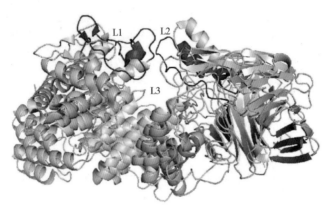

（3）结构叠加图（L1用红色标注，L2用蓝色标注，L3用青色标注）

图5-12　多形拟杆菌肝素裂解酶Ⅲ与肝素黄杆菌肝素裂解酶Ⅲ的结构比较

此外，两者的蛋白表面电势也有着显著的差异，多形拟杆菌肝素裂解酶Ⅲ的表面富集较多的负电荷氨基酸，蛋白理论等电点为4.9［图5-13（1）］；而肝素黄杆菌肝素裂解酶Ⅲ的表面富集较多的正电荷氨基酸，蛋白理论等电点为9.0［图5-13（2）］。两种蛋白表面电势的差异可以从进化的角度解释：多形拟杆菌是一种哺乳动物肠道微生物菌群，生存的环境为偏酸性，导致多形拟杆菌肝素裂解酶Ⅲ的进化方向为偏酸性；而肝素黄杆菌是一种土壤微生物菌群，其生存的环境为偏碱性，导致肝素黄杆菌肝素裂解酶Ⅲ的进化方向为偏碱性。尽管肝素黄杆菌肝素裂解酶Ⅲ和多形拟杆菌肝素裂解酶Ⅲ在结构上有显著的差异，但两者的催化机理基本是一致的。首先，催化三联体中的Asn260和His464残基稳定或中和C-6羧酸根阴离子上的负电荷；然后，Tyr314（质子碱）从糖醛酸残基的C-5中提取质子；最后，双功能的Tyr314（质子酸）向待断裂的糖苷键提供质子。

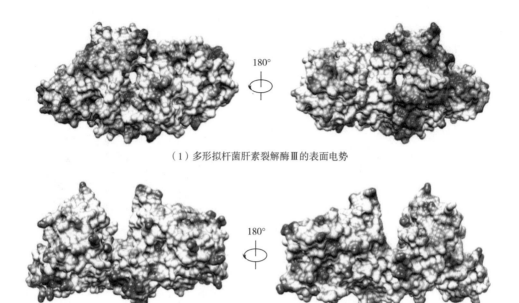

（1）多形拟杆菌肝素裂解酶Ⅲ的表面电势

（2）肝素黄杆菌肝素裂解酶Ⅲ的表面电势

图5-13　多形拟杆菌肝素裂解酶Ⅲ与肝素黄杆菌肝素裂解酶Ⅲ的表面电势

四、肝素裂解酶的改造与重组表达

肝素裂解酶在医药领域应用广泛。除了用低分子质量肝素制备外，还可以在肿瘤治疗和多糖结构研究中发挥作用，甚至可作为肝素拮抗药物应用于临床。传统的对蛋白的分子改造主要包括定向进化、理性设计和半理性设计。其中，半理性设计主要借助生物信息学的方法理性选择有限的氨基酸残基作为改造靶点，通过建立一个"小而精"的高质量文库，有针对性地对蛋白质进行改造被广泛应用于生物酶性能改造。针对肝素裂解酶，选择底物口袋作为改造 BhepⅢ催化性能的靶点。

1. 肝素裂解酶在不同宿主中的重组表达

肝素裂解酶具有极高的应用价值，受到了国内外学者广泛的关注。Ping 等在毕赤酵母中表达了肝素黄杆菌来源的肝素裂解酶Ⅰ，通过培养条件优化，在 5L 罐中的酶活性达到398.5U/L。Yang 等将粪便拟杆菌（*Bacteroides stercoris*）HJ-15 来源的肝素裂解酶Ⅰ过表达为包涵体，包涵体经过溶解和纯化之后不仅可用来裂解肝素，对硫酸乙酰肝素也有裂解能力。Chen 等通过优化基于 M9 的培养基，在 5L 罐中使得 MBP-HepA 的酶活性达到20650IU/L。Luo 等通过在蛋白 N 端添加 GST 标签，成功实现了多形拟杆菌来源的肝素裂解酶Ⅰ在大肠杆菌中的重组表达，且发现去掉标签以后酶学性质并没有很大改变。傅文彬等在重组大肠杆菌中成功表达了肝素黄杆菌来源的肝素裂解酶Ⅱ的基因，用 AzureA 法测定酶活性，得到重组酶的酶活性为 $50U/LA_{600}$。Su 等和 Ernst 等分别克隆了肝素黄杆菌来源的肝素裂解酶Ⅰ和Ⅲ的基因，并在大肠杆菌中实现了活性表达。Wang 等通过在大肠杆菌中表达了肝素黄杆菌和多形拟杆菌来源的肝素裂解酶Ⅲ。分别将 FhepⅢ 和 BhepⅢ 的基因构建在质粒 pET28a 中［图 5-14（1）和（2）］，表达得到重组蛋白。从图 5-14（3）可以看出，在 62ku 条带上方粗酶和纯酶泳道都有一条清晰可见的粗目的条带，与 FhepⅢ 与 BhepⅢ 的理论分子质量大小（70ku）基本一致。

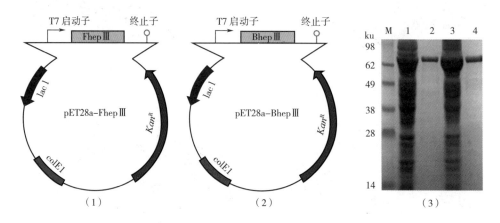

图 5-14　FhepⅢ和BhepⅢ在 *E. coli* 中的重组表达

泳道 M—标准蛋白分子质量　泳道 1—FhepⅢ粗酶　泳道 2—FhepⅢ纯酶

泳道 3—BhepⅢ粗酶　泳道 4—BhepⅢ纯酶

2. 肝素裂解酶酶学性质

酶学性质比较分析发现，FhepⅢ 与 BhepⅢ 的最适反应温度都为 50℃，但是 BhepⅢ 在高温（>50℃）条件下具有更高的相对酶活性［图 5-15（1）］。此外，尽管 FhepⅢ 与 BhepⅢ 的最适 pH 都为 6.5，但 BhepⅢ 在不同 pH 条件下都表现出更高的相对酶活性［图 5-15（2）］。50℃热处理 10min，FhepⅢ 基本检测不到残余酶活性，而 BhepⅢ 仍然保持 80% 以上的残余酶活性，表明 BhepⅢ 比 FhepⅢ 具有更高的热稳定性［图 5-15（3）］。BhepⅢ 的比酶活性为 21.3U/mg，是 FhepⅢ（8.7U/mg）的 2.4 倍，是 *Bacteroides stercoris*

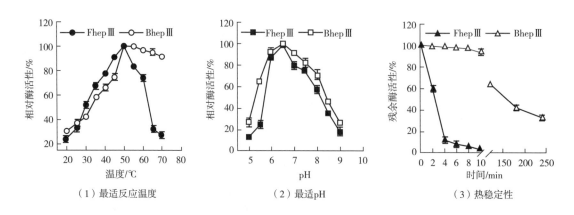

（1）最适反应温度　　　　（2）最适pH　　　　（3）热稳定性

图 5-15　FhepⅢ与BhepⅢ的酶学性质比较

HJ-15 来源肝素裂解酶Ⅲ （15.6U/mg） 的 1.4 倍。BhepⅢ 与 FhepⅢ 的 K_m 及 k_{cat} 值分别为 11.2mg/mL、1832.6/min 及 18.5mg/mL、1012.2/min，表明 BhepⅢ 比 FhepⅢ 对肝素底物具有更高的底物亲和性与转化数 （表 5-2）。从应用的角度来讲，BhepⅢ 比 FhepⅢ 具有更大的优势用于未来低分子质量肝素的酶法生产。

表 5-2　　　　　　　　　　　　**FhepⅢ 和 BhepⅢ 的动力学参数和比酶活性**

重组酶	K_m/（mg/mL）	k_{cat}/（1/min）	k_{cat}/K_m/［mL/（mg·min）］	比酶活性/（U/mg）
FhepⅢ	18.5±0.5	1012.2±21.8	54.7±4.1	8.7±0.7
BhepⅢ	11.2±1.8	1832.6±36.2	164.2±8.6	21.3±1.6

3. 肝素裂解酶的改造

Gu 等通过在底物通道附近引入半胱氨酸突变，最终筛选到 K130C 突变体。该突变体通过引入二硫键将单体蛋白转变为二聚体，增大了底物通道的大小，显著地提高了对透明质酸的亲和力及转化数，拓宽了肝素裂解酶Ⅲ的底物谱，Gu 等进一步将 K130C 突变体设计为光控的肝素裂解酶Ⅲ，用于制备低分子质量肝素。

本书作者对多形拟杆菌来源的肝素裂解酶Ⅲ进行改造，通过对活性口袋的半理性设计，鉴定出 Ser264 与 Asp321 是影响 BhepⅢ 热稳定性与催化性能的两个关键氨基酸残基。单点突变体 S264F 的 $t_{1/2}^{50℃}$ 为 3.8h，相比于野生型 （2.7h） 提高了 40%，k_{cat}/K_m 为 124.7mL/（mg·min），相比于野生型 ［164.2mL/（mg·min）］ 降低了 24%；单点突变体 D321Q 的 $t_{1/2}^{50℃}$ 为 2.2h，相比于野生型降低了 19%，k_{cat}/K_m 为 276.6mL/（mg·min），相比于野生型提高了 69%，K_m 为 2.6mg/mL，相比于野生型 （11.2mg/mL） 降低了 77%；组合突变体 S264F/D321Q 的 k_{cat}/K_m 为 566.8mL/（mg·min），相比于野生型提高了 245%，$t_{1/2}^{50℃}$ 为 2.0h，相比于野生型降低了 26%（表 5-3）。

表 5-3　　　　　　　　　　　　**野生型及突变体的动力学参数和半衰期**

重组酶	K_m/（mg/mL）	k_{cat}/（1/min）	k_{cat}/K_m/［mL/（mg·min）］	$t_{1/2}^{50℃}$/h
野生型	11.2±1.8	1832.6±36.2	164.2±8.6	2.7
D321E	10.6±1.5	1691.2±65.3	159.8±9.5	2.3
D321Q	2.6±0.1	716.8±28.5	276.6±10.2	2.2
S264F	10.6±0.3	1316.0±47.4	124.7±9.7	3.8
S264T	12.2±0.2	1768.2±17.8	145.4±10.1	2.1
S264A	7.3±0.2	1261.4±19.2	173.2±11.5	2.6
S264F/D321Q	2.3±0.1	1316.0±17.6	566.8±18.2	2.0

$t_{1/2}^{50℃}$：50℃下的半衰期。

分子间相互作用力组合 MD 分析用于解析 S264F 突变提高酶热稳定性但降低催化性能

的机理。如图 5-16（1）所示，在野生型酶中，Ser264 与周围氨基酸共形成了 5 个氢键作用。S264F 突变破坏了两个氢键相互作用（Ser264-Asn260 和 Ser264-Asp321），但额外增加了三个相互作用（分别与 Leu209 之间形成一个疏水相互作用，与 Asp321 之间形成一个静电作用和一个位阻作用），整体表现为净增加一个相互作用力 [图 5-16（2）]。此外，野生型酶在 330K 条件下的 RMSD 相比于 300K 条件下 RMSD 波动较大 [图 5-16（3）]，而突变体 S264F 在 300K 与 330K 条件下的 RMSD 表现出一致的波动性 [图 5-16（4）]，表明突变体 S264F 的结构刚性要高于野生型。因此，我们可以得出，增加底物结合口袋附近的相互作用，能够提高活性口袋的刚性从而提高酶的热稳定性，而刚性的口袋不利于底物结合与催化，因此表现为降低的催化性能。

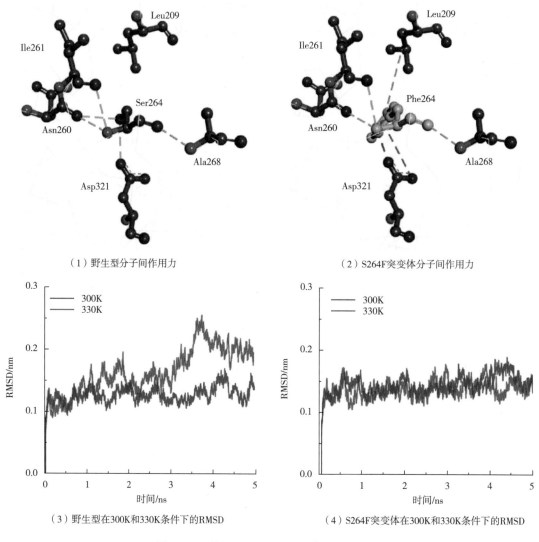

（1）野生型分子间作用力　　　　　　　　　　（2）S264F突变体分子间作用力

（3）野生型在300K和330K条件下的RMSD　　　（4）S264F突变体在300K和330K条件下的RMSD

图 5-16　野生型及 S264F 突变体的结构分析

注：氨基酸残基以棍棒形式展示，绿色虚线代表氢键作用；黄色虚线代表静电作用；浅紫色虚线代表疏水作用；红色虚线代表位阻。

分子间相互作用力组合底物通道电势分析用于解析 D321Q 突变降低酶热稳定性但提高催化性能的机理。如图 5-17（1）所示，D321Q 突变破坏了 Ser264-Asp321 之间的氢键作用，因此表现为稳定性降低。S264F/D321Q 组合突变 [图 5-17（2）]，尽管 Phe264 与 Leu209 之间形成一个疏水相互作用，但同时破坏了 Ser264-Asn260 及 Ser264-Asp321 之间的两个氢键相互作用，因此同样表现为热稳定性降低。另外，相比于 D321Q 单点突变，S264F/D321Q 组合突变破坏了一个氢键相互作用（Ser264-Asn260），但同时额外形成一个疏水相互作用（Phe264-Leu209），却表现为更低的热稳定性，表明氢键作用对维持蛋白刚性结构的重要性要高于疏水相互作用。

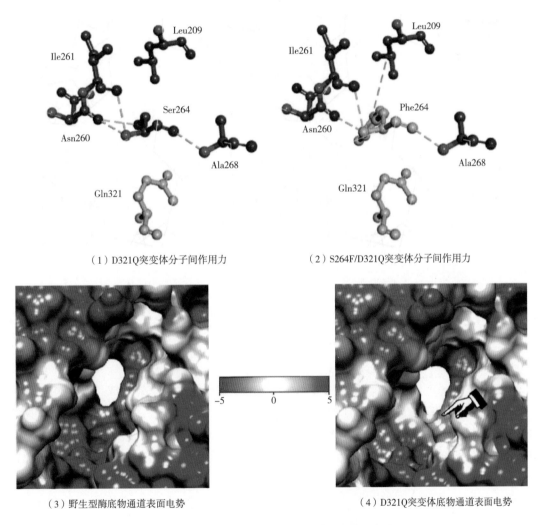

（1）D321Q突变体分子间作用力　　　　　　（2）S264F/D321Q突变体分子间作用力

（3）野生型酶底物通道表面电势　　　　　　（4）D321Q突变体底物通道表面电势

图 5-17　D321Q 和 S264F/D321Q 突变体的结构分析

注：氨基酸残基以棍棒形式展示，绿色虚线代表氢键作用；浅紫色虚线代表疏水作用。

天然存在的酶都含有带电氨基酸，这些带电基团主要分布在蛋白口袋附近，通过与带电底物、过渡态或产物产生静电相互作用，从而影响酶与底物结合及催化。通过对底物通道的电势改造，获得了优良的 E105R 单点突变体，其 K_m 为 2.5mg/mL，相比于野生型（11.2mg/mL）降低了 77%，k_{cat} 为 1816.5/min，与野生型（1832.6/min）基本一致，k_{cat}/K_m 为 735.7mL/(mg·min)，相比于野生型 [164.2mL/(mg·min)] 提高了 348%，$t_{1/2}^{50℃}$ 为 2.2h，相比于野生型（2.7h）降低了 19%；组合突变体 E105R/S264F 的 k_{cat}/K_m 为 851.6mL/(mg·min)，相比于野生型提高了 418%，相比于单点突变体 E105R 提高了 16%，$t_{1/2}^{50℃}$ 为 2.7h，与野生型一致（表 5-4）。

表 5-4　　　　　　　　　　　野生型及突变体的动力学参数和半衰期

重组酶	K_m/(mg/mL)	k_{cat}/(1/min)	k_{cat}/K_m/[mL/(mg·min)]	$t_{1/2}^{50℃}$/h
野生型	11.2±1.8	1832.6±36.2	164.2±8.6	2.7
E105H	4.1±0.8	2758.0±73.5	666.5±29.2	nd
E105K	1.6±0.5	533.1±23.6	336.6±15.3	nd
E105R	2.5±0.2	1816.5±48.3	735.7±32.1	2.2
D217H	9.2±1.4	1702.7±57.9	185.1±8.4	2.4
D217K	3.2±0.3	1672.0±86.4	522.5±16.8	1.8
D217R	4.1±0.3	1846.6±55.2	455.4±17.9	0.8
D321H	2.8±0.5	1362.9±82.5	494.3±21.5	2.1
D321K	0.6±0.03	499.6±24.7	892.6±49.3	1.8
D321R	1.1±0.1	555.1±38.2	493.9±22.3	2.4
E324H	2.7±0.4	2068.5±82.5	769.2±54.2	1.7
E324K	1.8±0.3	1498.0±34.7	826.3±48.3	1.4
E324R	1.8±0.2	735.0±17.4	415.5±21.4	nd
E105R/S264F	2.5±0.9	2114.7±21.3	851.6±12.4	2.7

$t_{1/2}^{50℃}$：50℃下的半衰期。nd：50℃处理 30min 未检测到酶活性。

如图 5-18（1）所示，在野生型酶中，Glu105 与周围氨基酸共形成了 6 个相互作用力。E105R 突变将 Glu105 与 Lys169 之间距离为 2.78 Å 的强静电相互作用力转变成了两个弱的疏水相互作用力（Arg105-Ile101 之间距离为 4.96 Å 的疏水相互作用力和 Arg105-Pro166 之间距离为 4.71 Å 的疏水相互作用力）；与此同时，与 Ser102 之间的氢键距离由 2.96 Å 增加到了 3.17Å [图 5-18（2）]。因此，我们可以得出，口袋附近相互作用力的减弱增加了蛋白结构的柔性从而降低了酶的热稳定性。在此基础上，进一步引入增强相互作用的 S264F 突变，从而恢复了酶的热稳定性。需要注意的是，与 S264F/D321Q 组合突变不同的是，S264F/E105R 组合突变并不会有额外的作用力损失（264 和 105 位点之间无作用力），因此表现出协同稳定性的作用。组合突变体 E105R/S264F 的底物通道电势分析显示 [图 5-18（3）]，E105R 突变明显提高了底物通道的表面电势，从而提高了与肝素底物之间的亲和性，表现为明显降低的 K_m 值。进一步的肝素降解实验可以看出 [图 5-18（4）]，与野生型酶相比，组合突变体 E105R/S264F 有着更高的催化性能。

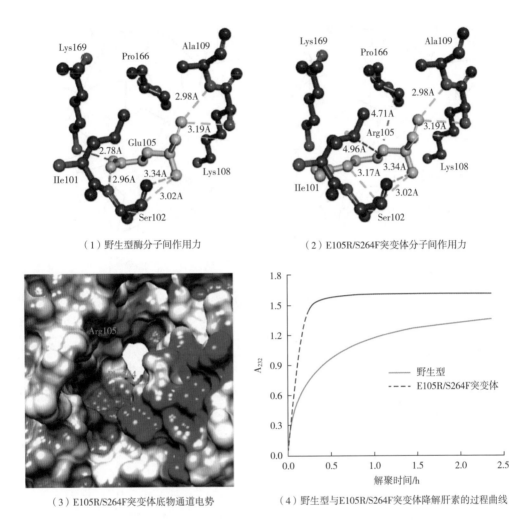

（1）野生型酶分子间作用力　　　　　　　（2）E105R/S264F突变体分子间作用力

（3）E105R/S264F突变体底物通道电势　　　（4）野生型与E105R/S264F突变体降解肝素的过程曲线

图 5-18　野生型酶与 E105R/S264F 突变体的结构及肝素降解过程

注：氨基酸残基以棍棒形式展示，绿色虚线代表氢键作用；黄色虚线代表静电作用；棕色虚线代表疏水作用。

4. 肝素裂解酶的发酵生产

为了评估获得的肝素裂解酶突变体 E105R/S264F 是否具有工业化生产的潜力，采用逐级降温策略，在 3L 发酵罐中进行了放大培养。如图 5-19（1）所示，在诱导后 6h，重组菌胞内酶活性达到了 8.0×10^3 U/L，生物量为 6，且胞内酶活性随着生物量的增加而急剧增加。在诱导后 24h，胞内酶活性达到 2.9×10^4 U/L，生物量为 22。随后，细胞开始裂解，酶活性也随之降低。SDS-PAGE 结果与酶活性测定结果一致［图 5-19（2）］。值得注意的是，肝素裂解酶的快速积累主要发生在菌体生长的对数前中期，因此可以采用补料分批发酵的培养方式提高菌体密度，进一步提高蛋白表达量。从应用的角度来讲，本研究为实现肝素裂解酶在医药和临床等领域上的应用奠定了坚实基础。

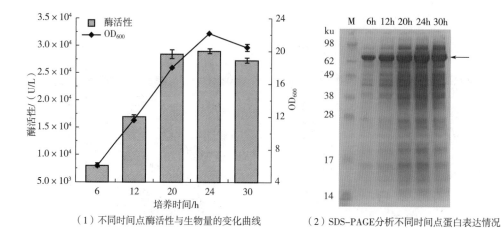

（1）不同时间点酶活性与生物量的变化曲线　　（2）SDS-PAGE分析不同时间点蛋白表达情况

图 5-19　重组菌 3L 罐分批发酵

M—分子质量为 198ku 的标准蛋白

　　我们的研究发现在 *B. subtilis* WB600 中通过优化诱导后培养时间和诱导剂浓度，可以初步实现多形拟杆菌肝素裂解酶Ⅰ（BhepⅠ）的可溶表达。通过对重组菌的培养时间进行优化，结果如图 5-20（1）所示，随着培养时间的增加，酶活性逐渐升高，加入诱导剂培养 24h 时，菌体的生物量达到最高，为 10.5。与此同时，酶活性也达到最高，为 $8.48 \times 10^3 U/L$。进一步优化诱导剂添加量，结果如图 5-20（3）所示，当加入 5g/L 木糖诱导时，重组菌的生物量最高（$OD_{600} = 13.2$），随着木糖浓度的增加，生物量呈下降趋势；当加入的木糖浓度为 15g/L 时，胞内酶活性最高，达到 $1.09 \times 10^4 U/L$。同时通过 SDS-PAGE 分析蛋白表达情况，结果与酶活性测定一致［图 5-20（2）和（4）］。

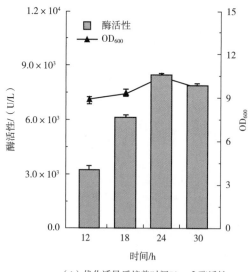

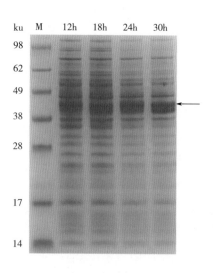

（1）优化诱导后培养时间BhepⅠ酶活性　　　　（2）SDA-PAGE分析蛋白表达情况

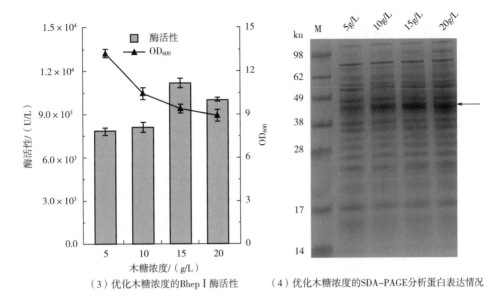

（3）优化木糖浓度的Bhep I 酶活性　　　（4）优化木糖浓度的SDA-PAGE分析蛋白表达情况

图 5-20　Bhep I 在 *B. subtilis* WB600 中的诱导型表达

由于诱导型表达在发酵过程中需要添加诱导物木糖，增加了生产成本和染菌的风险。因此研究了不需要添加诱导剂的组成型表达。*B. subtilis* 中有许多内源组成型启动子，对基因的转录调控与 σ 因子密切相关，选择了三种不同的组成型启动子 P_{43}、P_{lytR} 和 P_{spovG}，研究其对 Bhep I 表达的影响。其中，P_{43} 受 σ^A 和 σ^B 调控，属于对数期表达启动子；P_{lytR} 受 σ^A 和 σ^X 调控，为持续型表达启动子；P_{spovG} 被 σ^H 识别，属于对数中期和稳定期表达启动子。结果如 5-21（1）所示，随着培养时间的增加，酶活性都呈上升趋势，培养 30h 时，重组菌的酶活性都达到最高，其中 BSBH/P_{spovG} 的酶活性最高，为 $1.41×10^4$U/L，是 BSBH/P_{lytR}（$2.74×10^3$U/L）的 5.1 倍；BSBH/P_{43} 的酶活性最低，为 $2.55×10^3$U/L，仅有 BSBH/P_{spovG} 的 18.1%。当培养时间超过 30h 后，酶活性开始下降，SDS-PAGE 显示蛋白表达与酶活性测定结果一致［图 5-21（2）］。与诱导型菌株（$1.09×10^4$U/L）相比，组成型表达具有更高的酶活性，因此在后续研究中选择 P_{spovG} 启动子表达 Bhep I。

5. 肝素裂解酶的发酵产量的提升策略

基因的 N 端编码序列（NCSs）与蛋白的表达水平密切相关，NCSs 的差异会造成核糖体与 mRNA 的结合和延伸效率的差异，从而导致基因表达水平不同。Tian 等通过对 *B. subtilis* 中 96 种内源性 NCS 序列进行实验表征和统计分析，将其应用于唾液酸合成途径中酶的表达，使得唾液酸的产量提高了 3.21 倍。选取了其中 10 种普适性较强的 N 端序列插入目的基因序列的 N 端［图 5-22（1）和（2）］，探究不同 N 端序列对 Bhep I 表达的影响。结果如图 5-22（3）所示，当培养 30h 时，重组菌 BSBH/P_{spovG}-yvyD 的胞内酶活性为 $1.97×10^4$U/L，比出发菌株 BSBH/P_{spovG} 的胞内酶活性（$1.41×10^4$U/L）提高了 41.7%，其余 9 株重组菌 BSBH/P_{spovG}-bltD、BSBH/P_{spovG}-cspB、BSBH/P_{spovG}-C4、BSBH/P_{spovG}-yxjG、

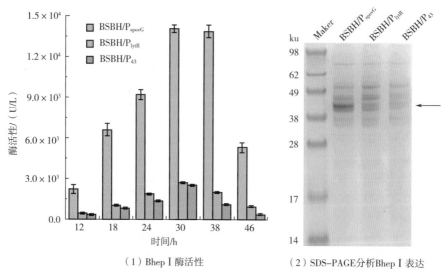

（1）Bhep I 酶活性

（2）SDS-PAGE分析Bhep I 表达

图 5-21　Bhep I 在 *B. subtilis* WB 600 中的组成型表达

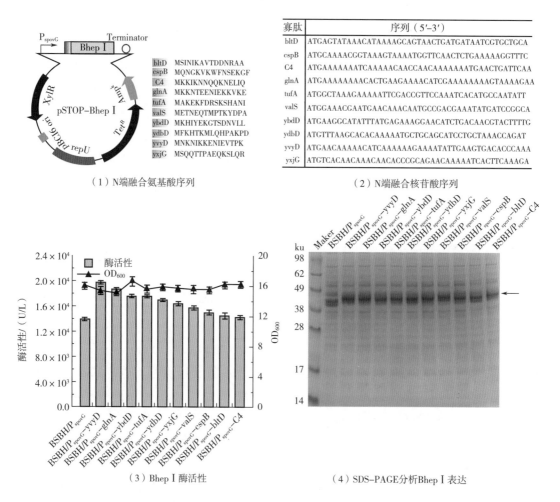

（1）N端融合氨基酸序列

寡肽	序列（5′-3′）
bltD	ATGAGTATAAACATAAAAGCAGTAACTGATGATAATCGTGCTGCA
cspB	ATGCAAAACGGTAAAGTAAAATGGTTCAACTCTGAAAAAGGTTTC
C4	ATGAAAAAAATCAAAAACAACCAACAAAAAAATGAACTGATTCAA
glnA	ATGAAAAAAAACACTGAAGAAAACATCGAAAAAAAAGTAAAAGAA
tufA	ATGGCTAAAGAAAAATTCGACCGTTCCAAATCACATGCCAATATT
valS	ATGGAAACGAATGAACAAACAATGCCGACGAAATATGATCCGGCA
ybdD	ATGAAGGCATATTTATGAGAAAGGAACATCTGACAACGTACTTTTG
ydbD	ATGTTTAAGCACACAAAAATGCTGCAGCATCCTGCTAAACCAGAT
yvyD	ATGAACAAAAACATCAAAAAAGAAATATTGAAGTGACACCCAAA
yxjG	ATGTCACAACAAACAACACCCGCAGAACAAAAATCACTTCAAAGA

（2）N端融合核苷酸序列

（3）Bhep I 酶活性

（4）SDS-PAGE分析Bhep I 表达

图 5-22　N 端序列对 Bhep I 在 *B. subtilis* WB 600 中的组成型表达的影响

BSBH/P_{spovG} - ydbD、BSBH/P_{spovG} - valS、BSBH/P_{spovG} - tufA、BSBH/P_{spovG} - ybdD 和 BSBH/P_{spovG} - glnA 的胞内酶活性分别为 $1.45×10^4$ U/L、$1.49×10^4$ U/L、$1.43×10^4$ U/L、$1.64×10^4$ U/L、$1.69×10^4$ U/L、$1.57×10^4$ U/L、$1.74×10^4$ U/L、$1.76×10^4$ U/L、$1.87×10^4$ U/L，相比于出发菌株分别提高了 2.8%、5.7%、1.4%、16.3%、19.9%、11.3%、23.4%、24.8%、32.6%。

5′-非翻译区（5′UTR）指从转录起始位点开始，至起始密码子前的一段非编码序列，其中包含许多调控成分，对基因表达也很重要。Xiao 等通过优化 5′UTR 序列，成功将 eGFP 的表达量提高了约 50 倍，并显示出对其他靶蛋白的良好适应性。选择了其中效果较好的 4 条序列进行研究。分别将这 4 条核苷酸序列替换质粒 P_{spovG}-yvyD-BhepⅠ上 P_{spovG} 启动子的原始 5′UTR 序列［图 5-23（1）］，获得 4 种重组质粒。将其分别化转到 *B. subtilis* WB600 细胞中，获得 4 株重组菌，对其进行摇瓶发酵，结果如图 5-23（2）所示。当培养 30h 时，除了重组菌 BSBH/$P_{spovG}^{5′UTR2}$-yvyD 的胞内酶活性与出发菌株基本相同，其他重组菌均在不同程度上提高了胞内酶活性。BSBH/$P_{spovG}^{5′UTR1}$-yvyD、BSBH/$P_{spovG}^{5′UTR3}$-yvyD 和 BSBH/$P_{spovG}^{5′UTR4}$-yvyD 的胞内酶活性分别为 $2.36×10^4$ U/L、$2.08×10^4$ U/L 和 $2.65×10^4$ U/L，相比于出发菌株 BSBH/P_{spovG}-yvyD（$1.97×10^4$ U/L）分别提高了 19.8%、5.6% 和 34.5%。SDS-PAGE 显示重组菌目标蛋白积累量与酶活性检测结果基本一致［图 5-23（3）］。

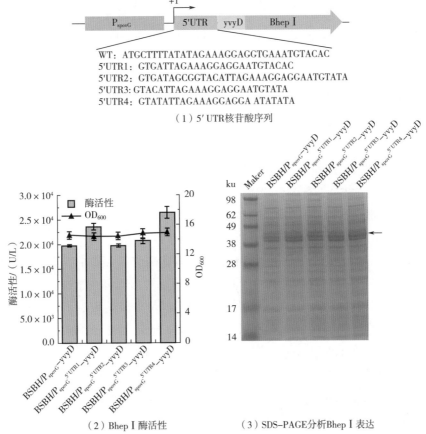

WT：ATGCTTTTATATAGAAAGGAGGTGAAATGTACAC
5'UTR1：GTGATTAGAAAGGAGGAATGTACAC
5'UTR2：GTGATAGCGGTACATTAGAAAGGAGGAATGTATA
5'UTR3：GTACATTAGAAAGGAGGAATGTATA
5'UTR4：GTATATTAGAAAGGAGGA ATATATA

（1）5′ UTR核苷酸序列

（2）BhepⅠ酶活性　　　（3）SDS-PAGE分析BhepⅠ表达

图 5-23　5′UTR 序列对 BhepⅠ在 *B. subtilis* WB 600 中的组成型表达的影响

第三节　肝素和硫酸乙酰肝素类多糖的化学酶法合成

一、肝素合成相关修饰酶的微生物活性表达

HS/肝素类多糖所特有的功能活性需要经过修饰途径中多种酶的酶促修饰才能获得，不同于硫酸软骨素的单一磺酸化修饰，HS/肝素的合成过程需要 5 种不同磺基转移酶和变构酶催化与修饰。

1. N-脱乙酰/N-磺基转移酶（Heparan Sulfate N-deacetylase/N-sulfotransferase，NDST）

（1）NDST 酶活性特征　NDST 是一种兼具脱乙酰和磺酸化修饰活性的双功能酶，能够将肝素前体的 N-乙酰氨基葡萄糖残基的乙酰基脱掉形成氨糖（GlcNH$_2$），并对其进行磺酸化修饰生成 N-脱乙酰基-磺酸化氨糖（GlcNS）。GlcNS 基团是肝素修饰途径中必有的基础基团，决定了整个肝素糖链与靶蛋白的相互作用能力。因此 NDST 的作用至关重要。在哺乳动物细胞中，NDST 存在 4 种同工酶共同参与 HS 的磺酸化修饰途径，但在活性上有不同的偏好性。NDST1/2 兼具有双功能活性，在组织细胞中存在广泛并具有重要生理功能。而 NDST3/4 更偏好于单一的脱乙酰或磺酸化功能，敲除后产生的生理影响较小。

在化学酶法合成 HS 的应用中，最常使用的是 NDST1。研究者对 NDST1 的催化模式进行了解析（如图 5-24 所示），认为 NDST1 随机选择多糖骨架的 GlcNAc 进行结合，但结合后的催化过程却是从非还原端向还原端有序进行的。NDST1 能够在多糖骨架上催化修饰形成连续的 GlcNS 区域，但还原端五个单糖附近存在的 GlcNS 也会阻止酶的催化，中断 GlcNS 区域的连续形成，最终在多糖骨架上形成 GlcNS-五糖（包含 2 个 GlcNAc）-GlcNS 的结构。

（2）NDST 的蛋白质结构　NDST1 中的 NST 结构域已具有晶体结构的解析（图 5-25）：NST 的晶体结构类似球状，并带有开放的裂缝，主要由单个 α/β 折叠、中心五链平行的 β-折叠和 1 个三链反平行的 β-折叠构成。与胞质磺基转移酶相似，也具有结合 PAP 的保守 loop 和 α-螺旋结构，但与胞质磺酸转移酶的疏水底物结合口袋不同的是，NST 的底物结合区域被认为是结构中垂直于 β-折叠面的亲水性裂缝。

（3）NDST 的异源表达　早期对 NDST 的异源表达研究主要集中于在真核细胞如 COS 细胞、昆虫细胞等中表达，现阶段相对于其他肝素磺基转移酶可在原核表达系统实现大规模表达，NDST 的微生物表达仍然受限，虽然在酿酒酵母中成功表达了兼具有脱乙酰酶活性的 NDST，但表达量仍不足以支撑肝素的体外催化合成，截至目前为止，仅有同工酶 NDST2 被报道称在大肠杆菌中实现了双功能结构域的活性表达。

为了明确 NDST 中两种不同活性酶的作用模式，常将酶的活性结构域单独进行异源表达，但实际上，结构域的单独表达研究也存在限制。C 端的磺酸转移酶 NST 因在微生物表达系统中获得有效表达而获得大量研究，相比之下，N 端脱乙酰酶 ND 的研究因其表达受限，相关研究仍然较少。已有研究者发现 ND 和 NST 虽然可以进行单独催化，而二者的结

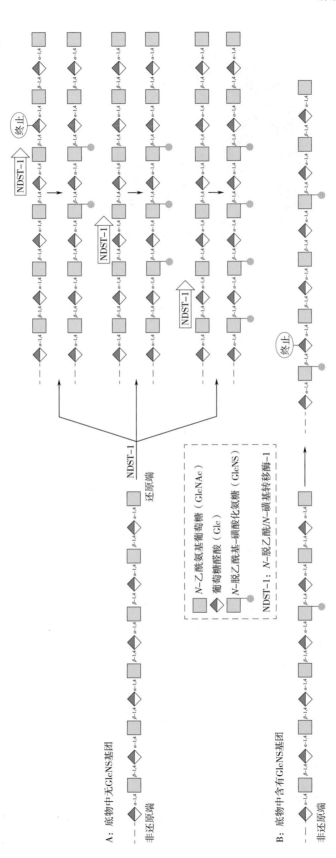

图 5-24 NDST催化模式示意图

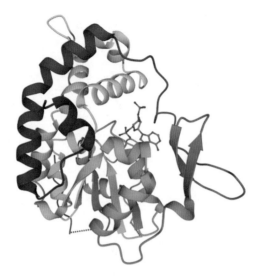

图 5-25　NST 的晶体结构

合有助于促进脱乙酰限速步骤中 ND 的活性。但由于脱乙酰酶的功能活性并未被完全解析，难以实现高密度培养，因此在化学酶法的合成中基本采用化学法替代脱乙酰化处理，除了完成肝素前体的脱乙酰化外，化学法处理还有助于降低肝素的主糖链骨架结构，实现低分子质量肝素或肝素衍生物的合成。

2. C5 差向异构酶（C5-epimerase）

（1）C5 差向异构酶活性特征　C5 差向异构酶能够使 *N*-磺酸化肝素前体糖链骨架的 D-GlcA 异构化转变成为 IdoA。C5 的异构化在体内是不可逆反应，然而在体外酶法修饰中却是可逆反应。C5-epi 转化 GlcA 为 IdoA 的同时也逆向将 IdoA 转化为 GlcA。IdoA 在肝素的抗凝血活性中扮演着极为重要的角色。

（2）C5 差向异构酶的异源表达与结构解析　Li 等利用 Sf9 昆虫细胞为表达宿主，先后对牛肺 C5 异构酶和小鼠肝脏 C5 异构酶进行表达，源自小鼠肝脏的 C5 异构酶的催化活性要比牛肺 C5 异构酶高 2 个数量级，Zhang 等利用大肠杆菌进行高密度分批发酵培养获得人源 C5 异构酶的表达量为 2.2mg/g/细胞干重。Qin 等利用大肠杆菌 BL21（DE3）表达斑马鱼 C5 异构酶并获得了蛋白的晶体结构，C5 的结构主要以二聚体形式呈现，主要可分为三部分（图 5-26）：N 端的 β-发夹结构域、β-折叠结构域和 C 端的 α-螺旋结构域，而 C 端 α-螺旋结构域是最保守的区域，包含了形成 1 个 β 发夹的两条 β 链和在 4 对反并联螺旋中的 8 条 α-螺旋链，也被认为是酶的催化活性位点所在的结构域。

3. 2-*O*-硫酸转移酶（2-*O*-sulfotransferase，2-*O*-ST）

（1）2-*O*-ST 酶活性特征　2-*O*-ST 是 C5 异构化后的磺酸化修饰酶，能够将多糖链的 IdoA2-OH 进行磺酸化修饰为 Ido2S。值得注意的是，在人工构建的催化修饰体系中 C5-epi 和 2-*O*-ST 展现了一种相辅相成的关系：C5-epi 的修饰作用能够促进 2-*O*-ST 的修饰，保证 2-*O*-磺酸化程度的正常进行，同时 2-*O*-ST 也将转变 C5-epi 的可逆反应为不可逆。

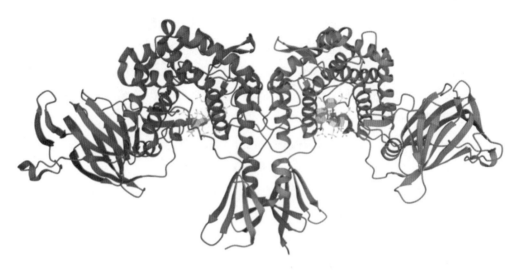

图 5-26　C5 差向异构酶的晶体结构

（2）2-*O*-ST 酶活性特征异源表达与结构解析　Préchoux 等利用大肠杆菌表达人源 2-*O*-ST，Zhang 等通过高密度分批发酵培养重组大肠杆菌获得源自中国仓鼠卵巢细胞 2-*O*-ST 的表达量为 6 mg/g/CDW ；Bethea 等使用大肠杆菌表达融合了麦芽糖结合蛋白的鸡源 2-*O*-ST，并获得了融合蛋白的晶体结构（图 5-27）；与其他磺酸转移酶的结构相比，2-

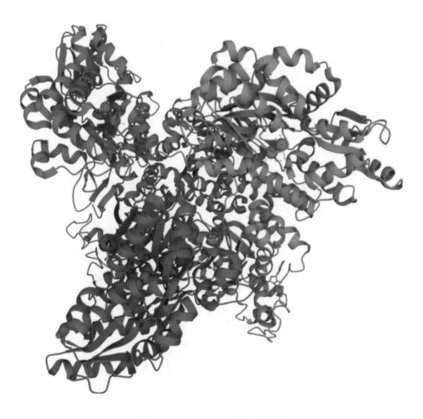

图 5-27　2-*O*-ST 的晶体结构

OST 的结构形成了独特的三聚体结构，所有三个分子的 N 末端均定位在三聚体的一侧，但彼此的活性位点却被分开，表明各个活性位点可以独立发挥功能。并且三聚体结构中的延伸 C 末端与另一个分子中心的 β-折叠的第五条链（V104-T110）形成了反平行链，这种结构将 C 末端的 Lys 和 Glu 定位成为潜在的活性位点和底物结合区域。对部分氨基酸的突变结果也表明组氨酸被作为 2-O-ST 中潜在的催化活性碱基。

4. 6-O-硫酸转移酶（6-O-sulfotransferase，6-O-ST）

（1）6-O-ST 酶活性特征　6-O-磺酸基团对抗凝血活性有重要修饰意义，含有 6-O-磺酸基团、3-O-磺酸基团的产物仍对凝血酶和 Xa 因子具有部分抑制作用，而缺失 6-O-磺酸基团的产物则完全失去了抗凝血活性。虽然 6-O 磺酸化转移酶有 3 种同工酶，但它们底物选择性上存在的差异较小，虽然 6-O-ST-1 更倾向选择修饰 2-O-磺酸化的产物，但仅使用 6-O-ST-1 则难以保证 6-O-磺酸化的比例，因此常选择多种同工酶混合进行催化修饰。

（2）6-O-ST 酶活性特征异源表达与结构解析　Restaino 等对 6-O-ST-1 进行高密度发酵培养所获得的产量为 16.2mg/g 细胞干重；Zhang 等对小鼠 6-O-ST-3 同样采取了高密度发酵培养，获得产率为 5mg/（L·h）。但 6-O-STs 的结构解析仍然存在限制，目前尚未有 6-O-ST-1 的晶体结构，6-O-ST-3 的晶体结构直到 2016 年才被揭示（图 5-28）。与 MBP 融合蛋白共结晶形成的晶体结构表明 6-O-ST 保留了磺酸转移酶与 PAPS 的结合区域以保证 PAPS 的结合和正确定位。6-O-ST 的活性中心与 2-O-ST 相似，都是以组氨酸作为催化碱基。但 6-O-ST 的底物结合区域也与 3-O-ST-1/3、2-O-ST 有所差异，原有的开放性裂缝在 6-O-ST 中被含有 T209/T210 的线圈所封闭，底物则可能以垂直于其他 HS 磺酸转移酶的方向与 6-O-ST 结合，并将辅因子 PAPS 掩埋在活性位点内部。除此之外，6-O-ST-3 还包含了其他磺酸转移酶中未存在的保守二硫键。

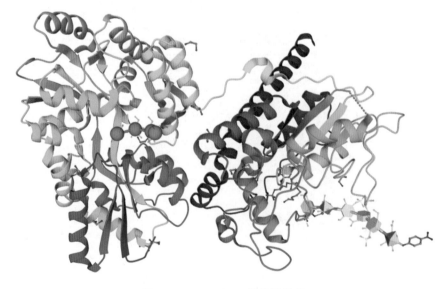

图 5-28　6-O-ST-3 的晶体结构

5. 3-*O*-硫酸转移酶（3-*O*-sulfotransferase，3-*O*-ST）

（1）3-*O*-ST 酶活性特征 肝素糖链骨架的 3-*O*-磺酸基团决定了肝素产物是否具有抗凝血活性，在肝素功能活性的赋予上发挥了重要作用。3-*O*-磺酸化转移酶的同工酶是肝素修饰酶中最多的，具有七种同工酶，但赋予肝素抗凝血活性（AT 型）的同工酶仅有1/5，其他同工酶 3-*O*-ST-2/3A/3B/4/6 均属于 gD 型，即所修饰的肝素产物形成单纯疱疹病毒 I 型的糖蛋白 gD 结合位点，而 3-*O*-ST-5 不仅属于 AT 型，还兼具有 gD 型修饰功能。

（2）3-*O*-ST 酶活性特征异源表达与结构解析 涉及抗凝肝素产物修饰的主要是 3-*O*-ST-1/5，目前使用大肠杆菌表达系统已实现了 3-*O*-ST 的异源活性表达，包括人源、大鼠脑源等。Edavettal 对小鼠源 3-*O*-ST-1 进行大肠杆菌异源表达并获得了蛋白质的晶体结构［图 5-29（1）］：3-*O*-ST-1 的结构类似于 NST1，整体结构类似于球形，在表面具有明显的裂缝，除了保守的 PAP 分子结合区域外，作为催化碱基的谷氨酸也都存在于结构裂缝的内部区域，但相比 NST1，3-*O*-ST-1 的裂缝表面的正电荷增加，这也与 3-*O*-ST 底物的高磺酸化程度相符合。Xu 等则对人源 3-*O*-ST5 进行大肠杆菌的异源表达并获得晶体结构［图 5-29（2）］：3-*O*-ST-5 的结构与 3-*O*-ST-1 整体相似，但 3-*O*-ST-5 的底物结合裂隙却比 3-*O*-ST-1 更宽，与 3-*O*-ST-3 接近，更符合 3-*O*-ST-5 兼具有 AT 型和 gD 型的特性。

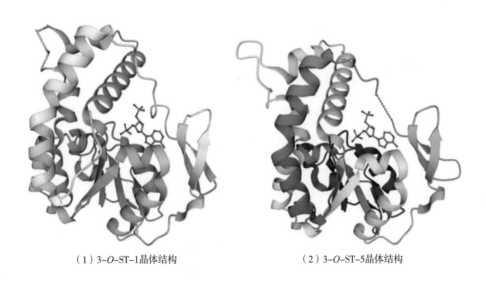

（1）3-*O*-ST-1晶体结构　　　　　　　（2）3-*O*-ST-5晶体结构

图 5-29　3-*O*-STs 的晶体结构

6-*O*-ST 和 3-*O*-ST 是肝素抗凝血活性的重要修饰步骤，为了保证合成产物的磺酸化比例和抗凝血活性，化学酶法合成时常使用多种同工酶如 6-*O*-ST-1/3、3-*O*-ST-1/5 进行混合修饰。

二、体外化学酶催化肝素前体合成肝素

1. 化学酶法修饰肝素前体形成肝素

为了简化合成工艺，减少杂质污染获得均质肝素，研究者结合化学法和酶法进行了低分子质量肝素的合成研究。相较于成分复杂的天然肝素和工艺复杂的化学法肝素，化学酶法合成的肝素在分子质量大小、功能基团上有着更多创新发展的空间。

化学酶法的合成策略参考了肝素的生物合成途径，但由于 NDST 尚未实现微生物表达系统的大量表达，通常使用通过化学法全处理或部分处理进行替代 NDST 的酶促修饰作用。Kuberan 等首次尝试了简便的化学酶法合成具有抗凝血特性的硫酸乙酰肝素（如图 5-30 所示）：以 *E. coli* K5 菌株的荚膜多糖作为前体底物，使用化学法进行 *N*-脱乙酰、*N*-磺酸化处理获得 *N*-磺酸化肝素前体底物后，再利用异源表达的差向异构酶和多种磺基转移酶进行体外顺序修饰获得硫酸乙酰肝素产物。

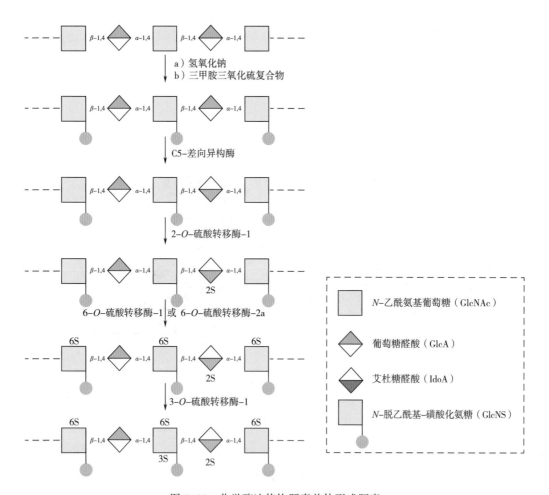

图 5-30　化学酶法修饰肝素前体形成肝素

Chen 等则利用脱硫肝素作为底物在 PAPS 再生系统中完成肝素的合成。PAPS 再生系统依靠 AST-Ⅳ催化将磺基从 PNPS 转移到 PAP，从而将 PAP 转化为 PAPS；以 PAPS 再生系统为基础，使用化学法对肝素进行 O-磺酸基团脱硫处理获得脱硫底物后，进而在 PAPS 再生系统中利用固定化 O-磺酸转移酶对脱硫底物进行选择性催化修饰，最终获得具有特定磺酸化结构的肝素产物。

2. 化学酶法从单糖出发合成低分子肝素

为了获得均质的低分子质量肝素，研究者将化学酶法的常规合成策略进一步扩展，将出发底物从 E. coliK5 荚膜多糖更换为 UDP-葡萄糖等二糖单元，利用 HS 聚合酶对二糖单元进行有序延伸合成分子质量明确的肝素前体低聚物后，再进行酶促修饰获得低分子质量肝素产物。2010 年，Liu 等设计了独特的化学酶法路线合成结构定义的 HS 寡聚糖（如图 5-31 所示）：以亚硝酸降解的肝素经过分离获得二糖单元，进而利用细菌糖基转移酶 KfiA、肝素合酶 2（PmHS2）和非天然 UDP 单糖供体 UDP-GlcNTFA 延伸二糖构建糖链骨架，并在还原端引入氟亲和标签以便纯化产物。所获得的糖链骨架经过碱法脱乙酰和 NST、C5-epi、2-O-ST、6-O-ST、3-O-ST 的依次修饰，最终获得具有不同磺酸化程度和位置的寡聚糖产物。首次证明了 KfiA 能够高效使用 UDP-GlcNTFA 作为供体底物、PmHS-2 可以催化在其非还原端具有 GlcNTFA 单元的寡聚糖的延伸，而非天然单糖供体的使用可以将 GlcNS 残基放置在寡聚糖主链中的任何所需位置。

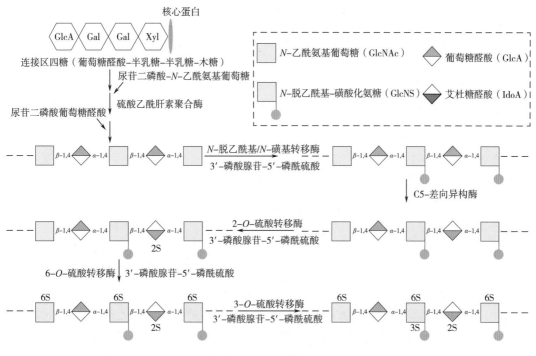

图 5-31　结构定义寡聚糖的化学酶法合成

2011 年，Xu 等进一步利用化学酶法合成了两种结构均质、抗凝活性与 Arixtra 相当的超低分子质量肝素，分别仅需要 10 步、12 步合成步骤（如图 5-32 所示）：利用二糖葡糖醛酸-脱水甘露醇（GlcA-AnMan）作为出发底物、UDP- N-三氟乙酰基葡糖胺（UDP-GlcNTFA）和 UDP-葡萄糖醛酸（UDP-GlcA）作为供体糖、使用来自 *E. coli* K5 的 GlcN-乙酰氨基葡萄糖氨基转移酶（KfiA）和来自多杀巴斯德氏菌的肝素合酶 2（PmHS2）进行糖链骨架的延伸。而在通过碱法处理获得 N-脱乙酰肝素前体低聚物后，便可应用异源表达的多种磺酸转移酶和差向异构酶在 PAPS 系统中依序进行酶促修饰获得 10 步构建的常规肝素产物。为了获得糖链非还原末端含有 GlcNS6S 的特定肝素产物，研究者在原有步骤的基础上额外添加了两个步骤：糖链从四糖延伸至六糖后，使用碱法处理、NST 酶促修饰获得含有 N-磺酸基团的六糖，进而将其再次延伸为非还原末端含有 GlcNTFA 的七糖，利用 GlcNTFA 残基阻止 C5-epi 和 2-O-ST 对 GlcA 的修饰作用，再使用 6-O-ST、3-O-ST 进行修饰获得 12 步构建产物。

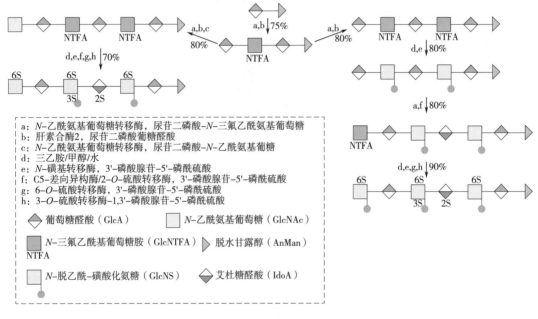

图 5-32　化学酶法合成结构均质的肝素

注：以 3 为出发底物分别经过 10 步、12 步修饰反应获得产物 1、产物 2。

除了顺序合成策略外，简化的一锅法合成策略也被用于合成低分子质量肝素。Chandarajoti 等采用一锅法从头合成窄尺寸分布的低分子质量肝素：利用四糖引物（GlcA-GlcNAc-GlcA-AnMan）、UPD-NTFA，UDP-GlcA 和 PmHS2 进行一锅法合成窄尺寸分布的糖链骨架。PmHS2 能够将 GlcNTFA 引入糖链骨架中，从而产生易于脱乙酰的（-GlcNTFA-GlcA-）重复主链。获得低聚糖的脱乙酰糖链骨架后，再进行顺序磺酸化修饰获得聚合度在 8~16 的 LMWH 产物（图 5-33）。经体外活性实验证明，一锅法合成的窄尺寸分布 LMWH 显示出比市售 LMWH 更高的抗 Xa 活性。

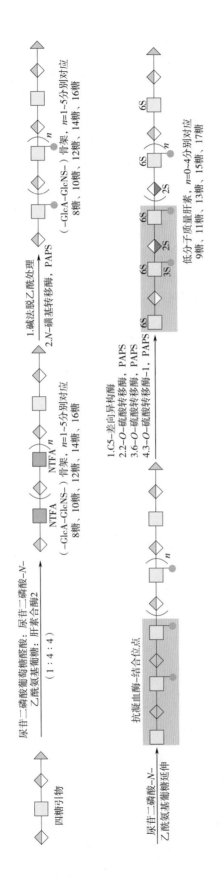

图 5-33 低分子质量肝素的一锅法合成

第四节　低分子质量肝素的酶法制备

普通的肝素是高度磺酸化的线性黏多糖，分子质量较大，在多糖的组成及多糖链的长度上具有多分散性，从而皮下注射生物利用度低、药代动力学特征难以预测、用药个体差异大、易产生出血副作用。但是低分子质量肝素（LMWH）和普通肝素相比分子质量比较低，结构也更单一，具有较强的抗 FXa（凝血因子）能力，而抗 FIIa（凝血酶）作用较大分子质量的肝素弱，能够减少出血的副作用。用前文表达的 Bhep I、Fhep III 以及融合酶 Bhep I-Fhep III 降解肝素制备低分子质量肝素。使用 5g/L 肝素钠溶液为底物，分别加入等量的酶活性，置于 30℃金属浴中过夜彻底反应后，将反应液在沸水浴中加热 3min 使酶失活，高速离心后用 0.22μm 的滤膜过滤，测定制得肝素的分子质量，结果图 5-34 所示，肝素的分子质量随加酶量的增加呈先下降后保持不变的趋势。当用 Fhep III 单独作用时，加入的酶活性为 8000U/L，分子质量降至 4500u，此后加酶量增加，分子质量不再下降。用 Bhep I 单独作用时，加酶量为 6000U/L 时，分子质量就达到 2300u，当酶量再增加时，分子质量基本保持不变。而用 Bhep I 和 Fhep III 同时作用（酶活性 1∶1）时，酶活性达到 4000U/L 时，分子质量就达到 2100u，随后酶活性增加分子质量并不下降。用融合酶 Bhep I-Fhep III 裂解时，当酶活性达到 6000U/L，分子质量就下降为 1300u，是所有情况下分子质量最低的，且相比于 Bhep I，融合酶 Bhep I-Fhep III 有更高的稳定性，相比于 Bhep I 和 Fhep III 同时作用，单独用融合酶 Bhep I-Fhep III 减少了酶的种类，使得实际应用时更加方便快捷。

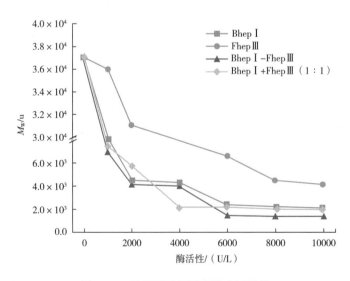

图 5-34　重组酶裂解肝素钠分子质量

为了评估得到的几种低分子质量肝素的应用价值，对其体外抗凝血活性进行了评估，分别测定了活化部分凝血活酶时间（APTT）、凝血酶原时间（PT）和血浆凝血酶时间

（TT），三者分别反应内源性凝血途径、外源性凝血途径和共同凝血途径。以未降解的肝素钠为阳性对照，结果如图 5-35 所示，相比于普通肝素，用 BhepⅠ单独降解时得到的低分子质量肝素 APTT 为 22s，PT 为 59s，TT 为 21s，分别下降了 81.7%、50.8% 和 82.5%，下降最显著。用 FhepⅢ和融合酶 BhepⅠ-FhepⅢ分别单独降解时，APTT 和 PT 均未下降，TT 分别为 51s 和 44s，分别下降了 57.5% 和 63.3%。用 BhepⅠ和 FhepⅢ混合降解得到的低分子质量肝素 APTT 下降了 18.3%，为 98s，PT 没有降低，TT 为 34s，降低了 71.7%。综上所述，FhepⅢ和融合酶 BhepⅠ-FhepⅢ单独降解时得到的低分子质量肝素有更好的抗凝血活性。由于 FhepⅢ无法将分子质量为 4500u 的肝素进一步裂解，因此融合酶 BhepⅠ-FhepⅢ的应用价值最强，可以用于制备高抗凝血活性的低分子质量肝素。

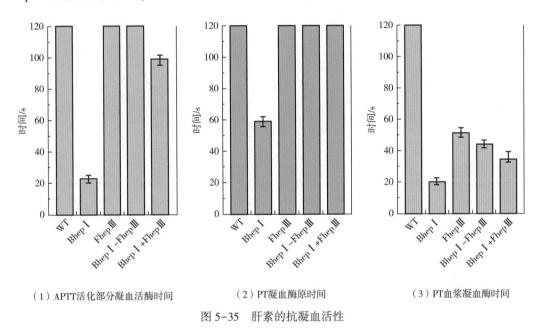

（1）APTT活化部分凝血活酶时间　　　　（2）PT凝血酶原时间　　　　（3）PT血浆凝血酶时间

图 5-35　肝素的抗凝血活性

第五节　肝素和硫酸乙酰肝素的其他生产方式

一、杆状病毒-昆虫细胞表达系统生产肝素

杆状病毒-昆虫细胞表达系统是一个瞬时表达系统，主要以选取昆虫细胞或蛹作为杆状病毒构建表达载体，该表达系统可高效、低成本地表达千余种外源基因，且得到的重组蛋白更接近天然蛋白构象，并且不需要繁多的空斑分析，大大提高了效率，广泛应用于疫苗、药物研发、基因治疗、农业等多种领域。

2003 年，Balagurunathan Kuberan 等首次使用杆状病毒-昆虫细胞表达系统表达动物源的肝素修饰酶，首先，将大肠杆菌菌株 K5 生产的肝素前体作为酶促反应合成肝素的底物，在磺基供体 PAPS 的存在下，用 NDST2 处理肝素前体，制备 N-磺酸化肝素前体，使用毛细管高效液相色谱-质谱（LC-MS）分析该化合物的结构。将多糖 N-磺酸化肝素前体使用肝素酶Ⅰ处理，并通过高效液相色谱（HPLC）纯化得到不同分子质量、不同组成的低聚糖混合物，每个组分均使用质谱进行分析，将含六糖 GlcA-GlcNAc-GlcA-GlcNS-GlcA-GlcNS 的组分分离并纯化，以此六糖为底物，将使用杆状病毒-昆虫细胞表达得到的 C5 epi、2-OST 和 6-OST 纯化并依次修饰，并使用 LC-MS 确定 2-磺酸化和 6-磺酸化位点，Δ4,5-糖醛酸苷酶使用 Δ4,5-糖醛酸苷酶处理六糖，选择性去除非还原端末端不饱和醛酸残基，得到五糖 GlcNAc6S-GlcA-GlcNS6S-IndoA2S-GlcNS，最后使用 3-OST1 对该五糖进行最后的修饰，最终得到具有抗凝血活性的核心五糖（图 5-36）。与化学合成所需的 60个步骤相比，使用杆状病毒-昆虫细胞表达系统仅需 6 步即可高效快速地合成具有抗凝血活性的核心五糖，总收率也提高了两倍，完成时间快 600 倍，向肝素的酶法生产又近了一步。

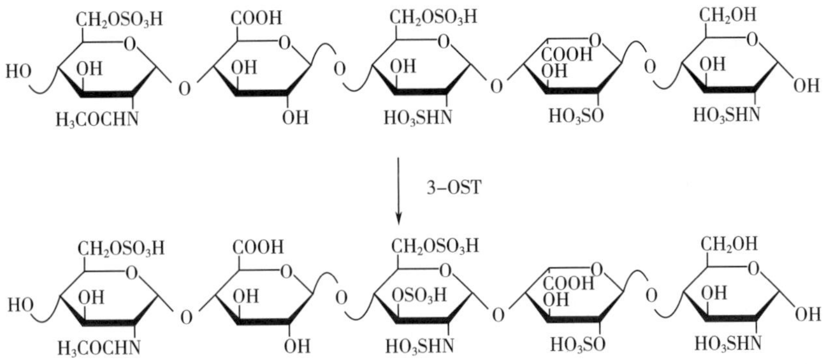

图 5-36　杆状病毒-昆虫细胞表达系统生产具有抗凝血活性肝素五糖

但该系统也存在一定的缺陷，比如杆状病毒表达载体的启动子为晚期启动子，表达时限是从感染后 22~24h 开始至宿主细胞死亡，蛋白高水平表达时间很短。昆虫细胞一般不提供复杂的 N-糖基化。虽然这种类型的 N-糖基化通常足以提供有生物活性的蛋白产物，但是末端缺乏复杂糖基化有可能影响蛋白的溶解性和稳定性。另外，杆状病毒高水平表达蛋白的同时会致使细胞翻译后修饰的速度跟不上表达的速度，可能会降低表达后修饰蛋白的产出，这些缺陷限制了肝素的大规模生产。

二、动物细胞工厂合成肝素和硫酸乙酰肝素

作为现代医学中应用最广泛的抗凝血药物，目前市场上的肝素主要从动物组织中提取，而 2008 年的一场健康危机导致全球很多病人的死亡，使人们对非动物源肝素的需求越来越大。中国仓鼠卵巢（CHO）细胞是生物制药行业的主力生物源。目前，生物制药市场每年约 1300 亿美元，其中一半以上的药物是在 CHO 细胞中生产的，这是因为 CHO 细胞容易培养且有类似于人体的糖基化修饰。CHO 细胞同所有的哺乳动物细胞一样能够产生硫酸乙酰肝素，肝素和硫酸乙酰肝素具有相同的生物合成途径，但含有较少的磺酸根和较低的抗凝血活性。在此基础上，Susan T. Sharfsteina 团队对 CHO 细胞进行改造，使其能够生产具有较高抗凝血活性的肝素。

2012 年，作者根据 CHO-S 细胞 HS/肝素途径内源性酶的表达，将人源 *NDST2* 和小鼠源 *3-OST1* 基因依次转染 CHO 细胞并将细胞悬浮培养，通过 RT-PCR 和 Western blotting 筛选转染物，从 120 个表达 *NDST2* 和 *3-OST1* 的克隆中，选择了两株稳定的细胞系（Dual-3 和 Dual-29）进行进一步分析。之后采用流式细胞技术检测产物与凝血酶Ⅲ（ATⅢ）结合情况，进而分析肝素的关键糖结构，结果表明转染 *3-OST1* 基因能够很好地增强与 ATⅢ 的结合。RPIP-UPLC-MS 检测双糖结构显示，与野生型相比，转染 *NDST2* 和 *3-OST1* 基因能够使 N-磺酸化显著增加，工程细胞分泌的 HS/肝素的数量增加了近 10 倍，且从 Dual-3 和 Dual-29 细胞中纯化得到的 HS 与 CHO-S 细胞相比抗凝活性分别提高了 52.9 倍和 97.2 倍（表 5-5）。

表 5-5   CHO 细胞生产 HS/肝素的量

样品	肝素/HS 产量/（µg/5×10⁷ 细胞）
CHO-S 培养基	19.5±1.48（$n=2$）
Dual-3 培养基	79.4±8.27（$n=2$）
Dual-29 培养基	168.75±6.29（$n=2$）
CHO-S 细胞沉淀	9.5±0.65（$n=2$）
Dual-3 细胞沉淀	8.8±1.19（$n=2$）
Dual-29 细胞沉淀	13.8±3.02（$n=2$）

对于肝素来说，肝素的低生产力严重制约了其在临床上的应用，为解决工程细胞 CHO 生产力的问题，2015 年，作者采用生物过程优化和代谢工程对肝素的生产进行了优化。通过摇瓶分批补料和生物反应器分批补料等生产工艺对（CHO-S）细胞和两株细胞系（Dual-3 和 Dual-29）的生长、生产力和产品结构/活性进行优化。通过优化培养基营养成分，使得摇瓶中整体活细胞密度增加了两倍，生产力增加 70%，将 HS/肝素的滴度提高了近 3 倍。将这一过程转移至发酵罐中，最终获得产品浓度为 90µg/mL。CHO 细胞能够表达高质量的酶制剂，因此被广泛应用于真核来源的蛋白酶的生产，然而与基于细菌或酵母表达系统相比，使用哺乳动物的生物制药生产过程仍存在细胞限制，如生长受限、生产力低下、抗逆性弱及成本高等。使用 CHO 细胞获得的肝素产品组成仍然不同于药物肝素，表明动物细胞生产 HS/肝素仍有很长的路要走。

参考文献

［1］Weiss R J, et al. ZNF263 is a transcriptional regulator of heparin and heparan sulfate biosynthesis［J］. Proc. Natl. Acad. Sci. U. S. A, 2020, 117：9311-9317.

［2］Lindahl U, Kusche-Gullberg M and Kjellen L. Regulated diversity of heparan sulfate［J］. J. Biol. Chem, 1998, 273：24979-24982.

［3］Xu D and Esko J D. Demystifying Heparan Sulfate-Protein Interactions, in Annual Review of Biochemistry, 2014, 83：129-157.

［4］Kjellen L and Lindahl U. PROTEOGLYCANS-STRUCTURES AND INTERACTIONS［J］. Annu. Rev. Biochem, 1991, 60：443-475.

［5］Esko J D and Lindahl U. Molecular diversity of heparan sulfate［J］. J. Clin. Invest, 2001, 108：169-173.

［6］Tumova S, Woods A. and Couchman J. R. Heparan sulfate chains from glypican and syndecans bind the Hep Ⅱ domain of fibronectin similarly despiteminor structural differences［J］. J. Biol. Chem, 2000, 275：9410-9417.

［7］Gresele P, Busti C and Paganelli G. Heparin in the prophylaxis and treatment of venous thromboembolism and other thrombotic diseases［J］. Handb. Exp. Pharmacol, 2012, 179-209.

［8］ Roden L, et al. Heparin--an introduction ［J］. Adv. Exp. Med. Biol, 1992, 313: 1-20.

［9］ Verhamme I M. Fluorescent reporters of thrombin, heparin cofactor Ⅱ, and heparin binding in a ternary complex ［J］. Anal. Biochem, 2012, 421: 489-498.

［10］ Ahmed S I and Khan S. Coagulopathy and Plausible Benefits of Anticoagulation Among COVID-19 Patients ［J］. Curr. Probl. Cardiol, 2020, 45.

［11］ Levine M N and Hirsh J. An overview of clinical trials of low molecular weight heparin fractions ［J］. Acta Chir. Scand. Suppl, 1988, 543: 73-79.

［12］ Deruelle P and Coulon C. The use of low-molecular-weight heparins in pregnancy-how safe are they? Curr. Opin ［J］. Obstet. Gynecol, 2007, 19: 573-577.

［13］ Wang T, Liu L and Voglmeir J. Chemoenzymatic synthesis of ultralow and low-molecular weight heparins. Biochimica et biophysica acta ［J］. Proteins and proteomics, 2019, 1868: 140301.

［14］ Hirschberg C B, Robbins P. W. and Abeijon C. Transporters of nucleotide sugars, ATP, and nucleotide sulfate in the endoplasmic reticulum and Golgi apparatus ［J］. Annu. Rev. Biochem, 1998, 67: 49-69.

［15］ Berninsone P M and Hirschberg C B. Nucleotide sugar transporters of the Golgi apparatus ［J］. Curr. Opin. Struct. Biol, 2000, 10: 542-547.

［16］ Corti F, et al. N-terminal syndecan-2 domain selectively enhances 6-O heparan sulfate chains sulfation and promotes VEGFA (165) -dependent neovascularization ［J］. Nature communications, 2019, 10.

［17］ Idini M, et al. Glycosaminoglycan functionalization of electrospun scaffolds enhances Schwann cell activity ［J］. Acta Biomater, 2019, 96: 188-202.

［18］ Kakuta Y, Sueyoshi T, Negishi M., et al. Crystal structure of the sulfotransferase domain of human heparan sulfate N-deacetylase/N-sulfotransferase 1 ［J］. J. Biol. Chem, 1999, 274: 10673-10676.

［19］ Casu B and Lindahl U. Structure and biological interactions of heparin and heparan sulfate, in Advances in Carbohydrate Chemistry and Biochemistry, 2001, 57: 159-206.

［20］ Habuchi H, et al. The occurrence of three isoforms of heparan sulfate 6-O-sulfotransferase having different specificities for hexuronic acid adjacent to the targeted N-sulfoglucosamine ［J］. J. Biol. Chem, 2000, 275: 2859-2868.

［21］ Cuthbertson L, Mainprize I L, Naismith J H, et al. Pivotal roles of the outer membrane polysaccharide export and polysaccharide copolymerase protein families in export of extracellular polysaccharides in gram-negative bacteria ［J］. Microbiology and molecular biology reviews, 2009, MMBR, 73: 155-177.

［22］ Cuthbertson L, Kos V and Whitfield C. ABC transporters involved in export of cell surface glycoconjugates ［J］. Microbiology and molecular biology reviews, 2010, MMBR, 74: 341-362.

［23］ Wang Z, Dordick J S and Linhardt R J. Escherichia coli K5heparosan fermentation and improvement by genetic engineering ［J］. Bioeng Bugs, 2011, 2: 63-67.

［24］ Roberts I S. The biochemistry and genetics of capsular polysaccharide production in bacteria ［J］. Annual review of microbiology, 1996, 50: 285-315.

［25］ Bronner D, et al. Expression of the capsular K5 polysaccharide of Escherichia coli: biochemical and electron microscopic analyses of mutants with defects in region 1 of the K5gene cluster ［J］. Journal of bacteriology, 1993, 175: 5984-5992.

［26］ Bronner D, et al. Synthesis of the K5 (group Ⅱ) capsular polysaccharide in transport-deficient recombinant Escherichia coli〔J〕. FEMS Microbiol Lett，1993，113：279-284.

〔27〕 Pazzani C, et al. Molecular analysis of region 1 of the Escherichia coli K5 antigen gene cluster: a region encoding proteins involved in cell surface expression of capsular polysaccharide〔J〕. J Bacteriol，1993，175：5978-5983.

〔28〕 Meredith T C and Woodard R W. Escherichia coli YrbH is a D-arabinose 5-phosphate isomerase〔J〕. The Journal of biological chemistry，2003，278：32771-32777.

〔29〕 Kröncke K D, Golecki J R and Jann K. Further electron microscopic studies on the expression of Escherichia coli group Ⅱ capsules〔J〕. J Bacteriol，1990，172：3469-3472.

〔30〕 Bliss J M and Silver R P. Coating the surface: a model for expression of capsular polysialic acid in Escherichia coli K1〔J〕. Molecular microbiology，1996，21：221-231.

〔31〕 Rohr T E and Troy F A. Structure and biosynthesis of surface polymers containing polysialic acid in Escherichia coli〔J〕. The Journal of biological chemistry，1980，255：2332-2342.

〔32〕 Bronner D, et al. EXPRESSION OF THE CAPSULAR K5 POLYSACCHARIDE OF ESCHERICHIA-COLI - BIOCHEMICAL AND ELECTRON-MICROSCOPIC ANALYSES OF MUTANTS WITH DEFECTS IN REGION-1 OF THE K5 GENE-CLUSTER〔J〕. Journal of Bacteriology，1993，175：5984-5992.

〔33〕 Matilde, et al. Extracellular K5 Polysaccharide of Escherichia coli: Production and Characterization，1993，8：251-257.

〔34〕 Wang Z, et al. E. coli K5 fermentation and the preparation of heparosan, a bioengineered heparin precursor〔J〕. Biotechnol Bioeng，2010，107：964-973.

〔35〕 Yamada S and Sugahara K. Potential therapeutic application of chondroitin sulfate/dermatan sulfate〔J〕. Current drug discovery technologies，2008，5：289-301.

〔36〕 Zhang C, et al. Metabolic engineering of Escherichia coli BL21 for biosynthesis of heparosan, a bioengineered heparin precursor〔J〕. Metabolic engineering，2012，14：521-527.

〔37〕 Salminen S, et al. Demonstration of safety of probiotics—a review〔J〕. International journal of food microbiology，1998，44：93-106.

〔38〕 Datta P, Fu L, Brodfuerer P, et al. High density fermentation of probiotic E. coli Nissle 1917 towards heparosan production, characterization, and modification〔J〕. Applied microbiology and biotechnology，2021，105：1051-1062.

〔39〕 Wu L, Viola C M, Brzozowski A M, et al. Structural characterization of human heparanase reveals insights into substrate recognition〔J〕. Nat. Struct. Mol. Biol，2015，22：1016-1022.

〔40〕 Kolb A, Kotlarz D, Kusano S, et al. SELECTVIITY OF THE ESCHERICHIA-COLI RNA-POLYMERASE E-SIGMA（38）FOR OVERLAPPING PROMOTERS AND ABILITY TO SUPPORT CRP ACTVIATION〔J〕. Nucleic Acids Res，1995，23：819-826.

〔41〕 Burgess R R. Sigma Factors, in Brenner's Encyclopedia of Genetics（Second Edition）〔J〕.（eds. S. Maloy & K. Hughes），San Diego: Academic Press，2013，432-434.

〔42〕 Han Y H, et al. Structural snapshots of heparin depolymerization by heparin lyase I〔J〕. J. Biol. Chem，2009，284：34019-34027.

〔43〕 Shaya D, et al. Crystal structure of heparinase Ⅱ from Pedobacter heparinus and its complex with a disaccharide product〔J〕. J. Biol. Chem，2006，281：15525-15535.

［44］ Dong W, Lu W, McKeehan W L, et al. Structural basis of heparan sulfate-specific degradation by heparinase Ⅲ ［J］. Protein Cell, 2012, 3: 950-961.

［45］ Hashimoto W, Maruyama Y, Nakamichi Y, et al. Crystal structure of Pedobacter heparinus heparin lyase Hep Ⅲ with the active site in a deep cleft ［J］. Biochemistry, 2014, 53: 777-786.

［46］ Xu J, et al. A genomic view of the human-Bacteroides thetaiotaomicron symbiosis ［J］. Science, 2003, 299: 2074-2076.

［47］ Yu P, Yang J and Gu H. Expression of HpaI in Pichia pastoris and optimization of conditions for the heparinase I production ［J］. Carbohydrate polymers, 2014, 106: 223-229.

［48］ Hyun Y J, Jung I H and Kim D H. Expression of heparinase I of Bacteroides stercoris HJ-15 and its degradation tendency toward heparin-like glycosaminoglycans. Carbohydr ［J］. Res, 2012, 359: 37-43.

［49］ Yin C, Xing X H, Ye F, et al. Production of MBP-HepA fusion protein in recombinant Escherichia coli by optimization of culture medium, 2007, 34: 114-121.

［50］ Luo Y, Huang X and McKeehan W L. High yield, purity and activity of soluble recombinant Bacteroides thetaiotaomicron GST-heparinase I from Escherichia coli ［J］. Arch. Biochem. Biophys, 2007, 460: 17-24.

［51］ Wang H, et al. Engineering the heparin-binding pocket to enhance the catalytic efficiency of a thermostable heparinase Ⅲ from Bacteroides thetaiotaomicron ［J］. Enzyme Microb. Technol, 2020, 137.

［52］ Gu Y, Lu M, Wang Z, et al. Expanding the Catalytic Promiscuity of Heparinase Ⅲ from Pedobacter heparinus ［J］. Chemistry (Easton), 2017, 23: 2548-2551.

［53］ Gu Y, Wu X, Liu H, et al. Photoswitchable Heparinase Ⅲ for Enzymatic Preparation of Low Molecular Weight Heparin ［J］. Org Lett, 2018, 20: 48-51.

［54］ Jiang Z, et al. Secretory Expression Fine-Tuning and Directed Evolution of Diacetylchitobiose Deacetylase by Bacillus subtilis. Appl ［J］. Environ. Microbiol, 2019, 85.

［55］ Xiao J, et al. Facilitating protein expression with portable 5′-UTR secondary structures in Bacillus licheniformis ［J］. ACS Synth Biol, 2020.

［56］ Gorokhov A, et al. Heparan sulfate biosynthesis: a theoretical study of the initial sulfation step by N-deacetylase/N-sulfotransferase ［J］. Biophys J, 2000, 79: 2909-2917.

［57］ Aikawa J, Grobe K, Tsujimoto M, et al. Multiple isozymes of heparan sulfate/heparin GlcNAc N-deacetylase/GlcN N-sulfotransferase. Structure and activity of the fourth member, NDST4 ［J］. J Biol Chem, 2001, 276: 5876-5882.

［58］ Sheng J, Liu R, Xu Y, et al. The dominating role of N-deacetylase/N-sulfotransferase 1 in forming domain structures in heparan sulfate ［J］. The Journal of biological chemistry, 2011, 286: 19768-19776.

［59］ Kakuta Y, Sueyoshi T, Negishi M, et al. Crystal structure of the sulfotransferase domain of human heparan sulfate N-deacetylase/ N-sulfotransferase 1 ［J］. J Biol Chem, 1999, 274: 10673-10676.

［60］ Orellana A, Hirschberg C B, Wei Z, et al. Molecular cloning and expression of a glycosaminoglycan N-acetylglucosaminyl N-deacetylase/N-sulfotransferase from a heparin-producing cell line ［J］. J Biol Chem, 1994, 269: 2270-2276.

［61］ Dou W, Xu Y, Pagadala V, et al. Role of Deacetylase Activity of N-Deacetylase/N-Sulfotransferase 1 in Forming N-Sulfated Domain in Heparan Sulfate ［J］. J Biol Chem, 2015, 290: 20427-20437.

［62］ Saribas A S, et al. Production of N-sulfated polysaccharides using yeast-expressed N-deacetylase/N-sulfotransferase-1（NDST-1）［J］. Glycobiology, 2004, 14: 1217-1228.

［63］ Duncan M B, Liu M, Fox C, et al. Characterization of the N-deacetylase domain from the heparan sulfate N-deacetylase/N-sulfotransferase 2［J］. Biochem Biophys Res Commun, 2006, 339: 1232-1237.

［64］ Rong J, Habuchi H, Kimata K, et al. Substrate specificity of the heparan sulfate hexuronic acid 2-O-sulfotransferase［J］. Biochemistry, 2001, 40: 5548-5555.

［65］ Li J, et al. Biosynthesis of heparin/heparan sulfate. cDNA cloning and expression of D-glucuronyl C5-epimerase from bovine lung［J］. J Biol Chem, 1997, 272: 28158-28163.

［66］ Li J P, Gong F, El Darwish K, et al. Characterization of the D-glucuronyl C5-epimerase involved in the biosynthesis of heparin and heparan sulfate［J］. J Biol Chem, 2001, 276: 20069-20077.

［67］ Zhang J, et al. High cell density cultivation of recombinant Escherichia coli strains expressing 2-O-sulfotransferase and C5-epimerase for the production of bioengineered heparin［J］. Appl. Biochem. Biotechnol, 2015, 175: 2986-2995.

［68］ Qin Y, et al. Structural and functional study of D-glucuronyl C5-epimerase［J］. J Biol Chem, 2015, 290: 4620-4630.

［69］ Bethea Heather N X D, Liu Jian and Pedersen Lars C. Redirecting the substrate specificity of heparan sulfate 2-O-sulfotransferase by structurally guided mutagenesis, 2008.

［70］ Chen J, et al. Enzymatic redesigning of biologically active heparan sulfate［J］. J Biol Chem, 2005, 280: 42817-42825.

［71］ Smeds E, Habuchi H, Do AT, et al. Substrate specificities of mouse heparan sulphate glucosaminyl 6-O-sulphotransferases［J］. Biochem J, 2003, 372: 371-380.

［72］ Restaino O F, et al. High cell density cultivation of a recombinant E. coli strain expressing a key enzyme in bioengineered heparin production［J］. Appl. Microbiol. Biotechnol, 2013, 97: 3893-3900.

［73］ Zhang J, et al. High cell density cultivation of a recombinant Escherichia coli strain expressing a 6-O-sulfotransferase for the production of bioengineered heparin［J］. J Appl Microbiol, 2015, 118: 92-98.

［74］ Xu Y, et al. Structure Based Substrate Specificity Analysis of Heparan Sulfate 6-O-Sulfotransferases［J］. ACS Chem Biol, 2017, 12: 73-82.

［75］ Xu D, Moon A F, Song D, et al. Engineering sulfotransferases to modify heparan sulfate［J］. Nat. Chem. Biol, 2008, 4: 200-202.

［76］ Myette J R, et al. Expression in Escherichia coli, purification and kinetic characterization of human heparan sulfate 3-O-sulfotransferase-1［J］. Biochem Biophys Res Commun, 2002, 290: 1206-1213.

［77］ Jin W, et al. Increased soluble heterologous expression of a rat brain 3-O-sulfotransferase 1-A key enzyme for heparin biosynthesis［J］. Protein Expr. Purif. , 2018, 151: 23-29.

［78］ Edavettal S C, et al. Crystal structure and mutational analysis of heparan sulfate 3-O-sulfotransferase isoform 1［J］. J Biol Chem, 2004, 279: 25789-25797.

［79］ Kuberan B, Beeler D L, Lech M, et al. Chemoenzymatic synthesis of classical and non-classical anticoagulant heparan sulfate polysaccharides［J］. J Biol Chem, 2003, 278: 52613-52621.

［80］ Liu R, et al. Chemoenzymatic design of heparan sulfate oligosaccharides［J］. J Biol Chem, 2010, 285: 34240-34249.

［81］ Xu Y, et al. Chemoenzymatic synthesis of homogeneous ultralow molecular weight heparins ［J］. New York：Science，2011，334：498-501.

［82］ Chandarajoti K, et al. De novo synthesis of a narrow size distribution low-molecular-weight heparin ［J］. Glycobiology，2014，24：476-486.

［83］ Kuberan B，Lech M Z，Beeler D L，et al. D. Enzymatic synthesis of antithrombin Ⅲ-binding heparan sulfate pentasaccharide ［J］. Nat. Biotechnol，2003，21：1343-1346.

［84］ Datta P，et al. Bioengineered Chinese hamster ovary cells with Golgi-targeted 3-O-sulfotransferase-1 biosynthesize heparan sulfate with an antithrombin-binding site ［J］. J Biol Chem，2013，288：37308-37318.

［85］ Baik J Y，Wang C L，Yang B，et al. Toward a bioengineered heparin：challenges and strategies for metabolic engineering of mammalian cells ［J］. Bioengineered，2012，3：227-231.

［86］ Baik J Y，et al. Optimization of bioprocess conditions improves production of a CHO cell-derived，bioengineered heparin. Biotechnol J，2015，10：1067-1081.

［87］ Höök M，Pettersson I，Ogren S. A heparin-degrading endoglycosidase from rat spleen ［J］. Thromb Res，1977，10：857-861.

［88］ 傅文彬，赵健，宋聿文，等. 黄杆菌肝素酶Ⅱ的克隆及表达 ［J］. 食品与药品，2007，3：1-4.

［89］ Su H，Blain M F，Musil R A，et al. Isolation and expression in Escherichia coli of hepB and hepC，genes coding for the glycosaminoglycan-degrading enzymes heparinase II and heparinase III，respectively，from Flavobacterium heparinum ［J］. Appl Environ Microbiol，1996，62：2723-2734.

［90］ Ernst S，Venkataraman G，Winkler S，et al. Expression in Escherichia coli，purification and characterization of heparinase I from Flavobacterium heparinum ［J］. Biochem J，1996，315：589-597.

［91］ Tian R，Liu Y，Chen J，et al. Synthetic N-terminal coding sequences for fine-tuning gene expression and metabolic engineering in Bacillus subtilis ［J］. Metab Eng，2019，55：131-141.